中文版

Photoshop CC
完全学习教程

桑莉君 主编

U0244099

中国青年出版社
CHINA YOUTH PRESS
中青雄狮

图书在版编目（CIP）数据

中文版Photoshop CC完全学习教程／桑莉君主编．
— 北京：中国青年出版社，2018. 10
ISBN 978-7-5153-5205-3

I.①中… II.①桑… III.①图像处理软件－教材　IV.①TP391.413

中国版本图书馆CIP数据核字（2018）第145937号

策划编辑　张　鹏
责任编辑　张　军
封面设计　彭　涛　邱　宏

中文版Photoshop CC完全学习教程
桑莉君　主编

出版发行：　中国青年出版社
地　　址：　北京市东四十二条21号
邮政编码：　100708
电　　话：　(010) 50856188／50856199
传　　真：　(010) 50856111
企　　划：　北京中青雄狮数码传媒科技有限公司
印　　刷：　三河市文通印刷包装有限公司
开　　本：　787 x 1092　1/16
印　　张：　22.5
版　　次：　2018年10月北京第1版
印　　次：　2018年10月第1次印刷
书　　号：　ISBN 978-7-5153-5205-3
定　　价：　68.00元
（附赠独家秘料，含语音视频教学+案例素材文件+海量设计资源）

本书如有印装质量等问题，请与本社联系
电话: (010) 50856188／50856199
读者来信: reader@cypmedia.com
投稿邮箱: author@cypmedia.com
如有其他问题请访问我们的网站: http://www.cypmedia.com

首先，感谢您选择并阅读本书。

Adobe Photoshop CC（PS）是一款堪称世界顶级水平的平面设计软件，是Adobe公司推出的图形图像处理软件中最为专业的一款，广泛应用于平面广告设计、数码照片后期处理、图像创意合成等诸多领域，深受平面设计人员和图形图像处理爱好者的喜爱。在竞争日益激烈的商业社会中，Photoshop发挥着举足轻重的作用，设计师可以通过Photoshop将艺术构思和创作灵感更好地表现出来，创作出许多令人惊叹的设计作品。

本书在编写过程中，根据读者的学习习惯，采用由浅入深的讲解方式，从实用性角度出发，全面系统地对Photoshop CC的应用功能进行介绍。在介绍软件的同时，精心安排了有针对性的实用案例，帮助读者轻松掌握软件的实用技巧和具体操作方法，真正做到学以致用。书中全部实例均配以语音视频教学，详细展示各种效果的实现过程，帮助读者快速达到理论知识与应用技能的同步提高。

全书共分为17章，主要内容介绍如下：

部 分	篇 名	章 节	内 容
Part 01	设计入门篇	Chapter 01 ~ Chapter 02	主要介绍平面设计入门与Photoshop基本操作的相关知识，包括平面设计的理论知识、位图与矢量图应用、像素与分辨率介绍、版式设计分类、印刷流程、出血、纸张开本、纸张应用、Photoshop的应用领域、软件界面介绍、辅助工具应用、图像与文件的相关操作等内容
Part 02	功能展示篇	Chapter 03 ~ Chapter 11	主要介绍选区的应用、图像的编辑与修饰、图像的色彩调整、图像颜色模式介绍、画笔工具的应用、滤镜的应用、矢量工具的应用、路径工具的应用、文字的应用、图层与图层样式的应用以及蒙版与通道的应用等内容
Part 03	实战应用篇	Chapter 12 ~ Chapter 17	主要介绍使用Photoshop进行Logo设计、网页和界面设计、画册和DM单设计、海报设计、照片后期处理以及图像的合成等平面设计应用的操作方法和设计过程

本书将呈现给那些迫切希望了解和掌握Photoshop软件的初学者、各大中专院校相关专业的师生、社会各级同类培训班学员、从早期版本升级到Photoshop CC的用户以及对平面设计有着浓厚兴趣的发烧友。

本书在编写过程中力求严谨，但由于时间和精力有限，不足之处在所难免，敬请广大读者批评指正。

编 者

C O N T E N T S
目录

Part 02 功能展示篇

Chapter 03

选区的应用

Chapter 04

图像的变形与修饰

Chapter 10
图层与图层样式的应用

Chapter 11
蒙版与通道的应用

Part 03 实战应用篇

Part 01

设计入门篇

本篇为设计入门篇，主要介绍平面设计入门与Photoshop基本操作的相关知识，包括平面设计的理论知识、位图与矢量图应用、像素与分辨率介绍、版式设计分类、印刷知识、Photoshop的应用领域、软件界面介绍、辅助工具应用、图像与文件相关操作等。通过本篇内容的学习，使读者对使用Photoshop进行平面设计有一个全面的了解，有助于更好地开始平面设计的学习与实践。

Chapter 01 平面设计基础知识

在学习使用Photoshop进行平面设计创作前，首先需要了解平面设计的相关知识，例如平面设计的概念、图像的颜色模式、位图与矢量图的概念、像素与分辨率的概念、版面排列以及印刷知识等。通过本章内容的学习，使读者可以快速掌握平面设计的相关概念和基础知识，为更好地进行平面作品设计打下良好的基础。

1.1 平面设计理论知识

平面设计也称视觉传达设计，是以"视觉"作为沟通和表现方式，在有限空间内整合梳理信息，并以视觉化的形式有目的地予以呈现。

在进行平面设计过程中，平面设计师需使用平面设计软件，通过色彩、符号、图片以及文字等元素来传达想法或讯息。

1.1.1 平面设计的构成元素

平面设计的构成元素主要包括点、线、面。不同于数学领域中的定义，在平面设计中，类似点、线、面的图形、文字、色彩以及各种视觉元素等，都可以称为点、线、面，在平面设计版式中随时都会出现这三者的身影。

饮料海报

- "点"由于大小、形态、位置不同，所产生的视觉效果和心理作用也不同，一个字母或一个数字都可以理解为一个点。
- "线"是介于"点"与"面"之间的一种空间构成元素，具有方向、位置、长短、形状等属性。一行文字可以理解为一条线，不同形状的"线"所表现出的形象不同，从而产生的心理效应也不同。

- 一张图片、一段文字或一个色块，都可以理解为一个面。"面"在版面中所占的面积是最大的，其形态多种多样，不同形态的"面"，具有不同的分割功能和作用，同时也具有不同的情感表达。

1.1.2 平面设计的流程

平面设计的过程是有计划、有步骤渐进式不断完善的过程，设计效果的成功与否很大程度上取决于理念是否正确，考虑是否完善。平面设计的具体流程如下图所示。

前期调查	·设计背景 ·设计行业（品牌、受众、产品） ·设计定位
明确内容	·主题内容 ·创作理念
调动视觉元素	·标题、内文、背景、色调、主体、图形、留白、视觉中心等
选择表现手法	·对比、类比、夸张、对称、主次、明暗、变异、重复、矛盾、放射、节奏、粗细、冷暖、面积等形式
均衡画面	·处理点、线、面、色、空间的平衡关系
明确亮点	·为画面创造视觉兴奋点
制作检查	·图形、字体、内文、色彩、编排、比例、出血等

平面设计一般流程

1.2 位图与矢量图

在平面设计中，图像文件可分为位图图像和矢量图形两大类。在绘图或图像处理过程中，这两种类型的图像可以相互交叉使用。

1.2.1 位图

位图也称为点阵图，由许多单独的小方块构成，这些小方块又称为像素点，每个像素点都有特定的位置和颜色值，不同排列和着色的像素点组成了一幅色彩丰富的图像。数码相机拍摄、扫描仪生成或在计算机中截取的图像等均属于位图。

位图可以很好地表现颜色的变化和细微的过渡，效果十分逼真。像素越高，位图所占用的储存空间越大。位图与分辨率有关，如果在屏幕上以较大倍数放大显示图像，或以低于创建时的分辨率打印图像，图像就会出现锯齿状的边缘，并且会丢失细节。打开位图图像并进行放大后，可以清晰地看到像素的小方块形状和各种不同的颜色色块。

原位图图像

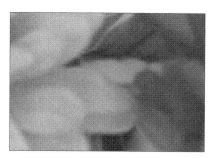

放大后的位图图像

常用的位图图像处理软件有Adobe Photoshop和Corel Painter等。

1.2.2 矢量图

矢量图也称为向量图，是一种基于图形几何特性来描述的图像。矢量图与分辨率无直接关系，因此任意地旋转和缩放操作均不会对图像的清晰度和光滑度造成影响，即不会产生失真现象。矢量图适用于制作一些图标或者Logo等不能受缩放影响清晰度的情况。

原位图图像

放大后的位图图像

矢量图形占用的内存非常小，但不能很好地表现出细节或一些色彩复杂的图案。

> **提示：关于矢量图形**
>
> 矢量图虽然存储空间比位图小，但是不能创建过于复杂的图形，也无法像照片等位图那样表现丰富的颜色变化和细腻的色调过渡。要将位图转换为矢量图，则需要将其导入到矢量图绘制软件中进行重新绘制。典型的矢量绘图软件有Illustrator、CorelDRAW、FreeHand以及AutoCAD等。

1.3 图像的色彩模式

色彩模式是图像色调效果显示的一个重要概念，是色值的表达方式。只有了解色彩模式，才能更好地对图像进行编辑处理或后期的输出应用。不同色彩模式的成像原理有所不同，这决定了显示器、扫描仪、投影仪等靠色光合成颜色的设备与打印机等靠油墨颜料生成颜色的设备在颜色生成方式上的区别。

图像色彩模式包括RGB模式、CMYK模式、灰度模式、Lab模式、索引模式、HSB模式和双色调模式等。

RGB模式

CMYK模式

灰度模式

位图模式

索引颜色模式

Lab模式

多通道模式

双色调模式

平面设计中常用的色彩模式为RGB模式和CMYK模式。

RGB色彩模式是色光的颜色模式，是一种能够足够表达"真色彩"的模式。R代表红色、G代表绿色、B代表蓝色。三者混合后，色值越大，颜色越亮，反之则越暗。

CMYK色彩模式是基于图像输出处理的模式，根据印刷油墨的混合比例而定，是一种印刷色彩模式。C代表青色、M代表洋红、Y代表黄色、K代表黑色。与RGB模式相反，CMYK模式是一种减色模式，其中任意三者满值混合后生成的颜色近似黑色，而数值均为0时，颜色为白色。

图像模式的具体应用，在本书第6章"6.3转换图像色彩模式"小节会有更详细地介绍。

1.4 像素与分辨率

在平面设计中，经常需要对图像进行修饰、合成或校色等处理，而图像的尺寸和清晰程度则是由图像的像素和分辨率来控制。

1.4.1 像素

像素是构成位图图像的基本单位，将位图图像放大到一定程度后，可以看到图像是由无数方格组成的，这些方格就是像素。

无数像素组成图像

像素中包含了基础颜色信息，像素越高，包含的颜色越丰富，效果就越好。当然，文件所占的存储空间也就更大。

在位图图像中，像素的大小是指沿着图像的宽度和高度测量出的像素数目。

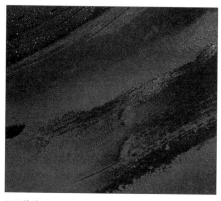

856像素×742像素的图像

360像素×312像素的图像

1.5 版面排列

版式设计又称为版面设计，主要指运用造型要素及形式原理，对版面内的元素进行合适的表现。版面的主要构成要素有文字、图形、色彩等，通过点、线、面的组成与排列构成，并采用相应的设计表现手法来进行美化，提高信息传达的效率。

1.5.1 版面大小比例

所谓版面大小比例，就是画面中各元素间的比例关系，由于近大远小的关系，产生近、中、远的空间层次。图片和文字信息越多，整个版面的大小比例越小。

舞蹈宣传海报　　　　　绿叶招贴海报

1.5.2 对称均衡版面

对称均衡画面的特点是版面统一、庄严，在视觉上给人左右平衡、高品质和可信赖的感觉。对称版面在版式设计中运用十分普遍，设计时可采用一些方法来控制画面的布局，使整个版面更生动、活泼、明确，增添视觉效果。

1.4.2 分辨率

分辨率是指位图图像中的细节精细度，即单位长度里面包含的像素点，测量单位通常为像素/英寸（ppi）。图像每英寸的像素越多，分辨率越高，印刷质量就越好。

图像分辨率为300ppi

图像分辨率为72ppi

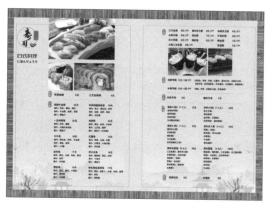

对折页菜单效果设计

1.5.3　四边和中心版面

所谓四边与中心版面，是指将版面信息以四角与中心的形式编排在版面中。四边是指将版心边界的四点连接起来的斜线，而得到的交叉点就是中心。四边和中心版面在版式布局上有着潜在的重要性，编排时通过四边和中心结构，可以使版面更具多样化的视觉效果。

清荷效果展示

1.5.4　破型版面

破型版面就是在版式设计中，将图形或文字元素打破平衡，自由散乱地进行编排。在平面设计中，作品中重要的是元素间的相互关联，通过打破型的图像进行重组编排，可以增添画面元素重组效果。破型版式表现应注意把握好尺度，不能太过凌乱。

鲜花海报设计

旅游海报设计

1.5.5　分割型版面

分割型版式设计也是平面设计中非常重要的表现手法，分割可以调整画面的灵活性，对画面进行一些取舍再拼贴，形成另一种风格的版式。

采用分割手法后，画面将变得更有生气，可以形成强烈的空间感，展现版式的灵活性。

分割型版面效果

1.5.6　倾斜型版面

倾斜型版式设计多用于表现版面主体形象或对多幅图版做倾斜编排，使版面产生强烈的动感和不稳定因素，引人注目。

倾斜型版面效果

1.5.7　曲线型版面

所谓曲线型版式设计，就是一个版面中的图片或文字等设计元素在排列上作曲线编排，从而产生节奏和韵律。曲线版式设计具有一定的趣味性，让人的视线随着画面上元素的自由走向而产生变化。

曲线型版式设计

1.6 文件格式

平面作品设计制作完成后，需及时进行存储操作。这时，选择一种合适的文件格式是十分重要的。下面介绍几种平面设计中常用的文件存储格式。

- **BMP格式：** BMP格式是Windows操作系统中的标准图像文件格式，采用位映射存储格式，除了图像深度可选以外，不采用其他任何压缩，因此，BMP文件所占用的空间很大。该格式同时支持RGB、索引颜色、灰度和位图颜色的颜色模式，但不支持Alpha通道。
- **PSD格式：** PSD格式是Adobe Photoshop软件生成的图像格式，这种格式包含Photoshop中所有的图层、通道、参考线、注释和颜色模式。保存图像时，若图像中包含有图层，一般都用PSD格式保存。
- **PSB格式：** 大型文档格式 (PSB) 支持宽度或高度最大为300000像素的文档，可以储存大小超过2G的图像文档。
- **PDF格式：** PDF文件是由Adobe Eacrobat软件生成的文件格式，该格式文件可以存储多页信息，其中包含文档、图形的查找和导航功能。使用该软件不需要排版或图像软件，即可获得图文混排的版面。PDF格式支持RGB、索引颜色、CMYK、灰度、位图和Lab颜色模式，并且支持通道、图层等数据信息，还支持JPEG和Zip的压缩格式。
- **JPEG格式：** JPEG格式通常用于图像预览，最大的特色就是文件比较小，是目前所有格式中压缩率最高的格式，但在压缩过程中会以失真的方式丢掉一些数据，所以保存后的图像没有原图像质量好。
- **GIF格式：** GIF格式是一种经过压缩的格式，支持位图、灰度和索引颜色的颜色模式。GIF格式广泛应用于因特网的HTML网页文档中，但只支持8位的图像文件。

1.7 印刷相关知识

印刷是平面设计非常重要也是最基础的要素，很多平面设计师，虽然设计出来的东西看起来很美，但是交付给印刷厂印刷出来的效果却不尽如人意。因此，平面设计师一定要对印刷的相关知识进行了解。

1.7.1 印刷流程

印刷是指将平面设计作品原稿经制版、施墨、加压等工序使油墨转移到纸张、织品、皮革等材料表面，并进行批量复制原稿内容的技术。

印刷品的生产一般要经过原稿的选择与设计、原版制作、印版晒制、印刷和印后加工等工艺流程，如下图所示。

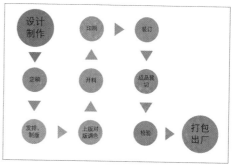

印刷常规流程

1.7.2 出血

印刷装订工艺要求接触到页面边缘的线条、图片或色块，须跨出页面边缘的成品裁切线3mm，称为出血。出血的作用主要是保护成品裁切，防止因切多了纸张而导致内容丢失，出现白边。在进行平面设计时，用户可以在平面设计软件中设置平面作品的出血。

1.7.3 纸张开本

"开本"是印刷行业中专门用以表示纸张幅面大小的行业用语，在印刷、平面设计领域中使用的频率相当高，因此正确理解"开本"的含义，对平面设计师来说是相当重要的。

所谓"开本"，是用全开纸张开切的若干等份，表示纸张幅面的大小。一张按国家标准切好的平板纸称为全开纸，在不浪费纸张、便于印刷和装订生产作业的前提下，把全开纸裁切成面积相等的若干小张，裁切为多少份，则称为多少开。常见的纸张规格如下：

- 全开：787mm×1092mm；
- 对开：736mm×520mm；
- 4开：520mm×368mm；
- 8开：368mm×260mm；
- 16开：260mm×184mm；
- 32开：184mm×130mm。

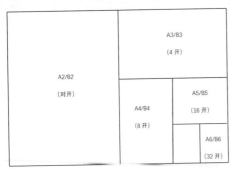

纸张开本

在平面设计中，不同的纸张尺寸，应用于不同的平面设计作品，当然用户也可以根据具体情况，选择需要的纸张尺寸。一般的标准尺寸如下：

- 普通宣传册：标准尺寸A4（210mm×285mm）；
- 文件封套：标准尺寸（220mm×305mm）；
- 招贴画：标准尺寸（540mm×380mm）；
- 挂旗：标准尺寸8开（376mm×265mm）、4开（540mm×380mm）；
- 手提袋：标准尺寸（400mm×285mm×80mm）；
- 信纸：标准尺寸（185mm×260mm）；
- 便条：标准尺寸（210mm×285mm）；
- 名片：90mm×55mm。

1.7.4　纸张应用

在印刷时，根据不同的要求，会采用不同的纸张印刷，纸张本身的差异、产生的色彩差异以及给人视觉感受的差异都有所不同。下面对平面设计中常用的纸张种类进行介绍。

❶ 亚光纸

亚光纸表面无涂层或使用亚光涂层，比较粗糙，手感好，质量重，不容易卷边。使用亚光纸印刷的图案，虽然没有铜版纸色彩鲜艳，但图案比铜版纸更细腻，印刷颜色上会有稍微的偏差，且纸张不可回收。

亚光纸印刷品

❷ 铜版纸

铜版纸比亚光纸在色泽上感觉要亮一些，表面有涂层，纸张表面光滑，白度较高，对油墨吸收良好。铜版纸常用于印刷比较鲜艳的颜色，常见的时尚类杂志、海报、画册等，大都是这一类的纸张。

铜版纸相册　　　　　　　铜版纸名片

❸ 新闻纸

新闻纸也称白纸，具有纸质松轻、吸墨性能好、弹性好等特点，是印刷报刊书籍的主要用纸。新闻纸表面进行亚光后，两面平滑，不起毛，从而保证了两面印迹都比较清晰饱满。新闻纸是以机械木浆为原料，含有大量木浆和其他杂质，不宜长期保存。保存时间过长，纸张会发黄变脆。

新闻纸印刷品

Chapter 02 Photoshop基础知识

在学习使用Photoshop之前，先了解一下该软件的基础知识，本章主要对Photoshop的应用领域、工作界面、文件操作、辅助工具等基础知识进行介绍。通过本章内容的学习，使读者对Photoshop有一个初步的了解，为后续深入学习使用Photoshop进行平面作品设计奠定了基础。

2.1 Photoshop应用领域

Photoshop是功能非常强大的图像编辑软件，广泛地应用于平面广告、动画、网业制作等多种领域。Photoshop在每个应用领域都起着不可替代的作用。

2.1.1 在平面广告设计中应用

如今，Photoshop已成为图像处理领域的行业标准，在平面广告设计中应用最为广泛，例如各种宣传单、书籍装帧、海报、包装等。

❶ 海报招贴设计

海报最早用于戏剧、电影、文艺演出或比赛等活动的招贴，是最为常见的传递各种信息的一种广告形式。

海报从内容上可分为电影海报、文艺体育比赛海报、学术报告类海报及公益类海报等。这些海报一般都可以使用Photoshop软件对图像的效果进行处理，从而呈现出鲜艳的色彩等视觉效果，引起观众注意。

苹果创意海报

❷ 包装设计

包装设计是指使用合适的包装材料、运用巧妙的工艺手段，为商品进行容器结构造型和美化装饰设计。使用Photoshop软件，设计师们可以制作出精美的包装效果。

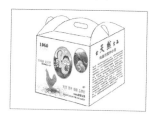

鸡蛋包装

❸ 杂志广告设计

不同的杂志都有着不同的办刊宗旨、内容以及专属的阅读人群，通过杂志发布广告，可以有的放矢，针对特定市场目标和消费阶层，增加广告的有效性。在设计上和海报一样，需要色彩鲜明、创意独特。

杂志封面设计

❹ 书籍装帧设计

书籍装帧设计是从书籍文稿到出版的整个过程，完成了书籍从平面化转变为立体化。在书籍装帧设计过程中，只有从事整体设计的才称为装帧设计，而只完成封面或版式等部分设计的，则称作封面设计或版式设计等。

青春小说封面设计

2.1.2　在界面设计中应用

　　从以前的软件界面、游戏界面到使用广泛的手机界面，界面设计起着非常重要的作用。UI设计虽是新兴的行业，但很受软件开发企业的重视。在Photoshop中使用渐变、图层样式和滤镜等功能，可以制作出真实的界面画质效果。

小米手机界面

2.1.3　在网页设计中应用

　　随着网络的普及，网站已成为现代人获取信息的主要途径，也是商业公司的形象标志，成为推广公司产品、收集市场信息的新渠道。

　　Photoshop是进行网站页面设计时必不可少的图像处理软件，然后将制作好的网站页面导入到Dreamweaver软件中进行处理，再使用Animate软件制作动画内容，就完成网站页面的制作了。

　　网页设计可以分为三大类：功能型网页设计、形象型网页设计、信息型网页设计。在进行设计时，用户应根据设计网页的不同目的，选择合适的网页策划与设计方案。

企业网站设计

2.1.4　在插画设计中应用

　　插画是运用图案表现的形象，本着审美与实用相统一的原则，尽量使线条，形态清晰明快，制作方便。

　　使用Photoshop软件可以使插画呈现出逼真、梦幻或超现实的效果。

冬日场景插画设计

2.1.5　在摄影后期处理中应用

　　Photoshop作为强大的图像处理软件，在数码摄影后期处理过程中起着非常重要的作用，可以完成从照片扫描与输入，到校色，再到分色输出等专业化的工作。照片的校正、修复或润饰、色彩与色调的调整，或制作创造性的合成效果，都可以使用Photoshop软件轻松完成。

　　Photoshop还可以用于商业艺术投影，可以使图像更完美，更展现艺术的魅力。

摄影后期处理

2.1.6 在动画与CG设计中应用

国际上习惯将利用计算机技术进行视觉设计和生产的领域统称为CG，既包括技术也包括艺术创作。

3ds Max、Maya等三维软件的贴图功能有限，为模型贴图通常使用Photoshop软件。下图为典型的CG风游戏人物。

CG游戏人物

2.1.7 在艺术文字设计中应用

使用Photoshop可以制作出具有艺术感的精美艺术文字效果，从而应用于书籍封面、标识设计、海报设计、DM单页以及建筑设计等各个方面。

使用Photoshop的各种图层样式，可以制作出具有质感的文字效果，也可以在文字中添加其他元素从而制作出合成的文字效果。

艺术文字效果

2.2 Photoshop工作界面

Photoshop CC相较于之前的版本，工作界面更加人性化，各组件的分布也更合理。在学习使用Photoshop进行平面设计前，用户需对该软件的界面组成和功能分布进行了解。

启动Photoshop软件后，用户可以对界面的整体颜色进行设置，首先执行"编辑>首选项>界面"命令，在所打开对话框的"外观"选项区域中选择所需的色块颜色选项，单击"确定"按钮即可。

Photoshop工作界面主要包括菜单栏、工具栏、属性栏、文档窗口和面板等。

Photoshop工作界面

2.2.1 菜单栏

Photoshop CC菜单栏位于工作界面的顶端，其中包含可执行的各种命令。菜单栏中包括11个主菜单，分别为文件、编辑、图像、图层、文字、选择、滤镜、3D、视图、窗口和帮助。

Ps　文件(F)　编辑(E)　图像(I)　图层(L)　文字(Y)　选择(S)　滤镜(T)　3D(D)　视图(V)　窗口(W)　帮助(H)

菜单栏

在菜单栏中的任意一个主菜单下，都包含一系列对应的操作命令，在菜单列表中，不同功能之间使用灰色分隔线隔开。

在菜单列表中，如果某命令右侧有黑色的三角标记，则表示该菜单命令还包含子菜单，如执行"图像"命令后，将光标定位在"调整"命令上，其右侧将打开对应的子菜单，然后选择所需命令即可。

级联菜单

在执行某菜单命令时，可直接选择菜单列表中相应的命令选项，也可使用组合键快速执行该命令。在每个菜单右侧的括号内都包含一个字母，如果需要打开对应的菜单，直接按Alt+主菜单字母即可，如按Alt+F组合键，即可打开"文件"菜单。

打开"文件"菜单

在某些菜单或子菜单命令的右侧显示对应的组合键，若执行该命令时，直接按对应的快捷键即可。如按Shift+Ctrl+N组合键，即可执行"图层>新建>图层"命令。

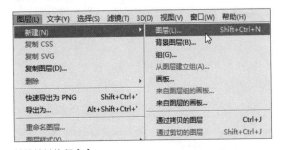

按快捷键执行命令

2.2.2 属性栏

属性栏用于设置选中工具的相关属性，选择不同的工具，属性栏中的参数会随之改变。例如选择钢笔工具，属性栏显示钢笔工具相关属性，用户可以根据需要设置工具模式、路径操作以及对齐方式等。

钢笔工具属性栏

在属性栏的最右侧有个概要按钮，用户可以单击该按钮，在列表中选择不同的选项，快速切换工作环境，如右图所示。

默认为"基本功能"工作环境，用户可设置为3D、"动感"、"绘画"或"摄影"等。

概要按钮列表

"动感"工作环境

"绘画"工作环境

2.2.3　工具箱

工具箱位于工作区左侧，包含了Photoshop中所有的工具。使用这些工具可以创建选区，创建和编辑图像、图稿。

在Photoshop中，单击工具箱顶端 ◄◄ 按钮可以将工具箱切换为单排或双排模式。

在工具按钮右下角有黑色三角形，表示这是一个工具组，用户只需要长按该工具按钮，即可打开该工具组，然后选择对应的工具即可。

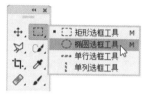

选择椭圆选框工具

在工具箱中的每个工具右侧有对应的快捷键，如按L键，则启用套索工具。从下图可见在工具组中各工具右侧都是字母L，如果需要在工具组中切换工具，则直接按Shift+工具快捷键即可。

快捷键启用工具

2.2.4　文档窗口

在Photoshop中打开一个图像时，便会自动创建一个文档窗口。如果打开多个图像，则以选项卡形式显示多个文档窗口。

打开多个文档的窗口

如果需要切换文档窗口，可以直接将光标移至所需文档窗口名称上并单击，也可以按Ctrl+Tab组合键从左向右切换窗口，或按Ctrl+Shift+Tab组合键从右向左切换窗口。

在文档窗口的标题中显示图像的相关信息，如名称、文件格式、缩放比例和颜色模式等。当打开的文档窗口过多时，只能显示完全选中的文档的信息。

当打开文档很多时，有的文档不能显示，用户可单击文档名称右侧的 ≫ 按钮，在列表中选择需要的文档选项即可。

选择文档

用户可以将某文档的标题栏从选项卡中拖曳出来，成为浮动的窗口。通过拖曳浮动窗口的边或角，可调整窗口的大小。将浮动窗口的标题栏拖曳至选项卡中，当出现蓝色的边框时，释放鼠标左键即可停放在选项卡中。

浮动窗口

如果需要关闭某文档窗口，则直接单击该窗口标题栏右侧的 ✖ 按钮即可。用户也可以右击需要关闭的文档窗口，在弹出的快捷菜单中选择"关闭"命令，即可关闭选中的文档窗口；如果选择"关闭全部"命令，则关闭所有打开的文档。

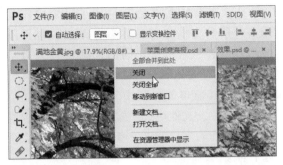

关闭文档窗口

2.2.5 状态栏

状态栏位于文档窗口底部，显示文档窗口的缩小比例以及文档的大小等信息。

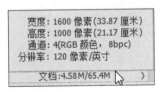

状态栏

如果需要调整显示信息，则单击状态栏右侧的》按钮，在打开的列表中选择相对应用的选项即可。

显示文档尺寸

单击状态栏，可显示图像的宽度、高度、通道、分辨率的信息。

按住Ctrl键的同时单击状态栏，可显示拼贴宽度、拼贴亮度、图像宽度、图像高度的信息。

宽度: 1600 像素 (33.87 厘米) 高度: 1000 像素 (21.17 厘米) 通道: 4(RGB 颜色, 8bpc) 分辨率: 120 像素/英寸 文档:4.58M/65.4M 〉	拼贴宽度: 368 像素 拼贴高度: 356 像素 图像宽度: 5 拼贴 图像高度: 3 拼贴 文档:4.58M/65.4 〉
显示图像信息	显示图像拼贴信息

2.2.6 面板

面板就是工作界面右侧的小窗口，Photoshop CC提供20多种面板，在"窗口"菜单列表中选择相应的窗口选项，即可打开对应的面板。

默认情况下，面板以选项卡的形式显示在

文档窗口的右侧，当然，用户可以根据需要将其拖曳为浮动的面板。

"窗口"菜单　　以选项卡形式显示的面板

2.3 辅助工具

在Photosho中有这样一批工具，它们既不能绘制图形，也不能编辑图像，但是可以帮助用户更好地完成选择或定位操作，这些工具称为辅助工具。辅助工具包括标尺、参考线、智能参考线和注释等。下面分别介绍各辅助工具的应用。

2.3.1 标尺

标尺位于Photoshop工作界面的顶端和左侧，是标注尺寸的度量条。

实战 启动并设置标尺

Step 01 打开"风景.jpg"图像文件，按Ctrl+R组合键，或者执行"视图>标尺"命令，如下图所示。

执行"标尺"命令

Step 02 即可在工作界面左侧和顶端出现标尺，其中标尺的原点位于图像的左上角，如下图所示。

显示标尺

Step 03 要设置标尺原点的位置，则将光标移至标尺原点，按住鼠标左键向右下方拖曳，在画面中会显示十字线，至合适位置释放鼠标左键即可，如下图所示。若需要恢复原点，则双击左上角。

设置标尺的原点

Step 04 在设置标尺原点时，如果按住Shift键，则标尺原点与标尺的刻度对齐，如下图所示。

按住Shift键设置标尺的原点

Step 05 标尺默认的单位是厘米，用户可以根据需要进行设置，即双击水平或垂直标尺，打开

"首选项"对话框，在"单位"选项区域中单击"标尺"下三角按钮，在列表中选择合适的单位，最后单击"确定"按钮，如下图所示。

设置标尺单位

2.3.2 参考线

参考线是浮动在图像上的线条，它可帮助用户精确定位图像或元素的位置以及部分区域。用户可根据需要移动或删除参考线，同时为了防止参考线不被移动，也可锁定参考线。

实战 参考线的应用

Step 01 打开"封面封底.psd"图像文件，按Ctrl+R组合键，显示标尺。将光标定位在垂直标尺上，按住鼠标左键向右拖动，此时光标变为双向箭头，拖动至合适位置后释放鼠标左键即可，如下图所示。

绘制垂直参考线

Step 02 按照相同的方法，将水平标尺向下拖曳，然后释放鼠标左键。用户可以根据需要创建多条参考线。如果需要移动参考线，则将光标移至参考线上，变为双向箭头时拖曳即可，如下图所示。

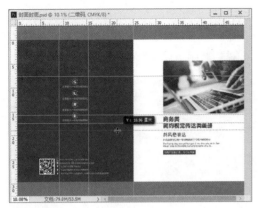

移动参考线

Step 03 要锁定参考线，则执行"视图>锁定参考线"命令，或按Alt+Ctrl+;组合键，即可锁定参考线，此时参考线不会被移动或删除，如下图所示。

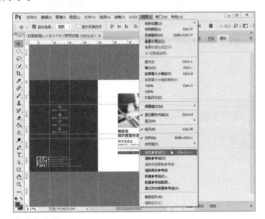

锁定参考线

Step 04 用户也可以精确定位参考线，执行"视图>新建参考线"命令，打开"新建参考线"对话框，在"取向"选项区域中选择所需方向的单选按钮，然后在"位置"数值框中输入定位的数值，单击"确定"按钮即可，如下图所示。

精确定位参考线

Step 05 若需要删除参考线，则将需要删除的参考线移至对应的标尺上即可。如果需要删除所有参考线，可执行"视图>清除参考线"命令，如下图所示。

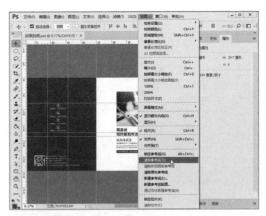

清除参考线

2.3.3 智能参考线

　　智能参考线只有在需要时才自动出现，在使用移动工具对图像进行操作时，可以智能地对齐形状、选区或切片。

　　执行"视图>显示>智能参考线"命令，即可启用智能参考线。当拖曳图像时，文档窗口中会显示智能参考线，如下图所示。

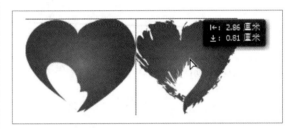

显示智能参考线

2.3.4 网格

　　网格和参考线的作用类似，都可以帮助用户定位或对齐对象。

　　执行"视图>显示>网格"命令，即可在绘图显示网格。

显示网格

默认的网格是灰色的，用户可根据需要对网格颜色进行设置，即按Ctrl+K组合键，打开"首选项"对话框，选择"参考线、网格和切片"选项，在右侧的"网格"选项区域设置网格的颜色、线型、间隔距离和子网格数量。

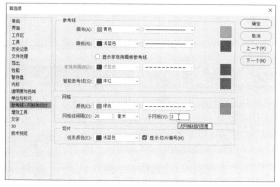

设置网格格式

设置完成后单击"确定"按钮，返回文档窗口中查看设置网格样式后的效果。

查看设置的网格效果

网格添加后，若执行"视图>对齐到>网格"命令，然后创建选区或对齐图像时，会自动对齐到网格上。

如果需要删除网格，则再次执行"视图>显示>网格"命令，或者按Ctrl+'组合键。

2.3.5 注释

使用注释工具可以在图像的任何位置添加文字注释，起到对图像解释说明的作用。

实战 为图像添加注释

Step 01 打开"草莓.jpg"图像文件，在工具箱中选择注释工具，然后在属性栏中的"作者"文本框中输入名称，如下图所示。

选择注释工具

Step 02 然后在图像中单击，打开"注释"面板，在文本框中输入相关文字即可，如下图所示。

输入注释内容

Step 03 如果需要查看注释内容，可双击注释图标来打开"注释"面板进行查看。如果需要删除注释，则右击注释，在弹出的快捷菜单中选择"删除注释"命令，如下图所示。然后在弹出的提示对话框中单击"是"按钮即可。如果需要删除所有注释，则在快捷菜单中选择"删除所有注释"命令。

删除注释

用户也可以执行"文件>导入>注释"命令，打开"载入"对话框，选择需要导入的PDF文件，单击"载入"按钮，将PDF文件中包含的注释文件导入图像中。

2.3.6 显示额外内容

在Photoshop中，参考线、网格等辅助工具是不会被打印出来的，如果需要在文档窗口显示，则首先执行"视图>显示额外内容"命令，或按Ctrl+H组合键。

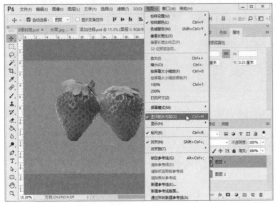

选择"显示额外内容"命令

然后再执行"视图>显示"命令，在子菜单中选择需要显示的内容即可。

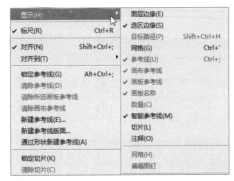

选择显示的内容

在"视图>显示"子菜单中选择"图层边缘"命令后，可在绘图区显示图层内容的边缘，这对于查看透明层的边缘很有效果。开启图层边缘功能后，边缘以蓝色实线显示。

显示图层边缘

2.4 图像文件的基本操作

在Photosho中对图像文件进行管理，也就是图像文件的基本操作。本章主要介绍文件的新建、打开、置入、导入和导出等基本操作，熟练地对文件进行操作，可以加快对图像处理的速度。

2.4.1 新建文件

在使用Photoshop编辑图像之前，首先需要创建文件，默认创建的是空白文件。

打开Photoshop CC软件，执行"文件>新建"命令或按Ctrl+N组合键，打开"新建文档"对话框。

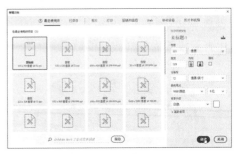

"新建文档"对话框

在对话框中设置文档的名称、宽度、高度、方向、分辨率、颜色模式以及背景内容等参数后，单击"创建"按钮，即可创建空白文档。

创建空白文档

用户也可以使用旧版本的"新建文档"界面，即执行"编辑>首选项>常规"命令，或者按Ctrl+K组合键，打开"首选项"对话框，在"常规"选项右侧区域中勾选"使用旧版'新建文档'界面"复选框，单击"确定"按钮。

使用旧版"新建文档"界面

再按Ctrl+N组合键,打开"新建"对话框,设置文档的相关参数即可。

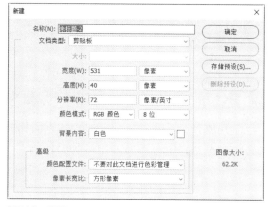

"新建"对话框

下面对"新建文档"对话框中各参数的含义进行介绍。

- **名称**:用于输入新建文档的名称,名称将会显示在文档窗口的标题栏中,也可以使用默认的名称。
- **宽度/高度**:在数值框中输入数值,设置新建文档的大小,单击右侧下三角按钮,在列表中可以设置单位,包括"像素"、"英寸"、"厘米"、"毫米"、"点"和"派卡"选项。
- **方向**:设置文档的方向,如竖排或横排。
- **分辨率**:设置文档的分辨率,单击右侧下三角按钮,可以设置分辨率的单位,包括"像素/英寸"和"像素/厘米"。
- **颜色模式**:设置文档的颜色模式,包括位图、灰度、RGB颜色、CMYK颜色和Lab颜色5种颜色模式。
- **背景内容**:设置文档的背景内容,单击下三角按钮,在列表中包括"白色"、"黑色"和"背景色"3种选项,用户也可以单击右侧色块,在打开的对话框中设置文档背景颜色。

2.4.2 打开文件

新建文档后,用户可以根据需要打开所需图像素材,然后进行相应的编辑操作。下面介绍几种常用的打开文件的方法。

❶ 使用"打开"命令

执行"文件>打开"命令,或按Ctrl+O组合键,打开"打开"对话框,选择需要打开的图像文件,如果需要选择多个图像文件,则按住Ctrl键的同时依次选择文件,单击"打开"按钮即可。

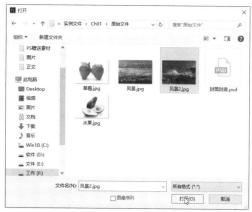

选择文件

打开文件

❷ 使用"打开为"命令

使用"打开为"命令时需要指定特定的文件格式,否则无法打开文件。执行"文件>打开为"命令,或按Alt+Shift+Ctrl+O组合键,打开"打开"对话框,选择需要打开的文件,然后单击文件格式下三角按钮,在列表中选择与选中文件格式一致的选项,然后单击"打开"按钮即可。如果选择的格式不一致,将无法打开所选择的文件。

❸ 使用"在Bridge中浏览"命令

Adobe Bridge可以组织、查找文件，创建供印刷、电视以及移动设备使用的内容。用户可以在Adobe Bridge中打开文件，执行"文件>在Bridge中浏览"命令，即可运行Adobe Bridge，选择需要打开的文件并双击，切换至Photoshop中并打开该文件。

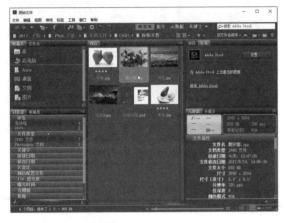

使用"在Bridge中浏览"命令

❹ 使用"最近打开文件"命令

执行"文件>最近打开文件"命令，在子菜单中选择需要打开的文件即可。

使用"最近打开文件"命令

如果需要清除最近打开文件显示的内容，则在子菜单中选择"清除最近的文件列表"命令即可。用户也可以设置显示最近的文件数量。

首先按Ctrl+K组合键打开"首选项"对话框，选择"文件处理"选项，在右侧选项区域的"近期文件列表包含"数值框中输入需要显示的数量，然后单击"确定"按钮即可。

❺ 使用"打开为智能对象"命令

执行"文件>打开为智能对象"命令，打开

"打开"对话框，选择所需的文件，单击"打开"按钮，文件自动转换为智能对像，在"图层"面板该图层的右下角有智能对象的标志。

打开为智能对象

2.4.3 置入文件

打开或新建文档后，用户可将不同格式的文件置入文档中，下面介绍两种文件的置入方式。

❶ 置入嵌入的智能对象

使用"置入嵌入的智能对象"命令置入文件，是将文件嵌入到Photoshop中，当原文件改变时，嵌入的文件不变。

实战 在文档中嵌入花朵对象

Step 01 打开"花瓶.psd"文件，执行"文件>置入嵌入的智能对象"命令，如下图所示。

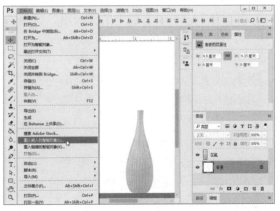

选择"置入嵌入的智能对象"命令

Step 02 打开"置入嵌入对象"对话框，选择需要置入的文件，如"一只玫瑰花.jpg"图像文件，单击"置入"按钮，如下图所示。

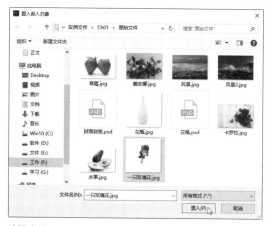

选择文件

Step 03 将光标移至置入文件的控制点上，按住Shift键等比例调整其大小，并移至合适的位置，按Enter键确认，在"图层"面板中置入文件的图层被创建为智能对象，如下图所示。置入文件之后将花朵对应的图层拖至"花瓶"图层的下方。

置入嵌入智能文件

❷ 置入链接的智能对象

使用"置入链接的智能对象"命令置入文件，当原文件改变时，置入的文件会随之改变。

下面以实例介绍具体操作方法，首先将"树.png"以链接的方式置入，然后再对树调整其亮度并保存，返回原文档查看以链接方式置入的树有什么变化。

实战 将图像链接到文档中 ————————●

Step 01 打开Photoshop软件，执行"文件>打开"命令，打开"地面.jpg"图像文件，如下图所示。

打开图像文件

Step 02 执行"文件>置入链接的智能对象"命令，打开"置入链接对象"对话框，选择需要置入的文件，如"树.png"素材，然后单击"置入"按钮，如下图所示。

选择文件

Step 03 按住Shift键等比例调整图像大小，并移至合适的位置，按Enter键确认，在"图层"面板中置入文件的图层被创建为链接对象，如下图所示。

置入链接智能文件

Step 04 然后在Photoshop中打开"树.png"文件，执行"图像>调整>高度/对比度"命令，在打开的对话框中进行参数设置，提高树素材的亮度，如下图所示。

提高树素材的亮度

Step 05 然后执行保存操作，返回"地面.jpg"文档中，可见树的高度也随之改变，如下图所示。

查看效果

2.4.4 导入和导出文件

在Photoshop中，用户还可以对视频帧、注释和WIA支持等外部文件导入，并执行编辑操作。

执行"文件>导入"命令，在子菜单中选择相应的选项即可。

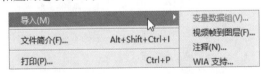

"导入"子菜单

下面以导入视频帧到图层为例，介绍导入文件的具体操作方法。

实战 导入视频帧到图层

Step 01 打开Photoshop软件，执行"文件>导入>视频帧到图层"命令，打开"打开"对话框，选择视频文件，单击"打开"按钮，如下图所示。

选择视频文件

Step 02 打开"将视频导入图层"对话框，选中"仅限所选范围"单选按钮，然后拖曳时间滑块定义需要导入帧的范围，单击"确定"按钮，如下图所示。 如果需要将整个视频帧都导入，则选中"从开始到结束"单选按钮即可。

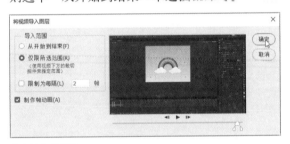

确定导入帧范围

Step 03 此时将弹出导入的进程对话框，稍等片刻即可将选中视频帧导入至Photoshop中，并将每个帧的内容放置在不同的图层，如下图所示。

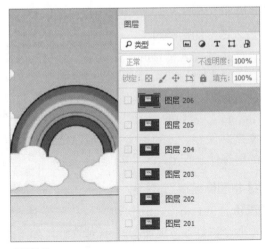

查看效果

用户也可以将制作好的图像文件导出到其他设备或应用程序中。

实战 以AI格式导出文件

Step 01 在Photoshop中打开"餐桌装饰.jpg"文件，执行"文件>导出>路径到Illustrator"命令，如下图所示。

选择"路径到Illustrator"命令

Step 02 在打开的"导出路径到文件"对话框中，单击"确定"按钮，打开"选择存储路径的文件名"对话框，设置保存路径，可见格式为.ai，单击"保存"按钮，如下图所示。

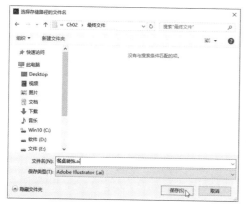

设置存储文件名称

Step 03 打开保存路径的文件夹，可见导出为AI格式文件，如下图所示。

查看导出的效果

2.4.5 关闭文件

图像编辑完成后，用户可以关闭文件，以节省软件的存储空间。

用户可以直接单击需要关闭文件标题栏右侧的关闭按钮 ，或者执行"文件>关闭"命令。

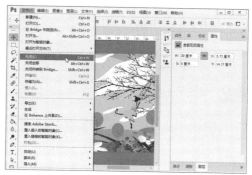

选择"关闭"命令

如果打开多个文件，则执行"文件>关闭全部"命令，或者右击任意文件标题栏，在打开的快捷菜单中选择"关闭全部"命令。

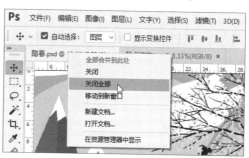

选择"关闭全部"命令

2.4.6 保存文件

对文件编辑后，需要及时执行保存操作，以免断电或死机造成不必要的损失。下面介绍两种保存文件的方法。

❶使用"存储"命令

对文档进行编辑后，执行"文件>存储"命令，或按Ctrl+S组合键，即可执行保存操作，文件会以原有的格式保存在原路径文件夹中。如果这个文件是新建的，会打开"另存为"对话框，选择保存路径，进行保存。

❷使用"存储为"命令

使用"存储为"命令保存文件，可以将文

件以其他格式保存在其他位置。执行"文件>存储为"命令，或按Shift+Ctrl+S组合键，打开"另存为"对话框，选择保存路径并设置名称，进行保存。

"另存为"对话框

下面对"另存为"对话框各参数的含义进行介绍。

- **文件名**：在该文本框中输入保存文件的名称。
- **保存类型**：单击该下三角按钮，在列表中选择图像的保存类型。
- **作为副本**：勾选该复选框，可另存为一个副本文件，而且该副本文件和源文件在同一位置。
- **使用校样设置**：将文件的保存格式设置为PDF或EPS时，该复选框可用。
- **ICC配置文件**：用于保存嵌入在文档中的ICC配置文件。

2.5 图像和画布的基础操作

在Photosho中，用户不仅可以对图像的像素、大小进行修改，还可以调整画布的大小、窗口的大小以及窗口的排列方式。下面分别介绍具体操作方法。

2.5.1 调整图像的大小

用户可以通过"图像大小"对话框调整图像的大小和像素。修改图像的像素大小不仅会影响图像的视觉大小，还会影响图像的打印特征。

在Photoshop CC中打开图像文件，执行"图像>图像大小"命令或按Atl+Ctrl+I组合键，打开"图像大小"对话框。当光标定位在预览图像上时，下方会显示图像缩放的百分比。按Alt键并单击，可以减小显示比例；按Ctrl键并单击，可以增大显示比例。

"图像大小"对话框

下面对"图像大小"对话框中各参数的含义进行介绍。

- **图像大小**：显示图像修改前和修改后的大小，括号外表示修改后大小，括号里表示修改前大小。
- **尺寸**：显示修改后图像的大小，单击右侧下三角按钮，在下拉列表中可以选择尺寸的单位，如百分比、像素、英寸、厘米、毫米、点和派卡。
- **调整为**：单击该下三角按钮，在列表中可选择预设的尺寸，如果选择"自动分辨率"选项，则在打开的对话框中可以设置"挂网"的值。

"自动分辨率"对话框

- **宽度/高度**：在相应的数值框中设置图像宽度和高度的值，用户可以单击右侧下三角按钮，设置单位。在"宽度"和"高度"之间有一个▫按钮，如果处于激活状态，表示调整高度或宽度时，两者数值按比例变化，如果未激活，可以分别调整高度和宽度的值。
- **分辨率**：设置图像的分辨率。
- **重新采样**：勾选该复选框，表示修改图像大小或分辨率以及按比例调整像素总数，并可以在右侧列表中选择插值的方法，来确定添加或删除像素的方式。

2.5.2 调整画布的大小

画布是整个文档的工作区域，调整画布的尺寸在一定程度上将影响图像尺寸的大小。

打开图像后,执行"图像>画布大小"命令,或者按Ctrl+Alt+C组合键,在打开的"画布大小"对话框中修改画布的大小。

"画布大小"对话框

下面介绍该对话框中各参数的含义。

- **当前大小:** 在该选项区域中显示了画布的宽度、高度和文档的实际尺寸。
- **新建大小:** 用户可以在该选项区域的"宽度"或"高度"数值框中设置画布的尺寸,还可以设置单位。若设置的数值大于原尺寸值时,增加画布;若小于原尺寸值,则减小画布。
- **相对:** 若勾选该复选框,则设置的宽度和高度值为画布增加或减小的值。正数表示增加,负数表示减少,当为负数时,将会对图像进行裁剪。下图为"宽度"和"高度"值分别增加2厘米的效果。

增加2厘米的效果

- **画布扩展颜色:** 用于设置新画布的填充颜色,在列表中可选择"前景"、"背景"、"白色"、"黑色"、"灰色"或"其他"选项。若选择"其他"选项,则可以在打开的"拾色器(画布扩展颜色)"对话框中设置颜色。

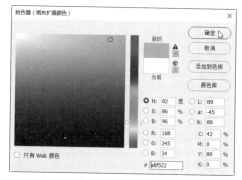

设置画布扩展颜色

向下扩展画布

向右扩展画布

- **定位:** 单击不同的方格,可指示当前图像在新画布中的位置。

2.5.3 旋转画布

用户可以将图像进行不同角度的旋转,从而方便编辑操作。

实战 水平翻转画布

Step 01 在Photoshop中打开"游玩.jpg"图像文件,执行"图像>图像旋转>水平翻转画布"命令,如下图所示。

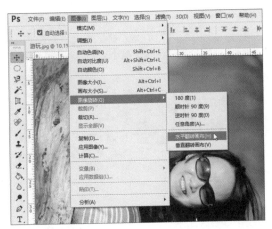

选择"水平翻转画布"命令

Step 02 可见图像在画布中进行水平翻转，效果如下图所示。

水平翻转图像

> **提示：翻转图像或图层**
> "图像翻转"命令用于翻转整个画布，不能翻转某个图层。若需要翻转某个图层，用户可执行"编辑>变换"命令，在子菜单中选择所需的子命令即可。

2.5.4 显示画布之外的图像

如果画布不够大，而置入的图片较大，或者使用移动工具拖曳图像至画布之外时，则图像只能显示一部分。此时，用户可以使用"显示全部"命令，设置显示全部图像。

实战 显示完整的图像

Step 01 在Photoshop中新建图层，置入"人与猴.jpg"素材，可见部分图像在画布之外，如下图所示。选中该图层，执行"图像>显示全部"命令。

置入素材

Step 02 执行命令后，画布自动调整尺寸显示全部的图像，如下图所示。

显示全部图像

2.5.5 复制和粘贴图像

在Photoshop中，用户可以根据编辑需要，对图像执行复制和粘贴操作。本节主要介绍剪切、拷贝、合并拷贝、粘贴以及选择性粘贴等操作的应用。

❶ 剪切

剪切功能是在不保留原有图像的情况下，直接将图像从一个位置移至另一个位置。

实战 剪切选中的图像

Step 01 打开"餐桌.psd"文件，在该文件中包含两个图层，选中"美食"图层，使用椭圆选框工具在需要剪切的位置绘制选区。然后执行"编辑>剪切"命令，或者按Ctrl+X组合键，如下图所示。

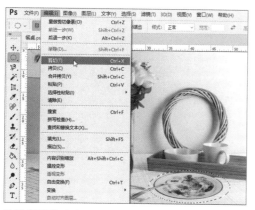

执行"剪切"命令

Step 02 可见选区内的图像被剪切，原图像发生变化，如下图所示。

查看剪切效果

②拷贝

拷贝是在保留原图像的基础上，创建一个副本图像，下面介绍拷贝图像的操作方法。

选中"美食"图层，使用椭圆选框工具绘制选区，然后执行"编辑>拷贝"命令，或者按Ctrl+C组合键。

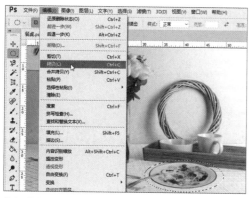

执择"拷贝"命令

操作完成后，选区内的图像被拷贝，并放置在剪贴板内，原图像保持不变。

查看拷贝效果

③合并拷贝

如果文档中包含多个图层，使用"合并拷贝"命令可以将选区内显示的内容复制并合并到剪切板中。下面介绍合并拷贝图像的操作方法。

实战 合并拷贝图像

Step 01 打开"餐桌.psd"文件，使用套索工具在画布中绘制选区，然后执行"编辑>合并拷贝"命令，或者按Shift+Ctrl+C组合键，如下图所示。

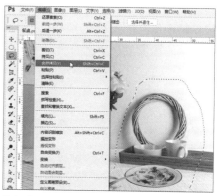

执行"合并拷贝"命令

Step 02 可见选区内的图像被剪切，原图像发生变化，如下图所示。

查看合并拷贝的效果

❹ 粘贴

粘贴是将剪切、拷贝或合并拷贝的图像内容，进行粘贴的操作。

实战 粘贴拷贝的图像 ────────○

Step 01 打开"小朋友拍照.psd"文件，选择"小朋友"图层，使用矩形选框工具选中需要拷贝的图像，按Ctrl+C组合键，如下图所示。

拷贝图像

Step 02 切换至打开的"摔跤.jpg"文档中，执行"编辑>粘贴"命令，或者按Ctrl+V组合键，然后调整粘贴图像的位置和大小，在"图层"面板中将粘贴的图像放在新建的图层中，如下图所示。

查看粘贴的效果

❺ 选择性粘贴

执行"编辑>选择粘贴"命令，在子菜单中包含"原位粘贴"、"贴入"和"外部粘贴"子命令。下面通过具体案例介绍各功能的应用。

实战 选择性粘贴图像 ────────○

Step 01 打开"小朋友拍照1.psd"文件，使用矩形选框工具选中小朋友图像，按Ctrl+C组合键，如下图所示。

拷贝图像

Step 02 切换至"摔跤.jpg"文档，使用椭圆选框工具绘制选区，然后执行"编辑>选择性粘贴>贴入"命令，如下图所示。

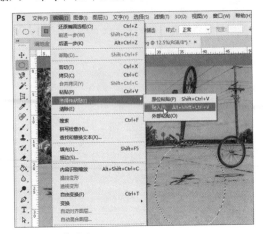

执行"贴入"命令

Step 03 拷贝的图像将显示在绘制的椭圆选区内，适当调整拷贝图像的大小和位置，并且自动添加蒙版，超出选区的图像不显示，效果如下图所示。

查看贴入效果

Step 04 打开"摔跤.psd"文件，使用矩形选框工具选中需要拷贝的图像，然后按Ctrl+C组合键进行拷贝，如下图所示。

拷贝图像

Step 05 切换至"餐桌装饰.psd"文档,使用磁性套索工具沿猫咪边缘绘制选区,执行"编辑>选择性粘贴>外部粘贴"命令,如下图所示。

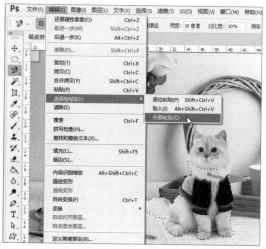

执行"外部粘贴"命令

Step 06 此时,在文档窗口中拷贝的图像已经被粘贴,按Ctrl+T组合键调整图像的大小和位置,可见在选区内隐藏拷贝的图像,并且为创建的选区创建蒙版,效果如下图所示。

查看效果

2.6 查看图像

在文档窗口中编辑图像时,若需要放大、缩小图像,或者在打开的多个文档中查看图像时,可以使用本小节提供的关于查看图像的工具或命令。

2.6.1 缩放图像

在进行图像编辑时,用户可以根据需要放大或缩小图像,下面介绍两种缩放图像工具的应用方法。

❶ 抓手工具

使用抓手工具不仅可以放大或缩小图像,还可以移动画面。

实战 使用抓手工具移动图像

Step 01 打开"雪中景.jpg"图像文件,选择工具箱中的抓手工具,此时光标变为小手形状,按住Alt键并单击可缩小画面,按住Ctrl键并单击可放大画面,下图为放大的画面。

放大画面

Step 02 当图像太大显示不全时,用户可以使用抓手工具移动图像,显示需要的区域,如下图所示。

移动画面

② 缩放工具

使用缩放工具可以通过放大或缩小图像来查看局部区域。

在工具箱中选择缩放工具，待光标变为 🔍 时，可以放大画面，按住Alt键并单击，可缩小画面，下图为缩小的画面。

缩小画面

当光标变为 🔍 时，按住鼠标左键，在图像上绘制矩形，在光标右侧将显示矩形的尺寸。

绘制矩形

然后释放鼠标左键，即可快速放大矩形范围内的图像内容。

放大选区内的图像

③ "导航器"面板

在"导航器"面板中，用户可以通过设置缩放的比例来显示图像的局部信息。执行"窗口>导航器"命令，打开"导航器"面板。

"导航器"面板

下面介绍"导航器"面板中各选项的含义。

- **缩放按钮**：单击 ▴ 按钮，可缩小窗口的显示比例；单击 ▴ 按钮，可放大窗口的显示比例。
- **滑块**：拖曳滑块向左或向右移动，可缩小或放大图像。
- **数值框**：在数值框中输入缩小或放大的比例值，按Enter键即可。

在"导航器"面板中，光标变为 ⟡ 时单击，可选择需要放大的位置；光标变为 ✋ 时，调整显示位置，在文档窗口中可显示红色矩形范围内的图像。

显示局部图像

> **提示：设置"导航器"面板中矩形框的颜色**
> 在"导航器"面板中，矩形的颜色默认为红色，单击面板右上角 ▤ 按钮，在列表中选择"列表选项"选项，在打开的对话框中可对矩形框的颜色进行设置。

2.6.2　更改屏幕显示模式

用户可以单击工具箱底部"更改屏幕模式"按钮，在打开的列表中选择所需的屏幕显示模式选项，包括"标准屏幕模式"、"带有菜单栏的全屏模式"和"全屏模式"3种。

- **标准屏幕模式：** 该模式为默认的屏幕模式，显示菜单栏、工具箱、属性栏和面板等。

标准屏幕模式

- **带有菜单栏的全屏模式：** 该模式只显示菜单栏、工具箱和面板。

带有菜单栏的全屏模式

- **全屏模式：** 在该模式下，只显示黑色背景，如果需要访问工具箱，则将光标移至界面左侧边缘，稍等会显示工具箱。

全屏模式

2.6.3　查看多窗口的图像

如果打开多个窗口，用户可以通过"窗口>排列"命令，在子菜单中选择排列方式。

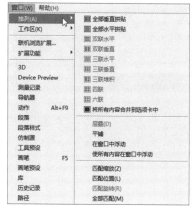

"排列"子菜单

- **全部垂直拼贴：** 该排列方式可以将所有打开的文档窗口等比例竖着排列。

全部垂直拼贴

- **四联：** 在打开的文档窗口中，选择4个分别在窗口的四个角等比例排列，充满整个窗口。

四联

- **层叠：** 从文档窗口的左上角到右下角以堆叠和层叠的方式显示窗口。

层叠

- **平铺：** 以边靠边的方式显示窗口，当关闭一个窗口时，其他窗口会自动调整大小，填满文档窗口。

平铺

- **匹配缩放：** 将所有窗口匹配与当前窗口一样的缩放比例，为了容易比较，可以先对窗口进行平铺操作。

匹配缩放前

匹配缩放后

- **匹配位置：** 将窗口图像的显示位置都匹配与当前窗口相同。

匹配位置前

匹配位置后

- **匹配旋转：** 将所有画面的旋转角度匹配与当前画面一样。
- **匹配全部：** 设置所有窗口区域和当前窗口一样的缩放比例、位置和画面旋转。

淘宝主图设计

本章主要介绍Photoshop的基础知识，包括各种辅助工具的应用和图像文件的基本操作等，为了筑固所学知识，下面将通过制作修眉刀主图的实战案例，来进一步学习新建文档、打开文档、复制图像等的操作方法。

Step 01 执行"文件>新建"命令，在弹出的"新建文档"对话框中设置名称为"修眉刀主图"，大小为800×800像素，单击"创建"按钮，如下图所示。

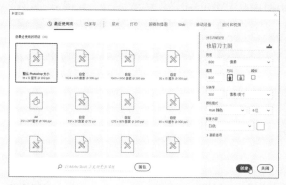

新建文档

Step 02 执行"文件>打开"命令，在打开的"打开"对话框中选择"主图人物.jpg"素材图片，在新文档中打开素材图像。选择磁性套索工具，沿人物边缘拖动，直至闭合成为选区，如下图所示。

创建选区

Step 03 按住Ctrl+J组合键，复制选中的人物，新建人物图层，使用移动工具将素材图片拖到画板上，如下图所示。

抠取人物

Step 04 执行"文件>打开"命令，在打开的"打开"对话框中打开"修眉刀.jpg"素材图片，使用快速选择工具，按住鼠标左键沿修眉刀边缘拖动，直至成为闭合选区，如下图所示。

打开修眉刀素材图片

Step 05 复制选区，并移至"修眉刀主图"文档中，选择移动工具，将修眉刀图片拖到人物图层下方，并复制4个图层，如下图所示。

复制修眉刀

Step 06 选择横排文字工具，输入"日本贝印修眉刀"文本，设置字体为"方正兰亭粗黑简体"，字号为88，效果如下图所示。

输入文字

Step 07 复制"背景"图层并双击，打开"图层样式"对话框，为其添加"渐变叠加"图层样式，如下图所示。

设置"渐变叠加"参数

Step 08 单击"确定"按钮，为复制的图层填充渐变颜色，效果如下图所示。

填充渐变颜色

Step 09 使用圆角矩形工具绘制一个圆角矩形，并填充颜色为#fd3046，如下图所示。

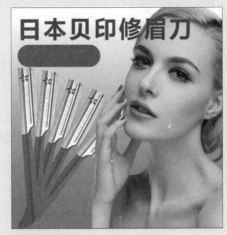

绘制圆角矩形

Step 10 选择横排文字工具输入"5枚装"文本，设置字体为"方正兰亭粗黑简体"，字号为65，为文字添加"投影"图层样式，如下图所示。

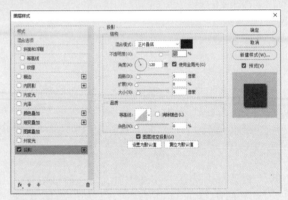

添加投影样式

Step 11 至此，修眉刀主图制作完成，执行"文件>存储"命令，在打开的"另存为"对话框中设置文档存储路径、文件名称和保存格式，单击"保存"按钮，效果如下图所示。

查看最终效果

Part 02

功能展示篇

本篇为Photoshop CC功能展示篇，主要对Photoshop各功能模块的应用进行详细介绍，包括选区的应用、图像的编辑与修饰、图像色彩的调整、图像颜色模式介绍、画笔工具的应用、滤镜的应用、矢量工具的应用、路径工具的应用、文本工具的应用、图层与图层样式的应用以及蒙版与通道的应用等。通过本篇内容的学习，让读者在熟悉软件功能操作的同时，通过精心安排的有针对性的实用案例设计，帮助用户轻松掌握软件的实用技巧和具体操作方法。

Chapter 03 选区的应用

在使用Photoshop对图像局部进行编辑时，首先要指定编辑的有效范围，这就需要使用选区工具进行区域选取，因此创建和编辑选区是图像操作的首要工作。本章将详细介绍选区的创建与编辑操作，让用户可以轻松熟练地进行图像选取。

3.1 创建规则选区

Photoshop中创建规则选区的工具主要有矩形选框工具、椭圆选框工具、单行选框工具和单列选框工具。

3.1.1 矩形选框工具

使用矩形选框工具，可以创建矩形或正方形的选区。选择工具箱中的矩形选框工具，在图像中按住鼠标左键进行拖动，即可绘制选区。如果按住Shift键并进行拖动，可绘制正方形选区。

选择矩形选框工具，其属性栏如下图所示。

[□] ▾ | □ □ □ □ | 羽化: 5像素 | □ 消除锯齿 | 样式: 正常 ▾ | 宽度: | □ | 高度: |

矩形选框工具属性栏

- **新选区**：默认激活该按钮，如果图像中没有选区，可直接创建选区；如果有选区，则新建选区替换原选区。
- **添加到选区**：单击该按钮，在原选区的基础上添加选区。如果两个选区是相交的，则合并为一个大的选区；如果两个选区不相交，则创建两个选区。

新选区

添加到选区

- **从选区减去**：单击该按钮，则在原有选区中减去新建的选区，如果两个选区不相交，则保留原选区。

- **与选区交叉**：单击该按钮，将保留原选区和新选区相交的部分。

从选区减去　　　　与选区交叉

- **羽化**：在数值框中设置选区羽化范围。
- **样式**：设置选区的创建方法，单击右侧的下三角按钮，下拉列表中包括"正常"、"固定比例"和"固定大小"3个选项。当选择"固定比例"或"固定大小"选项后，可在右侧数值框中设置宽度和高度数值。

实战 应用矩形选框工具替换飞马头部

Step 01 打开"飞马.jpg"和"飞马白色.jpg"图像文件，选择工具箱中的矩形选框工具，在属性栏中设置"羽化"值为5像素，然后选取飞马头部，在光标的右侧显示了创建选区的宽度和高度，单位为厘米，如下图所示。

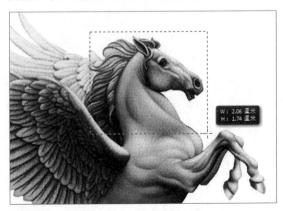
创建选区

Step 02 然后执行"编辑>拷贝"命令，对选区进行拷贝，切换至"飞马白色.jpg"文档窗口，按Ctrl+V组合键，执行粘贴操作，使用移动工具将粘贴的选区移至马头位置，使其正好覆盖白色飞马的头部，效果如下图所示。

粘贴选区

3.1.2 椭圆选框工具

选择椭圆选框工具后，在图像中按住鼠标左键拖动可绘制椭圆选区。按住Shift键的同时进行拖曳，可绘制正圆选区；若按住Alt键的同时进行拖曳，则以单击点为圆心向外创建选区；若按住Shift+Alt组合键的同时进行拖曳，则以单击点为圆心创建正圆选区。

椭圆选框工具属性栏中的参数和矩形选框工具的参数基本相同，只是椭圆选框工具可以使用"消除锯齿"功能。因为像素是正方形的，创建圆形时容易产生锯齿，勾选该复选框后，在选区的边缘1个像素范围内添加与周围图像相近的颜色，使选区看上去更光滑。

实战 应用椭圆形选框工具绘制形状

Step 01 打开"玩具.jpg"图像文件，然后在工具箱中选择椭圆选框工具，如下图所示。

选择椭圆选框工具

Step 02 按住Shift+Alt组合键，在图像中单击并拖出一个正圆形选区，如下图所示。

创建正圆形选区

Step 03 执行"选择>修改>边界"命令，在打开的"边界选区"对话框中设置"宽度"为10像素，单击"确定"按钮，得到一个圆环，如下图所示。

扩展边界选区

Step 04 执行"编辑>填充"命令，在"填充"对话框中设置"内容"为"前景色"，单击"确定"按钮，按Ctrl+D组合键取消选区，效果如下图所示。

填充颜色

3.1.3 单行/单列选框工具

单行选框工具和单列选框工具可以创建长度或宽度为1像素的行或列。

实战 制作纹理背景效果

Step 01 打开Photoshop软件，执行"文件>新建"命令，在打开的对话框中设置新建文档的参数，单击"创建"按钮，如下图所示。

创建新文档

Step 02 设置背景色为浅绿色，并按Ctrl+Delete组合键执行填充操作。然后执行"编辑>首选项>参考线、网格和切片"命令，在打开的对话框中设置网格样式，如下图所示。

设置网格样式

Step 03 执行"视图>显示>网格"命令，显示设置的网格。选择工具箱中的单行选框工具，在属性栏中单击"添加到选区"按钮，如下图所示。

选择单行选框工具

Step 04 沿着网格线绘制单行选区，按照相同的方法使用单列选框工具绘制单列选区，如下图所示。

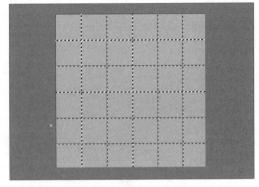

绘制单行/单列选区

Step 05 新建图层，执行"选择>修改>边界"命令，在打开的对话框中设置"宽度"为25像素，效果如下图所示。

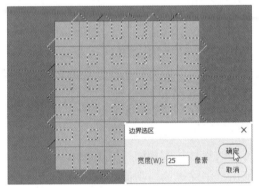

设置边界宽度

Step 06 按Alt+Delete组合键填充前景色，再按Ctrl+D组合键取消选区，效果如下图所示。

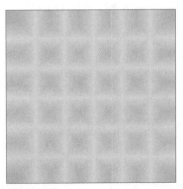

查看纹理效果

Step 07 选中"图层1"图层，按Ctrl+T组合键，调整绘制形状的角度和大小，可以产生不一样的纹理效果，如下图所示。

查看旋转纹理的效果

创建选区并反选

3.2 创建不规则选区

在实际编辑图像时，经常需要创建不规则的选区，Photoshop为用户提供的套索工具组和魔棒工具组，可以非常方便地创建不规则的选区。

3.2.1 套索工具

使用套索工具，可绘制任意形状的选区。在图像上单击，然后按住鼠标左键进行绘制即可。

当用户绘制闭合选区时，释放鼠标左键即可完成选区的创建。如果绘制的选区是非闭合的，释放鼠标后，套索工具会自动将起点和终点用直线连接为闭合的选区。

实战 应用套索工具创建梦幻图像效果 ————

Step 01 打开"素材.jpeg"图像文件，选择工具箱中的套索工具，如下图所示。

选择套索工具

Step 02 在图像中绘制一个选区，选中图像中的人，然后执行"选择>反选"命令，如下图所示。

Step 03 执行"选择>修改>羽化"命令，设置羽化值为500像素，设置前景色为白色，然后按Alt+Delete组合键执行填充操作，效果如下图所示。

查看效果

3.2.2 多边形套索工具

当需要创建具有直线不规则选区时，可以使用多边形套索工具。使用多边形套索工具创建选区时，按住Shift键，可以锁定水平、垂直或以45度角为倍数进行绘制。

实战 应用多边形套索工具替换背景图像 ————

Step 01 打开"窗户.jpg"图像文件，选择工具箱中的多边形套索工具，如下图所示。

选择多边形套索工具

Step 02 然后沿着左侧窗户的内边缘绘制封闭的选区，在需要转折时单击鼠标左键定义选区的范围，如下图所示。

绘制窗户的选区

Step 03 单击属性栏中的"添加到选区"按钮，根据相同的方法绘制其他选区，效果如下图所示。

完成选区创建

Step 04 按Delete键将选区内图像删除，然后执行"文件>置入嵌入的智能对象"命令，在打开的对话框中选择所需的图片，如下图所示。

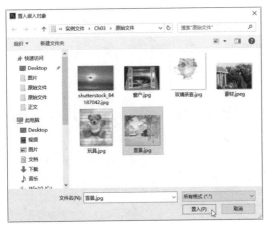

置入背景图片

Step 05 适当调整置入图片的大小的和位置，按Enter键确认，然后将该图层移至窗户图层下方，效果如下图所示。

查看效果

3.2.3　磁性套索工具

磁性套索工具可以自动识别对象的边缘。如果边缘比较清晰，与背景对比很明显，磁性套索工具是最好的选择。

在工具箱中选择磁性套索工具，然后在图像的边缘单击，释放鼠标左键并沿着边缘移动光标，在光标经过处会放置锚点来连接选区。如果用户想在某点创建锚点，直接单击即可。如果锚点的位置不准确，按Delete键即可删除，连续按Delete键，可依次删除多个锚点。按Esc键，可以清除绘制的选区。

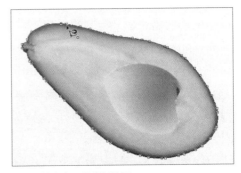

使用磁性套索工具绘制选区

3.2.4　魔棒工具

使用魔棒工具，可以在一些背景较为单一的图像中快速创建选区。

使用魔棒工具在图像上单击，Photoshop会自动选择与单击点色调相似的像素，在属性栏中各参数设置不同，创建的选区也不同。

魔棒工具属性栏

- **取样大小**：设置魔棒工具的取样范围，默认为"取样点"，表示对光标所在位置的像素进行取样；若选择"3×3平均"选项，可对光标所在位置3个像素区域内的平均颜色进行取样。其他选项依此类推。
- **容差**：用于设置什么样的像素能与单击点的色调相似。该值越低，选择与单击点的像素相似程度就越高，反之就越大。

容差为50的效果

容差为100的效果

- **连续**：勾选该复选框，选择连续的颜色选区；取消勾选该复选框，可以选择与单击颜色相近的所有区域。

容差为50，取消勾选"连续"复选框的效果

- **对所有图层取样**：如果文档中包含多个图层，勾选该复选框时，可选择所有可见图层上颜色相近的区域；取消勾选该复选框，只选择当前图层上颜色相近的区域。

未勾选"对所有图层取样"复选框的效果

勾选"对所有图层取样"复选框的效果

3.2.5　快速选择工具

快速选择工具在创建选区时类似画笔工具，在图像上移动自动向外扩展，同时查找和跟随图像中定义的边缘。

快速选择工具属性栏

- **笔尖下拉面板**：单击该下三角按钮，在打开的面板中可设置笔尖的大小、硬度和间距。
- **对所有图层取样**：勾选该复选框，可以对所有图层进行取样。
- **自动增强**：可以减小选区边缘的粗糙度和块效应，勾选该复选框，会自动将选区向图像边缘进一步流动并应用边缘调整。

实战 应用快速选择工具替换图像

实战 应用快速选择工具替换图像

Step 01 打开"柠檬片.jpg"图像文件，选择工具箱中的快速选择工具，然后在属性栏中设置笔尖的大小，如下图所示。

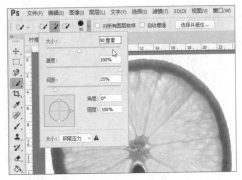

选择快速选择工具

Step 02 在柠檬片边缘单击并拖动鼠标，沿图像边缘移动直至完全选中柠檬，如下图所示。

创建选区

Step 03 然后按Ctrl+C组合键，复制选区内的柠檬片。打开"骑车.psd"图像文件，按Ctrl+V组合键，执行粘贴操作，调整粘贴图片的大小和位置，然后适当调整图层顺序，效果如下图所示。

查看效果

3.3 使用其他方法创建选区

除了使用选区工具快速在图像中创建选区外，Photoshop还提供"色彩范围"命令和快速蒙版功能来创建选区，下面分别介绍使用这两种功能创建选区的方法。

3.3.1 "色彩范围"命令

"色彩范围"命令可以根据图像的颜色范围创建选区，和魔棒工具有相似之处。

在Photoshop中打开所需图像文件，执行"选择>色彩范围"命令，打开"色彩范围"对话框。

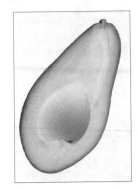

打开图像文件　　　　　"色彩范围"对话框

- **选择**：用于设置选区的创建方式。选择"取样颜色"选项，可以使用吸管工具 🖋 在图像或预览区吸取颜色进行取样。单击"添加到取样"按钮 🖋，可以添加颜色；单击"从取样中减去"按钮 🖋，可以减去颜色。此外，在"选择"下拉列表中选择"红色"、"黄色"、"绿色"等选项，可直接选择图像中指定的颜色。用户还可以通过"高光"、"中间调"、"阴影"选项，选择图像中特定的色调。

使用吸管工具　　　　　添加颜色

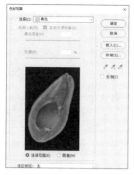

减去颜色

选择"黄色"选项

- **检测人脸：** 当选择人像或人物的皮肤时，勾选该复选框，可以更准确地选择肤色。
- **本地化颜色簇：** 勾选该复选框后，可以设置"范围"的大小。打开图像文件后，设置不同的"范围"值，其效果如下图所示。

"范围"值为100%的效果

"范围"值为30%的效果

- **颜色容差：** 设置控制颜色的选择范围，拖曳滑块向左移动，缩小该值，则表示包含的颜色越少。

"颜色容差"值为50的效果

"颜色容差"值为100的效果

- **预览区：** 显示预览效果，包括两个单选按钮，选中"选择范围"单选按钮，在预览区中白色表示选择区域，黑色表示未选择区域；选中"图像"单选按钮，在预览区显示原图像。

- **选区预览：** 用来设置文档窗口中图像的预览方式。"无"表示不在文档窗口中显示选区；"灰度"表示按照选区在灰度通道中的外观来显示选区；"黑色杂边"表示在未选择的区域上覆盖一层白色；"快速蒙版"表示显示选区在快速蒙版模式下的效果。

原图效果

"灰度"效果

"黑色杂边"效果

"白色杂边"效果

"快速蒙版"效果

实战 使用"色彩范围"命令抠取图像 ——

Step 01 打开"马.jpg"图像文件，将背景图层转换为普通图层。执行"选择>色彩范围"命令，在打开的"色彩范围"对话框中吸取颜色，如下图所示。

吸取颜色进行取样

Step 02 单击"添加到取样"按钮，吸取背景中灰色和黑色部分，如下图所示。

继续取样

Step 03 将"颜色容差"和"范围"的值减小，会发现还有背景没有取样，继续吸取背景中的颜色，然后单击"确定"按钮，如下图所示。

调整参数继续取样

Step 04 返回文档窗口中，可见选中了图像背景，执行"选择>反选"命令，选中马图像，如下图所示。

抠取图像

Step 05 打开"水果.jpg"图像文件，使用移动工具选中抠取的马，拖曳至打开的文档中，按Ctrl+T组合键进行旋转和水平翻转，并调整其大小。根据相同的方法，继续拖曳马图像至文档中，放在不同位置，效果如下图所示。

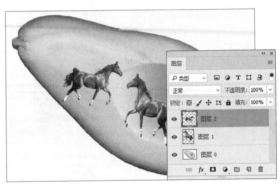
移动抠取的图像

3.3.2 快速蒙版

快速蒙版是一种选区转换工具，是一种临时存放在图像表面类似保护膜的保护装置。用户可以使用画笔工具、钢笔工具等编辑蒙版，然后将蒙版图像转换为选区。

执行"选择>在快速蒙版模式下编辑"命令或单击工具箱底部"以快速蒙版模式编辑"按钮，都可进入快速蒙版编辑状态。

如果需要退出该模式，则单击工具箱底部"以标准模式编辑"按钮，或再次执行"选择>在快速蒙版模式下编辑"命令。

实战 使用快速蒙版抠取图像 ————

Step 01 打开"一个青苹果.jpg"图像文件，使用快速选择工具选择青苹果部分，然后将笔尖设置小点，再选择苹果的果蒂部分，如下图所示。

创建选区选择苹果部分

Step 02 执行"选择>在快速蒙版模式下编辑"命令，前景色和背景色为白色，然后选择画笔工具，设置笔尖大小为78、不透明度为30%，沿着阴影部分进行涂抹，如下图所示。

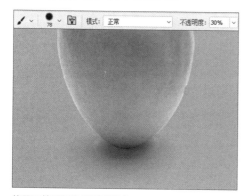

使用画笔工具选择阴影部分

Step 03 单击工具箱中"以标准模式编辑"按钮，切换回正常选区，可见阴影部分被选中，效果如下图所示。

查看选择阴影部分的效果

Step 04 打开"蛋糕.jpg"图像文件，使用移动工具将选中的苹果图像拖曳至蛋糕上，适当调整大小和位置，效果如下图所示。

移动创建的选区

> **提示：快速蒙版状态下不同涂抹颜色的含义**
>
> 进入快速蒙版状态后，使用画笔工具进行涂抹时，使用白色时表示被涂抹的区域会显示图像；使用黑色时表示会覆盖一层半透明红色，可以收缩选区；使用灰色时，涂抹区域相当于被羽化。

3.3.3 快速蒙版选项

使用快速蒙版创建选区后，用户可以进一步设置快速蒙版的相关参数。双击工具箱中"以快速蒙版模式编辑"按钮，打开"快速蒙版选项"对话框。

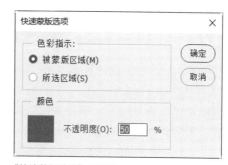

"快速蒙版选项"对话框

- 被蒙版区域：选中该单选按钮，表示选区之外的图像被蒙版色覆盖，而选区内完全显示图像。
- 所选区域：选中该单选按钮，表示选中区域将被蒙版色覆盖，未选择区域显示图像。
- 颜色：在"颜色"选项区域中单击颜色色块，在打开的"拾色器（快速蒙版颜色）"对话框中设置蒙版颜色；"不透明度"参数用于设置蒙版颜色的不透明度。颜色和不透明度只改变快速蒙版的外观，而不影响快速蒙版。

被蒙版区域

所选区域

设置颜色为浅绿色、不透明度为30%的效果

3.4 选区的编辑操作

在Photoshop中创建选区后，用户可以根据需要对选区进行编辑操作，例如全选、反选、移动选区、边界选区、平滑选区以及羽化选区等，本节将详细介绍各种选区编辑操作的方法。

3.4.1 全部或取消选择选区

在Photoshop中执行"选择>全部"命令或按Ctrl+A组合键，可以将图像全部选中。

对选区内的图像进行编辑操作后，若要取消选区，则执行"选择>取消选择"命令，或按Ctrl+D组合键即可。用户也可使用其他选区工具在图像任意位置单击进行取消选择，在具体操作过程中使用最多是按组合键取消选区。

执行"全部"命令

3.4.2 反选选区

反选操作可以选择当前选区外的图像区域。当需要选择的图像主体很复杂，而背景比较简单时，可以先选择背景，再执行反选操作，来准确地选择复杂的图像。

在Photoshop中执行反选操作一般有3种方法，第一种是执行"选择>反选"命令，第二种是按Shift+Ctrl+I组合键，第三种是右击选区，在快捷菜单中选择"选择反向"命令。

创建选区

执行反选操作

3.4.3 移动选区

选区创建完成后，用户可以对选区进行移动，下面介绍3种移动选区的方式。

❶ 移动选区不改变图像

选区创建完成后，选择任意创建选区的工具，将光标移至选内变为 形状时，按住鼠标左键进行拖曳，在光标右侧将显示移动的距离，移至合适位置后释放鼠标左键即可。

移动选区不改变图像

❷ 移动选区并抠取图像

创建选区后，如果需要抠取选区内的图像，则选择移动工具 ，将光标移至选区内，待变为 形状时，按住鼠标左键进行拖曳，即可移动选内的图像，在移动过程中光标右侧显示移动的距离，移动后的位置自动以背景色填充。

移动选区并抠取图像

❸ 跨文档移动选区并抠取图像

除了上述介绍的在同一文档内移动选区的方法外，用户还可将选区内的图像移至其他文档中。

打开目标文档，此处打开"餐桌装饰.psd"文件，切换至"西红柿.jpg"图像文件中，使用移动工具拖曳选区内的图像至"餐桌装饰.psd"文档标题上，稍等片刻切换至该文档，将光标移至文档中并释放鼠标左键，在新文档窗口中新建图层，按Ctrl+T组合键调整西红柿的大小和位置，并适当调整图层顺序后，查看效果。

跨文档移动选区并抠取图像

3.4.4 边界选区

边界选区是指在原有选区的基础上向内和向外进行扩展，例如边界宽度为20像素，则向外和向内分别扩展10像素。若要对边界选区进行填充，则只填充两个选区之间的部分。

实战 创建边界选区 ————————————

Step 01 打开"小猫.jpg"图像文件，选择自定义形状工具 ，在属性栏中设置工具模式为"路径"，单击"形状"下三角按钮，在打开面板中选择"红心形卡"形状，在图像中绘制心形，按Ctrl+Enter组合键，将其转换为选区，如下图所示。

创建心形选区

Step 02 执行"选择>修改>边界"命令，打开"边界选区"对话框，设置宽度值为20像素，单击"确定"按钮，如下图所示。

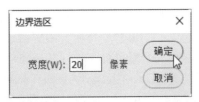

设置边界宽度

Step 03 返回文档窗口中查看边界选区的效果，在工具箱中双击前景色色块，在打开的对话框设置前景色为红色，如下图所示。

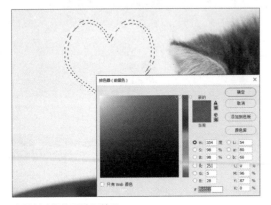

查看创建的边界选区效果

Step 04 执行"编辑>填充"命令，在打开的对话框中设置"内容"为"前景色"，单击"确定"按钮，如下图所示。

设置填充内容

Step 05 查看在两个选区之间填充红色的效果，然后按Ctrl+D组合键取消选择，如下图所示。

查看填充效果

3.4.5 平滑选区

平滑选区操作用于调节选区的平滑度。用户可以在文档窗口中使用磁性套索工具创建选区。

创建选区

执行"选择>修改>平滑"命令，打开"平滑选区"对话框，设置"取样半径"为30像素，然后单击"确定"按钮，可见选区的棱角变平滑了。

平滑选区的效果

3.4.6 扩展和收缩选区

扩展选区是按照指定的数值将选区向外扩大。首先使用磁性套索工具创建选区。

创建选区

执行"选择>修改>扩展"命令，打开"扩展选区"对话框，设置"扩展量"为80像素，单击"确定"按钮，可见选区向外扩展了。

扩展选区

收缩选区和扩展选区的效果是相反的，可以将选区按照指定数值进行缩小。执行"选择>修改>收缩"命令，打开"收缩选区"对话框，设置"收缩量"为50像素，单击"确定"按钮，可见选区向内收缩了。

收缩选区

3.4.7 羽化选区

羽化选区可以将选区的边缘变得柔和，从而使选区内外的图像过渡更自然。

执行"选择>修改>羽化"命令或按Shift+F6组合键，即可打开"羽化选区"对话框，然后设置羽化半径值即可。

实战 羽化图片的边缘

Step 01 打开"享受自然.jpg"图像文件，使用套索工具在图像中绘制选区，在绘制选区时可以适当为图片边缘留有余地，然后按Shift+Ctrl+I组合键，执行反选操作，如下图所示。

创建选区并进行反选

Step 02 执行"选择>修改>羽化"命令，打开"羽化选区"对话框，设置"羽化半径"为100像素，单击"确定"按钮。可见创建的选区边缘变得平滑了，如下图所示。

设置羽化值

Step 03 设置前景色为白色，按Alt+Delete组合键填充前景色，在选区边缘将产生模糊的效果，起到自然过渡的效果，如下图所示。

查看羽化的效果

3.5 选区的进阶操作

学习了选区的一些基本操作后，本节将介绍选区的进阶操作，包括扩大选取、选取相似、变换选区以及载入或存储选区等。

3.5.1 扩大选取和选取相似

"扩大选取"和"选取相似"命令都是用于扩展现有选区，它们都是基于魔棒工具的容差值来决定选区的扩展范围。其中"扩大选取"命令可以在现有选区相邻的区域内扩展选区，而"选取相似"命令可以扩展到不相邻区域内所有相似像素。

打开图像文件后，首先使用矩形工具在小女孩白色的衣袖上创建选区，然后执行"选择>扩大选取"命令，可见选区被扩展了，而且选中衣袖中所有白色的区域。

创建选区

扩展选取的效果

选取相似和扩展选取的操作方法一样，首先在衣袖上创建选区，然后执行"选择>选取相似"命令，可见图像中所有白色均被选中。

选取相似

> **提示：继续扩大选区**
>
> 用户可以连续执行多次"扩展选取"或"选取相似"命令，来继续扩大选区。

3.5.2 变换选区

变换选区操作可以根据需要对选区进行缩放、旋转或扭曲等操作。对选区进行变换操作时，是不影响图像的。

执行"选择>变换选区"命令，或者右击选区，在快捷菜单中选择"变换选区"命令，此时在选区四周将出现控制框，通过移动控制框可以改变选区的形状，最后按Enter键确认变换。

实战 变换选区的应用 ────────●

Step 01 打开"立体三角形.jpg"图像文件，使用矩形选框工具在图像中绘制选区，如下图所示。

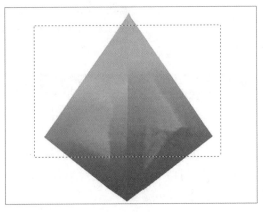

绘制矩形选区

Step 02 执行"选择>变换选区"命令，在选区四周出现控制框，将光标移至选区右上角的控制点上，按住Ctrl键不放，拖曳至立体三角形的顶点，如下图所示。

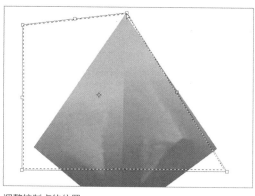

调整控制点的位置

Step 03 将光标移至选区右下角的控制柄附近，变为弯曲的双向箭头时，按住鼠标左键进行拖曳，可以对选区进行旋转操作，如下图所示。

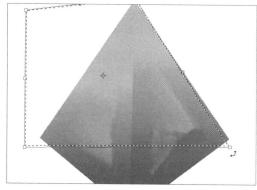

旋转选区

Step 04 将光标移至选区左下角控制柄下，变为双向箭头时，按住鼠标左键进行拖曳，可以对选区进行缩放，如下图所示。

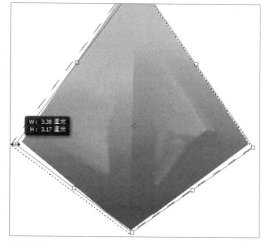

缩放选区

Step 05 根据相同的方法对选区进行变换，最后按Enter键确认，如下图所示。

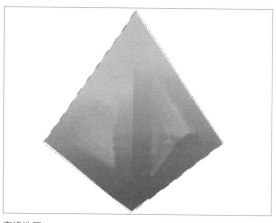

变换选区

3.5.3 存储选区

当用户需要反复对某图像进行选择或抠取复杂的图像时，为了提高工作效率，可以将选区保存，以便下次使用时直接载入。

首先在图像上创建选区，然后执行"选择>存储选区"命令，打开"存储选区"对话框，即可对选区执行保存操作。

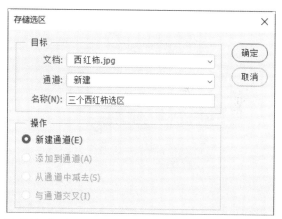

"存储选区"对话框

- **文档**：在下拉列表中选择存储选区的目标文件，默认为当前文档，也可以选择保存在新建的文档中。
- **通道**：设置存储选区的通道。
- **名称**：在文本框中输入存储选区的名称。
- **新建通道**：选中该单选按钮，表示为当前选区建立新的目标通道。

除了使用"存储选区"命令外，用户还可以在"通道"面板中单击面板下方的"将选区存储为通道"按钮 ◘ ，将选区保存在Alpha通道中。

将选区存储为通道

3.5.4 载入选区

　　存储选区后，用户可以执行"选择>载入选区"命令，或者在"通道"面板中按住Ctrl键单击通道缩览图，将选区载入。

实战 载入选区的应用

Step 01 打开"西红柿.jpg"图像文件，此时图像中无选区，如下图所示。

打开文件

Step 02 执行"选择>载入选区"命令，在打开的"载入选区"对话框中选择需要载入的选区，单击"确定"按钮，如下图所示。

"载入选区"对话框

Step 03 在图像中载入之前存储的选区，如下图所示。若在对话框中勾选"反相"复选框，可以对存储的选区执行反选操作。

载入选区

3.5.5 描边选区

　　描边选区是指沿选区边缘使用前景色进行描边。执行"编辑>描边"命令，打开"描边"对话框，进行相应的参数后，即可完成描边操作。

"描边"对话框

- **宽度：** 用于设置描边的宽度，单位是像素。
- **颜色：** 单击右侧色块，在打开的"拾色器（描边颜色）"对话框中设置描边的颜色。
- **位置：** 设置描边的位置，包括内部、居中和居外3种。
- **混合：** 在该选项区域中，可以设置描边的模式和不透明度。单击"模式"右侧下三角按钮，在列表中选择相应的模式。

实战 描边选区的应用

Step 01 打开"橙子.jpg"图像文件，使用快速选择工具为橙子的红心部分创建选区，如下图所示。

创建选区

Step 02 执行"选择>修改>羽化"命令，在打开的"羽化选区"对话框中设置"羽化半径"为50像素，单击"确定"按钮，如下图所示。

设置羽化半径

Step 03 执行"编辑>描边"命令，打开"描边"对话框，设置颜色为橙色，"位置"为"居外"，单击"确定"按钮，如下图所示。

设置描边参数

Step 04 返回文档窗口，按Ctrl+D组合键取消选区，可见选区的边填充橙色并进行羽化，如下图所示。

查看描边选区的效果

3.5.6　细化选区

当需要对毛发等细微图像创建选区时，可以通过"焦点区域"命令进行细化选区。

执行"选择>焦点区域"命令，在打开的"焦点区域"对话框中进行参数设置。用户也可以单击选框工具属性栏中"选择并遮住"按钮，在打开的面板中进行细化选区设置。

"焦点区域"对话框

在"焦点区域"对话框中，单击"视图"下三角按钮，在下拉列表中包含7种视图模式可供选择。

"叠加"模式

"白底"模式

"闪烁虚线"模式

"图层"模式

单击"焦点区域"对话框左下角的"选择并遮住"按钮，在打开的面板中可以进行更详细的选区细化设置。

实战 使用细化选区功能抠取小猫图像

Step 01 打开"小猫咪.jpg"图像文件，使用快速选择工具选择猫咪图像部分，单击属性栏中的"从选区减去"按钮后，选中猫咪两腿之间的区域，如下图所示。

创建选区

Step 02 单击工具属性栏中的"选择并遮住"按钮，在"属性"面板中设置视图为"黑白"，如下图所示。

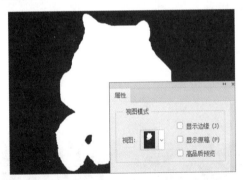
设置视图模式

Step 03 然后勾选"智能半径"和"净化颜色"复选框，设置"半径"为250像素，效果如下图所示。

设置细化参数并查看效果

Step 04 选择调整边缘画笔工具，单击属性栏中"恢复原始边缘"按钮，将左侧猫爪边缘白色清除，如下图所示。

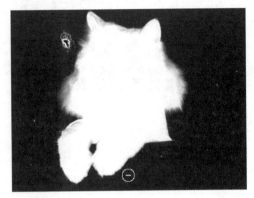
清除多余部分

Step 05 根据需要进行细节调整，则在"输出设置"区域中设置输出到为"新建带有图层蒙版的图层"，单击"确定"按钮，即可将猫咪抠取出来。在"图层"面板中创建蒙版，如下图所示。

设置输出

Step 06 打开"采花的小朋友.jpg"图像文件，将抠取的猫咪图像拖入该文档窗口，效果如下图所示。

移动抠取的图像

冬奥会海报设计

本章主要介绍使用各种工具创建选区，以及选区编辑的操作方法，为了筑固所学的知识，下面以制作冬奥会海报为例，进一步学习矩形选框工具、磁性套索工具、椭圆选框工具以及羽化选区的应用，具体步骤如下。

Step 01 按Ctrl+N组合键新建文档并命名为"冬奥会海报"，设置文档宽度为8×6英寸、分辨率为300像素/英寸。然后按Ctrl+R组合键，打开标尺，设置参考线，如下图所示。

新建文档并创建参考线

Step 02 按Ctrl+O组合键，在打开的对话框中选择"奥运五环.jpg"素材文件，单击"打开"按钮。在工具箱中选择矩形选框工具，绘制一个矩形选区，如下图所示。

打开素材并创建矩形选区

Step 03 将创建的矩形选区置入"冬奥会海报"文档中，并调整至合适大小。设置完成后，按Ctrl+R组合键取消标尺。执行"视图>显示>参考线"命令，将参考线隐藏，如下图所示。

将选区内容移至文档中

Step 04 按Ctrl+O组合键，打开"白老虎.jpg"素材文件，选择工具箱中的磁性套索工具，沿着吉祥物的边缘移动，如下图所示。

使用磁性套索工具

Step 05 直到选区闭合，完成对吉祥物选区的选取，如下图所示。

完成选区的创建

Step 06 单击属性栏中"选择并遮住"按钮,在打开的面板中,对选区的平滑、羽化、对比度和移动边缘参数进行调整,如下图所示。

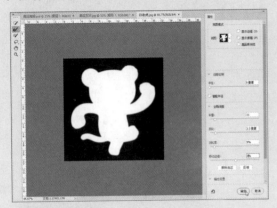

设置选区的相关参数

Step 07 然后选中选区并拖至"冬奥会海报"文档中,放在画面的左下角,适当调整大小,如下图所示。

将选区拖至文档中

Step 08 打开"亚洲黑熊.jpg"素材文件,使用磁性套索工具创建选区,将该选区置入"冬奥会海报"文档中,并调整至合适大小,如下图所示。

置入黑熊图像

Step 09 按Ctrl+O组合键,打开"奥运项目.jpg"素材文件,选择工具箱中的椭圆选框工具,将奥运项目图标框选出来,在属性栏中设置"羽化"值为10像素,如下图所示。

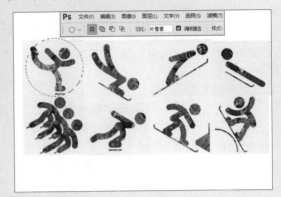

创建椭圆选区

Step 10 将框选的选区内容置入到"冬奥会海报"文档中,调整大小并放在适合的位置,效果如下图所示。

置入奥运项目图标

Step 11 根据相同的方法将其他图标置入"冬奥会海报"文档中,效果如下图所示。

查看最终效果

在Photoshop中可以非常方便地对图像进行变形和变换操作，如旋转、缩放或扭曲图像。对图像进行修饰和润色，不仅可以将图像中的瑕疵部分进行修复，还可以对图像的颜色进行调整。

4.1 图像的变换

图像的变换与选区的变换操作相似，下面具体介绍图像变换的操作方法。

4.1.1 旋转和缩放

旋转图像是对图像的摆放角度进行调整，通过旋转图像可以快速对图像的构图进行调整和纠正。

执行"编辑>变换>旋转"命令，选中图像的四周将出现控制点，将光标移至控制点附近，变为↰形状时按住鼠标左键进行拖曳，即可旋转图像。

用户也可以执行"编辑>自由变换"命令，按照相同的方法对图像进行旋转。

原图

旋转图像

缩放图像是对图像的大小进行调整，既可以等比例缩放，也可以对图像进行拉伸或压缩。

选中图像，执行"编辑>变换>缩放"命令，图像四周会出现控制点，将光标移到控制点上，待变为双向箭头时，拖曳鼠标即可。

原图像

对马进行放大

> **提示：配合快捷键进行缩放**
>
> 当按住Shift键不放拖曳图像的四个角的控制点时，可以等比例缩放图像；按住Alt键，则以中心点为中心向四周缩放图像；按住Alt+Shift组合键不放，可以将图像以中心进行等比例缩放。

实战 对图像执行旋转和缩放操作 ————

Step 01 执行"文件>置入嵌入的智能对象"命令，将"背景.jpg"文件置入，放在合适的位置，按Enter键确认，然后右击该图层，选择"栅格化图层"命令。选择矩形选框工具，在属性栏中设置"羽化"值为10像素，选择图像的中下部分，按Ctrl+J组合键复制到新图层，如下图所示。

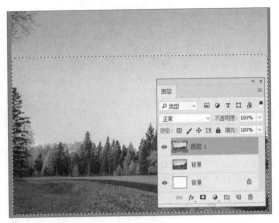
创建选区并复制

Step 02 然后置入"滑板.jpg"图像文件,将其放在合适的位置,并栅格化图层,然后将该图层移至"图层1"图层的下方,效果如下图所示。

置入文件

Step 03 选中"滑板"图层,创建选区并进行羽化操作后,执行"编辑>变换>旋转"命令,调整该图像的旋转角度,如下图所示。

旋转图像

Step 04 选中"图层1"图层,执行"编辑>自由变换"命令,将光标移至任意角的控制点上,对图像进行放大,然后适当旋转图像,使该图像与滑板人物相对应,然后按Enter键确认,效果如下图所示。

查看效果

4.1.2 斜切和扭曲

斜切图像是在不改变图像比例的情况下将其调整为斜角对切的效果。扭曲图像则可以将图像调整到任意的位置。在调整图像时可以将这两种命令结合使用。

实战 对图像执行斜切和扭曲操作

Step 01 打开"河流.jpg"图像文件,然后置入"飞鸟.png"素材图像,放在合适的位置,并进行栅格化图层操作,如下图所示。

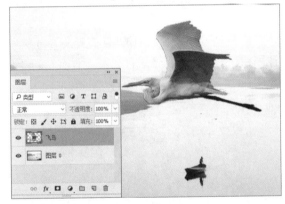
置入素材

Step 02 选中飞鸟图像,执行"编辑>变换>斜切"命令,将光标移至任意角的控制点上,按住鼠标左键并拖动,如下图所示。

拖曳控制点

Step 03 将光标移至边的控制点上，当右下角出现双向箭头时，对边进行斜切操作，如下图所示。

拖曳边控制点

Step 04 右击控制框，在弹出的快捷菜单中选择"扭曲"命令，对图像执行扭曲操作，如下图所示。

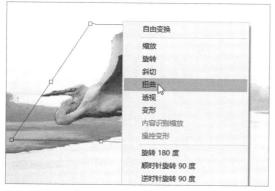

执行"扭曲"操作

Step 05 将光标移至控制点上并进行拖曳，操作完成后按Enter键确认变换，效果如下图所示。

查看效果

4.1.3 透视变形

透视是绘图中重要的要素之一，调整图像的透视关系可以让图像或整幅画面更加协调。

实战 为图像应用透视变形操作 ————————

Step 01 打开Photoshop软件后，打开"植物架.jpg"图像文件，按Ctrl+T组合键，在图像周围显示变换边框，如下图所示。

显示变换边框

Step 02 右击变换边框，在弹出的快捷菜单中选择"透视"命令，如下图所示。

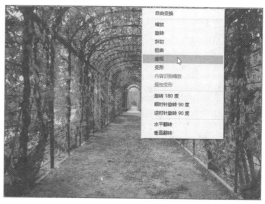

选择"透视"命令

Step 03 将光标移至图像右下角的控制点，沿着水平方向向左拖曳至合适的位置后释放鼠标，按Enter键确认，即可透视图像，效果如下图所示。

透视图像

Step 04 使用魔棒工具选中透视图像后的透明区域，执行"编辑>填充"命令，打开"填充"对话框，设置"内容"为"内容识别"，单击"确定"按钮，如下图所示。

设置填充内容

Step 05 弹出"进程"对话框，当进度条走完后，按Ctrl+D组合键取消选区，查看透视变形后的效果，如下图所示。

查看效果

4.1.4 图像变形

图像变形可以将图像调整为任意形状，是对图像进行调整时常用的操作之一。如果需要对图像进行局部扭曲，也可使用该功能。

选中图像，执行"编辑>变换>变形"命令，在图像上将出现变形的网格和锚点，拖曳锚点或网格，即可对图像执行变形操作。

实战 对图像执行变形操作

Step 01 打开"玻璃瓶.png"图像文件，使用磁性套索工具选取中间的叶子，然后按Ctrl+J组合键。接着置入"鲨鱼.jpg"素材图像，适当调整其大小和位置，如下图所示。

置入素材图像

Step 02 在鲨鱼图像上绘制一个等大的矩形选区，按Shift+F6组合键，打开"羽化选区"对话框，设置"羽化半径"为15像素，单击"确定"按钮，然后隐藏"鲨鱼"图层，如下图所示。

创建选区并进行羽化操作

Step 03 按Ctrl+D组合键取消选区，选中"图层2"图层，执行"编辑>变换>变形"命令，拖曳鲨鱼图像4个角的控制点，分别放在玻璃瓶的瓶颈和瓶底，效果如下图所示。

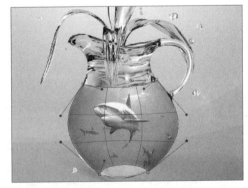

拖曳图像四角控制点

Step 04 拖曳上下两个边分别放在合适的位置，使下边覆盖瓶底，上边围绕瓶颈。然后适当调整左右两个边的位置，拖曳4个角控制点的方向点来调整边，使其覆盖瓶身，按Enter键确认变形操作，效果如下图所示。

执行变形操作

Step 05 将"图层1"图层移动至"图层2"图层上方，设置"图层2"图层的不透明度为80%，效果如下图所示。

查看效果

4.1.5 操控变形

操控变形是比较灵活的变形工具，可随意对图像某一部分进行变形，其他部分保持不变。

选中图像，执行"编辑>操控变形"命令，在图像上将显示变形网格的图钉。

下面介绍操控变形属性栏各参数的含义。

操控变形属性栏

- **模式：** 可设定网格的弹性，在该列表中包含"刚性"、"正常"和"扭曲"3个选项。选择"刚性"选项时，图像像素与像素之间的融合效果较生硬，缺少柔和的过渡；选择"正常"选项，图像的变形效果准确，柔和的过渡比较适中；选择"扭曲"选项，图像像素点之间的结合点会自动融合，也可以创建透视扭曲的效果。

- **浓度：** 用于设置网格点之间的间距，在该列表中包括"较少点"、"正常"和"较多点"3个选项。选择"较少点"选项时，网格点少，只能放少量的图钉，调整图像的效果比较生硬；选择"正常"选项时，网格数量比较适中；选择"较多点"选项时，网格最密，调整图像的效果更精确。

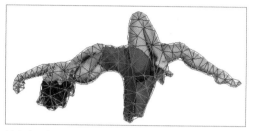
较少点网格

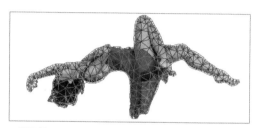
正常网格

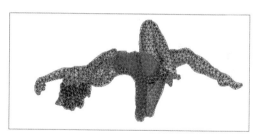
较多点网格

- **扩展：** 用于设置变形效果的衰减范围，单击该下拉按钮，拖曳滑块或在数值框中输入数值，可以设置衰减范围。该数值越小，图像的边缘变化效果越生硬；该数值越大，变形网格向外扩展，变形后，图像的边缘会更加平滑。

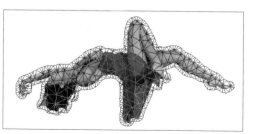
设置"扩展值"为10像素

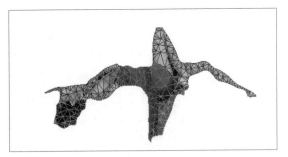

设置"扩展"值为-10像素

- **显示网格:** 勾选该复选框,则显示变形网格;若取消勾选该复选框,则只显示图钉和图像,可以更清晰地预览变换效果。
- **图钉深度:** 可以将选定的图钉向上层或向下层移动一个堆叠顺序,是通过单击⊕和⊝按钮实现的。
- **旋转:** 在该下拉列表中包含"自动"和"固定"两个选项。选择"自动"选项,拖曳图钉扭曲图像时,Photoshop会自动对图像内容进行旋转处理;选择"固定"选项时,在数值框中可以设置精确的旋转角度。

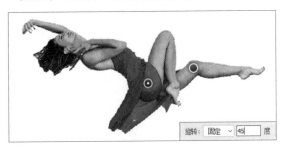

设置"旋转"为45度的效果

此外,选中一个图钉以后,按住Alt键,在图钉周围会出现变换框,当光标变为弯曲的双箭头时,拖曳鼠标即可进行旋转。

手动旋转图钉

实战 应用操控变形功能调整图像 ————————

Step 01 打开"操控变形.psd"图像文件,选择"左侧长颈鹿"图层,如下图所示。

打开文件并选择图像

Step 02 执行"编辑>操控变形"命令,在属性栏中取消勾选"显示网格"复选框,然后在图像上钉图钉,如下图所示。

在图像上钉图钉

Step 03 选择长颈鹿头上的图钉并向下拖曳,在光标右侧会显示移动的距离,其他部位被图钉钉住没有发生变化,效果如下图所示。

移动图钉进行变形

Step 04 如果需要移动图像的其他部位,只需要添加图钉进行拖曳即可。如果对变换的效果比较满意,则按Enter键或单击属性栏中的"提交操控变形"按钮✓,如下图所示。

确定操控变形操作

Step 05 按照同样的方法对右侧长颈鹿进行操控变形，可以适当设置旋转角度，调整后的最效果如下图所示。

查看效果

> **提示：删除图钉**
>
> 若需要删除图钉，则选中图钉，按Delete键即可。用户也可以右击网格，在弹出的快捷菜单中选择相应的命令。

4.2 修复图像

用户对照片或图像进行后期处理时，经常需要对一些瑕疵进行修复处理，Photoshop提供大量专业的图像修复工具，如仿制图章工具、图案图章工具、修复画笔工具、污点修复画笔工具和修补工具等。本节将详细介绍修复图像工具的应用。

4.2.1 修复画笔工具

修复画笔工具利用图像或图案中的样本像素来绘画。先按Alt键选择图像区域作为目标区域，即选择样板，然后在需要修复的区域进行单击或滑动。

下面对修复画笔工具属性栏各参数的应用进行介绍。

修复画笔工具属性栏

- **画笔**：设置画笔笔尖的大小、硬度、间距和角度等。单击 按钮，在打开的面板中拖动滑块或在数值框中输入数值来设置各参数。
- **模式**：设置修复画笔图像的混合模式，单击该下拉按钮，列表中包含"正常"、"替换"、"正片叠底"和"滤色"等选项。其"替换"模式可以保留画笔描边边缘处的杂色和纹理，使修复效果更加真实。
- **源**：设置修复像素的来源，单击"取样"按钮，可以直接从图像上取样；单击"图案"按钮，在图案下拉面板中选择图案作为取样来源。

原图像效果

取样修复后的效果

图案修复后的效果

- 对齐：勾选该复选框，会对像素进行连续取样，在修复过程中，取样点随修复位置的移动而变化；取消勾选该复选框，在修复过程中始终以一个取样点为起始点。
- 样本：用于设置从指定图层中进行数据取样。

> **提示：快速修改画笔大小**
>
> 使用修复画笔工具对图像进行修复时，如果需要调整画笔笔尖的大小，可以在属性栏中修改，也可以在图像上任意位置右击，在打开的面板中设置。

实战 使用修复画笔工具祛除雀斑

Step 01 新建文档后，将"小女孩.jpg"图像拖入并按下Enter键，此时文件为智能对象。为避免破坏图片，按Ctrl+J组合键复制图层，单击复制后图层前面的"指示图层可见性"图标，将其隐藏，如下图所示。

置入素材并复制图层

Step 02 在"小女孩"图层上右击，在弹出的快捷菜单中选择"栅格化图层"命令，如下图所示。

栅格化图层

Step 03 按Ctrl + +组合键，适当放大人物脸部，可以更清晰地查看。然后在工具箱中选择修复画笔工具，如下图所示。

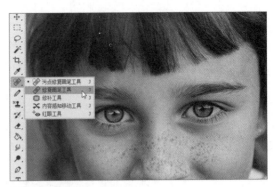

选择修复画笔工具

Step 04 在属性栏中设置画笔的"硬度"为20%，"大小"值随斑的大小进行调整。然后按住Alt键选择雀斑周围较好的一块皮肤并单击，如下图所示。

设置画笔属性并取样

Step 05 松开Alt键，单击小女孩右侧脸颊的雀斑处，对原点处的皮肤进行了复制，换掉有斑点的皮肤，如下图所示。

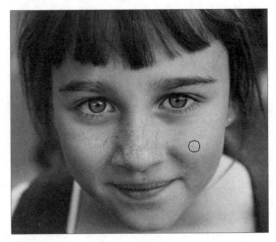

祛除雀斑

4.2.2 污点修复画笔工具

使用污点修复画笔工具，可以快速去除图像中的污点、划痕以及其他不理想的部分。污点修复画笔工具的原理是将图像的纹理、光照和阴影等与所修复图像进行自动匹配。

使用污点修复画笔工具不需要进行取样，只需确定要修补图像的位置，然后在需要修补的图像位置单击并拖动鼠标，释放鼠标即可修复选中的污点。

下面介绍污点修复画笔工具属性栏各参数的含义。

污点修复画笔工具属性栏

- **类型**：设置修复的方式，包括"内容识别"、"创建纹理"和"近似匹配"3种。选择"内容识别"选项，不仅可以根据附近的图像内容填充选区，还可以保留图像关键的细节；选择"创建纹理"选项，则使用选区中的所有像素创建一个用于修复该区域的纹理；选择"近似匹配"选项，则使用选区边缘的像素来查找要用作选定区域修补的图像区域。
- **对所有图层取样**：勾选该复选框，可以从所有可见的图层中对数据进行取样；取消勾选该复选框，则只从当前图层中取样。

实战 使用污点修复画笔工具去除污点

Step 01 首先按Ctrl+O组合键，打开"打开"对话框并选择所需的素材图片，单击"打开"按钮，如下图所示。

打开素材图片

Step 02 选择污点修复画笔工具，在属性栏中设置笔刷大小、硬度及间距参数，如下图所示。

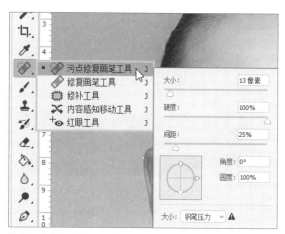

选择污点修复画笔工具

Step 03 按Ctrl++组合键放大图片，使用污点修复画笔工具单击污点区域，即可去除污点，效果如下图所示。

查看效果

4.2.3 修补工具

修补工具是使用图像中其他区域或图案中的像素来修复选中的区域。使用该工具首先需要选取用来定位修补的范围。

下面介绍修补工具属性栏中各参数的含义。

修补工具属性栏

- **选区的方式**：包括4种方式，分别为"新选区"、"添加到选区"、"从选区中减去"和"与选区交叉"，使用方法和选区的使用方法一样。
- **修补**：单击"源"按钮，将选区拖曳至需要修补的区域时，会用当前光标下方的图像修补选中的图像；单击"目标"按钮，可将选中的图像复制到目标区域。

原图像效果

"目标"修补方式的效果

"源"修补方式的效果

- **透明：** 勾选该复选框后，可以使用修补的图像与原图像产生透明的叠加效果。
- **使用图案：** 首先使用修补工具选中需要修补的区域，单击"使用图案"右侧下三角按钮，在面板中选择需要填充的图案，单击"使用图案"按钮，即可将选中的图案填充到选区内。

使用图案填充原图中的沙子部分

4.2.4 内容感知移动工具

内容感知移动工具是比较强大的修复工具，可以整体移动选区中的内容，并智能填充原选区。使用选框工具创建选区后，使用内容感知移动工具将选区移至新位置时，软件会自动对选区的边缘进行羽化。

实战 使用内容感知移动工具调整图片

Step 01 按Ctrl+O组合键，打开"小男孩和狗.jpg"素材图片，按Ctrl+J组合键复制"背景"图层，如下图所示。

打开素材图片并复制图层

Step 02 使用快速选择工具选中男孩，选择内容感知移动工具将选区向左移动，选择选区上出现的4个控制点，将选区适当缩小，如下图所示。

移动并缩放选区

Step 03 单击属性栏中的"提交变换"按钮☑，然后隐藏"背景"图层，按Ctrl+D组合键取消选区，如下图所示。

提交变换

Step 04 使用修补工具对小男孩的边缘部分进行修复，让效果更完美，可见小男孩和狗狗的距离变大了，如下图所示。

修复图像

Step 05 使用内容感知移动工具选中狗狗，然后拖曳左上角控制点将选区放大，然后按Enter键确认，如下图所示。

移动选区并确认变换

Step 06 使用修补工具修复狗狗的边缘部分，让效果更和谐，和原图像比较，人物变小了，狗狗变大了，如下图所示。

查看修复图像后的效果

4.2.5 红眼工具

红眼现象是光线昏暗或是使用闪光灯进行拍摄时，人或动物眼睛泛红的现象。红眼工具是Photoshop专为修复照片中的红眼现象，所提供的快速修复工具。

实战 去除人像中的红眼现象

Step 01 按Ctrl+O组合键，打开素材照片，如下图所示。

打开素材图片

Step 02 选择红眼工具，在属性栏中设置适合的瞳孔大小和变暗量参数，如下图所示。

选择红眼工具

Step 03 待光标变为眼睛形状⁺◉时，单击人物红色眼球部分，去除红眼现象，效果如下图所示。

查看去除红眼现象的效果

4.2.6 仿制图章工具

仿制图章工具可以将取样图像应用到其他区域或其他图像中。仿制图章工具也可以用于修复照片，并且可以保留原照片原有的边缘，不会损失部分图像。

实战 利用仿制图章工具复制动物

Step 01 新建文档，打开"仿制图章工具素材.jpg"图像文件，如下图所示。

打开素材文件

Step 02 选择仿制图章工具，并在属性栏中设置仿制图章工具的大小、硬度等参数，如下图所示。

设置仿制图章工具的属性

Step 03 按住Alt键，在图像中单击进行定点取样，取样后，将光标移到需要复制的位置，按住鼠标左键拖动，即可逐渐地出现复制的图像，复制完成后释放鼠标即可，效果如下图所示。

查看复制动物的效果

4.2.7 图案图章工具

使用图案图章工具可以利用Photoshop自带的图案或是用户自定义的图案进行填充。

实战 自定义图案并填充

Step 01 按Ctrl+O组合键，打开"地砖图案.jpg"素材图片，如下图所示。

打开素材图片

Step 02 执行"编辑>定义图案"命令，在打开的"图案名称"对话框中，将"名称"改为"地砖"，单击"确定"按钮，如下图所示。

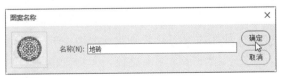

定义图案名称

Step 03 按Ctrl+O组合键，在打开的对话框选择"植物架.jpge"素材文件，选择多边形套索工具，沿着路的边缘创建选区，如下图所示。

创建选区

Step 04 选择图案图章工具，并在属性栏中设置图案为"地砖"，如下图所示。

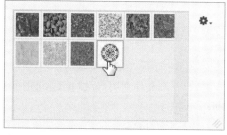

选择定义的图案

Step 05 在属性栏中设置图案图章工具的大小、不透明度和流量参数，然后在选区内涂抹，即可为选区填充自定义的图案，按Ctrl+D组合键取消选区，效果如下图所示。

查看效果

▌提示：加载图案

打开图案面板，单击右上角的 ▪ 按钮，在打开的菜单中选择需要加载的图案库，然后在打开的提示对话框中单击"确定"或"追加"按钮即可。

4.3 擦除图像

使用Photoshop擦除工具组中的工具，可以快速擦除图像中的多余部分。擦除工具组中包括橡皮擦工具、背景橡皮擦工具和魔术橡皮擦工具。

4.3.1 橡皮擦工具

橡皮擦工具可以擦除图像上的颜色。使用橡皮擦工具在图像上涂抹，则擦除位置显示下个图层或背景色。

下面介绍橡皮擦工具属性栏各参数的含义。

〔橡皮擦工具属性栏图〕

橡皮擦工具属性栏

- **模式**：单击右侧下三角按钮，在列表包含3种模式，分别为"画笔"、"铅笔"和"块"。其中"画笔"和"铅笔"选项和铅笔工具使用方法一样；选择"块"选项时，光标会变为一个方形的橡皮擦。

- **不透明度**：单击右侧下三角按钮，在打开的面板中拖动滑块设置数值，范围从1%~100%。1%表示不擦除，100%表示完全擦除。

设置"不透明度"值为100%的效果

设置"不透明度"值为60%的效果

- **喷枪 ⿴**：当橡皮擦工具的模式为画笔时，单击该按钮可启用喷枪模式。

Step 01 打开"美食.jpg"图像文件，然后将"狗狗.jpg"素材置入，调整狗狗素材的大小和位置，对其执行水平翻转后，执行栅格化图层操作，如下图所示。

置入素材图像

Step 02 选择橡皮擦工具，在属性栏中设置"大小"为100，其他参数保持不变。选中"狗狗"图层，将光标移至冰激凌上端并单击，即可擦除图像，如下图所示。

使用橡皮擦工具擦除图像

Step 03 按住鼠标左键并拖曳，即可快速擦除图像。然后适当调小橡皮擦的大小，沿狗舌头的周边继续擦除，直至冰激凌完全擦除，如下图所示。

查看擦除图像后效果

4.3.2 背景橡皮擦工具

背景橡皮擦工具用于擦除图层上指定颜色的像素，被擦除的区域以透明色填充。

下面介绍背景橡皮擦工具属性栏中各参数的含义。

背景橡皮擦工具属性栏

- **取样按钮组**：该按钮组从左到右分别为"取样：连续"、"取样：一次"和"取样：背景色板"3个按钮。
- **限制**：单击该下三角按钮，在列表中包括"不连续"、"连续"和"查找边缘"3个选项。"不连续"表示擦除图像中所有具有取样颜色的像素；"连续"表示擦除图像中与光标相连的具有取样颜色的像素；"查找边缘"表示在擦除与光标相连区域的同时保留物体锐利的边缘效果。
- **容差**：设置被擦除图像颜色与取样颜色之间差异的大小，数值越小，被擦除的图像颜色与取样颜色越接近，擦除的范围也越小；反之，擦除的范围就越大。

设置不同容差的效果

- **保护前景色**：勾选该复选框，可以防止具有前景色的图像区域被擦除。

Step 01 首先按Ctrl+O组合键，在打开的对话框中选择"爱丽丝.jpg"图像文件，单击"打开"按钮，如下图所示。

打开素材图像

Step 02 选择工具箱中的背景橡皮擦工具，在属性栏中设置背景橡皮擦工具的大小、硬度、间距等参数，如下图所示。

选择背景橡皮擦工具

Step 03 然后在图像上擦除背景色，在擦除过程中可适当调整背景橡皮擦的大小和硬度，效果如下图所示。

擦除背景

Step 04 打开"仙境.jpg"素材图像，将擦除背景的人物拖曳至该文档，并适当调整其大小和位置，效果如下图所示。

查看最终效果

4.3.3　魔术橡皮擦工具

使用魔术橡皮擦工具可以更改相似像素，以单击取样的颜色为基准，擦除图像中的相似像素，使擦除部分的图像呈现透明效果。

下面对魔术橡皮擦工具属性栏中各参数的含义进行介绍。

魔术橡皮擦工具属性栏

- **容差：** 在数值框中设置容差值。容差的值越大，颜色范围就越广，擦除的部分也越多；反之擦除的部分就越小。
- **消除锯齿：** 勾选该复选框，可使擦除区域的边缘变得平滑。
- **连续：** 勾选该复选框，擦除图像时，可以擦除与单击处相连接的区域。
- **对所有图层取样：** 勾选该复选框，可使魔术橡皮擦工具的应用范围扩展到文件中所有的可见图层。

实战 利用魔术橡皮擦工具打造旋转舞者

Step 01 首先按Ctrl+O组合键，在打开的对话框中选择"跳舞的人.jpg"图像文件，单击"打开"按钮，效果如下图所示。

打开素材文件

Step 02 选择工具箱中的魔术橡皮擦工具，在属性栏中设置"容差"值为30，其他参数保持不变，单击图像中背景的白色部分，即可擦除部分像素相同的白色区域，效果如下图所示。

擦除白色部分

Step 03 此时，图像中还有人物的阴影和部分白色没有擦除，按照相同的方法，继续擦除主体人物之外的部分，效果如下图所示。

擦除全部背景部分

Step 04 打开"舞台.jpg"图像文件，然后使用移动工具将擦除背景后的图像移至舞台中，并适当调整大小，效果如下图所示。

查看最终效果

4.4 修饰图像

Photoshop可以对图像进行修饰润色，改变图像的细节、色调、曝光等。修饰工具主要包括模糊工具、锐化工具、涂抹工具、减淡工具等。本节将详细介绍图像修饰工具的使用方法。

4.4.1 模糊工具

模糊工具与"模糊"滤镜效果相似，均可以将构成图像像素的边缘模糊，使图像变得模糊，只是模糊工具是用笔触涂抹，只有涂抹过的部位才会被模糊化。

选择工具箱中的模糊工具，在属性栏中显示该工具的各项参数。

模糊工具属性栏

● **画笔**：单击该按钮，在打开的面板中设置涂抹画笔的直径、硬度以及样式参数。
● **模式**：设置画笔与图层的叠加模式，单击右侧下三角按钮，在列表中包含"正常"、"变暗"、"变亮"、"色相"等模式选项。

原图

"变暗"模式

"变亮"模式

"明度"模式

- **强度**：在数值框中输入数值，或在打开的面板中拖曳滑块设置强度。强度值越大，模糊效果越明显。

实战 利用模糊工具突显荷花主体

Step 01 执行"文件>打开"命令，打开"荷花.jpg"素材图像，如下图所示。

打开素材文件

Step 02 选择工具箱中的模糊工具，并在属性栏中设置模糊工具画笔的大小、硬度、强度等参数，如下图所示。

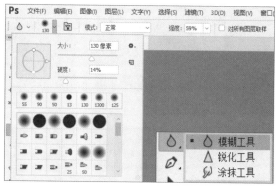
设置模糊工具的相关属性

Step 03 此时光标变为圆形，然后在背景部分进行涂抹，如下图所示。

涂抹需要模糊的部分

Step 04 对图片背景进行虚化操作，模糊背景可以突出显示荷花，效果如下图所示。

查看模糊后的效果

4.4.2 锐化工具

锐化工具与模糊工具的功能是相反的，锐化工具可以使构图图像的像素边缘处更清晰，使部分轮廓更锐利。

锐化工具属性栏各参数和模糊工具参数基本一样。

锐化工具属性栏

锐化工具属性栏比模糊工具属性栏多了"保护细节"复选框，若勾选该复选框，可以增强细节，弱化不自然感。如果需要产生夸张的锐化效果，可以取消勾选该复选框。

> **提示：反复涂抹时锐化工具和模糊工具的效果**
>
> 使用模糊工具时，反复涂抹图像会使涂抹区域更加模糊。使用锐化工具进行反复涂抹时，则会造成图像失真。

实战 利用锐化工具锐化人物五官

Step 01 打开Photoshop软件，按Ctrl+O组合键，在打开的对话框中选择"锐化工具素材.jpg"图像文件，单击"打开"按钮，如下图所示。

打开素材图像

Step 02 选择工具箱中的锐化工具，并在属性栏中设置锐化工具画笔的大小、硬度、强度等参数，如下图所示。

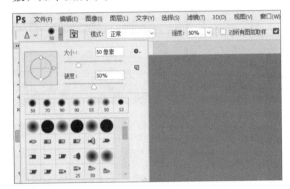

设置锐化工具的属性

Step 03 此时光标变为圆形，在人物右眼睛处单击或涂抹，可见右眼睛比左眼睛的轮廓更加清晰，效果如下图所示。

锐化人物的右眼睛

Step 04 按照相同的方法对人物的五官进行锐化，锐化时注意整体效果，以免造成图像失真，效果如下图所示。

查看锐化效果

4.4.3 涂抹工具

涂抹工具可以模拟手指进行涂抹绘制的效果。使用涂抹工具，首先提取单击处的颜色或光标拖动经过的颜色，并将其融合挤压，产生模糊和扭曲效果。

涂抹工具和模糊工具、锐化工具在同一工具组，其属性栏中各参数含义相似。

涂抹工具属性栏

在涂抹工具属性栏中若勾选"手指绘画"复选框，可在单击处添加前景色并展开涂抹；若取消勾选该复选框，则从单击处图像的颜色展开涂抹。

原图像

勾选"手指绘画"复选框的效果

取消勾选"手指绘画"复选框的效果

> **提示：涂抹工具和"液化"滤镜的区别**
> 涂抹工具适合扭曲小范围内的图像，如果处理大面积的图像，可使用"液化"滤镜。

实战 利用涂抹工具拉长动物耳朵

Step 01 打开Photoshop软件，按Ctrl+O组合键，在打开的对话框中打开"涂抹工具素材.jpg"图像文件，如下图所示。

打开素材文件

Step 02 选择工具箱中的涂抹工具，并在属性栏中设置涂抹工具画笔的大小、硬度、强度等参数，如下图所示。

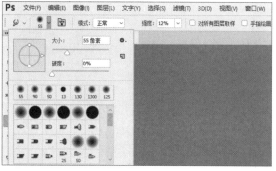

设置涂抹工具属性

Step 03 此时光标将变为圆形，移至动物的右耳朵上，按住鼠标左键向上拉长。用户可以根据效果反复拉长，如下图所示。

拉长右耳朵

Step 04 按照相同的方法，拉长动物的左耳朵，效果如下图所示。

查看拉长动物耳朵的效果

4.4.4 减淡工具

使用减淡工具可以降低图像的色彩饱和度，让涂抹区域的色彩变得较淡。

下面介绍减淡工具属性栏中各参数的含义。

减淡工具属性栏

- **范围：**设置需要修改的色调，选择"阴影"选项，可以处理图像中的暗色调；选择"中间调"选项，可以处理图像的中间调；选择"高光"选项，可以处理图像的亮部。

原图像

减淡阴影的效果

减淡中间调的效果

减淡高光的效果

- **曝光度**：设置曝光度的数值，该值越高，效果越明显。
- **喷枪**：单击该按钮，可为画笔开启喷枪功能。
- **保护色调**：勾选该复选框可以减少对图像色调的影响，还可以防止色偏。

> **提示：曝光度设置**
> 　　使用减淡工具时，只有需要为图像添加过度曝光效果时，将曝光度的数值设置得高一点，否则该数值不适合设置过高。

4.4.5　加深工具

　　加深工具和减淡工具用法刚好相反，使用加深工具可以改变图像特定区域的阴影效果，从而提高图像的饱和度，使图像看起来色彩更浓烈，加深厚重感。

　　加深工具和减淡工具属性栏中的参数用法相同，此处不再介绍。

实战 利用加深工具使画面变暗

Step 01 打开Photoshop软件，按Ctrl+O组合键，在打开的对话框中打开"加深工具素材.jpg"图像文件，如下图所示。

打开素材文件

Step 02 选择工具箱中的加深工具，并在属性栏中设置加深工具的大小、硬度、曝光度等参数，设置"范围"为"阴影"，如下图所示。

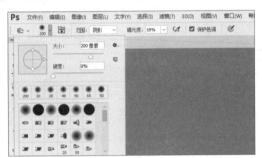

设置加深工具属性

Step 03 此时光标变为圆形，在画面阴影部分按住鼠标左键并进行涂抹，可见涂抹部分的阴影加深了，如下图所示。

涂抹部分阴影

Step 04 按照相同的方法对图像的其他部分进行涂抹，效果如下图所示。

查看图像加深后的效果

4.4.6　海绵工具

　　使用海绵工具可以添加或减少图像的饱和度，以便更好地调节图像的色彩。

　　下面介绍海绵工具属性栏中各参数的含义。

海绵工具的属性栏

- **模式：**单击该下三角按钮，在列表中选择相应的模式选项。选择"去色"选项，可以降低饱和度；选择"加色"选项，可以增加色彩饱和度。

- **流量：**设置使用海绵工具修饰图像的力度。

原图像

去色，流量为50%的效果

加色，流量为50%的效果

加色，流量为20%的效果

- **自然饱和度：**勾选该复选框，在加色时可以避免出现溢色现象。

实战 利用海绵工具为人物嘴唇上色

Step 01 按Ctrl+O组合键，打开"海绵工具素材.jpg"图像文件，如下图所示。

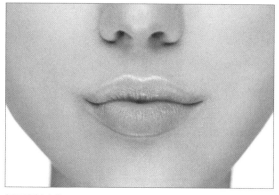

打开素材文件

Step 02 选择工具箱中的海绵工具，并在属性栏中设置海绵工具画笔的大小、硬度、流量等参数，并设置"模式"为"加色"，如下图所示。

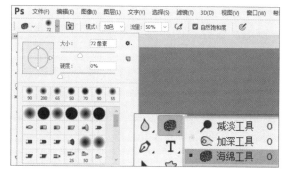

选择工具并设置参数

Step 03 此时光标变为圆形，移至下嘴唇单击进行涂抹，可见涂抹区域嘴唇的颜色变得粉嫩，如下图所示。

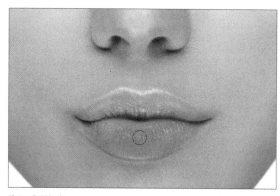

为下嘴唇加色

Step 04 根据相同的方法为嘴唇其他部分添加颜色，效果如下图所示。

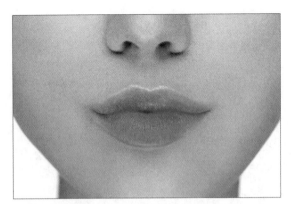

查看最终效果

4.4.7 颜色替换工具

使用颜色替换工具可以将前景色替换为图像中的颜色。下面介绍颜色替换工具属性栏中各参数的含义。

颜色替换工具属性栏

- **画笔**：设置颜色替换工具笔刷的大小、硬度和间距等参数。
- **模式**：设置可以替换颜色的属性，单击该下三角按钮，下拉列表中包括"色相"、"饱和度"、"颜色"和"明度"选项。默认选择"颜色"选项，表示可以同时替换色相、饱和度和明度。设置前景色为红色，查看几种模式下的效果。

原图像

"色相"模式效果

"明度"模式效果

"颜色"模式效果

- **取样**：设置颜色的取样方式。
- **消除锯齿**：勾选该复选框，可以为校正的区域定义平滑的边缘。

实战 利用颜色替换工具替换人物头发颜色 ——

Step 01 按Ctrl+O组合键，打开"颜色替换工具素材.jpg"图像文件，如下图所示。

打开素材文件

Step 02 选择工具箱中的颜色替换工具，并在属性栏中设置大小、模式等参数，设置前景色为黄色，在头发部分涂抹，如下图所示。

使用颜色替换工具涂抹头发部分

Step 03 适当将笔尖调小点，在头发边缘涂抹，效果如下图所示。

查看效果

使用图像修饰工具美化人像

本章主要介绍图像的修饰和变形操作，为了筑固所学知识，下面以案例形式介绍各功能的具体应用，使读者可以更灵活地运用图像修饰和变形的方法。

Step 01 执行"文件>打开"命令，在打开的对话框选择"图像的修饰与编辑素材.jpg"图像文件，如下图所示。

打开素材图像

Step 02 选择工具箱中的污点修复画笔工具，在属性栏中设置画笔大小、硬度、间距等参数。光标变为圆形时，单击脸部的痘印，即可清除痘印，如下图所示。

使用污点修复画笔工具清除痘印

Step 03 按照相同的方法，清除脸部所有痘印，效果如下图所示。

清除全部痘印

Step 04 选择工具箱中的红眼工具，在属性栏中设置瞳孔大小为25%、变暗量为65%，然后在人物眼睛处单击，去除红眼现象，如下图所示。

去除红眼现象

Step 05 选择工具箱中的锐化工具，在属性栏中设置画笔大小、硬度、强度等参数，然后在左眼睛处涂抹，如下图所示。

锐化人物左眼睛

Step 06 按照相同的方法对人物右眼睛进行锐化操作，效果如下图所示。

查看锐化眼睛的效果

Step 07 选择工具箱中的海绵工具，在属性栏中设置画笔大小、硬度等参数，选择"模式"为"加色"，待光标变为圆形时，在人物嘴唇上涂抹，如下图所示。

为嘴唇加色

Step 08 继续使用锐化工具对嘴唇和腮部进行涂抹，效果如下图所示。

锐化嘴唇和腮部的效果

Step 09 选择工具箱中的涂抹工具，在属性栏中设置画笔大小、硬度和强度等参数，然后在脸部向内涂抹，如下图所示。

使用涂抹工具修饰脸部

Step 10 对人物两侧脸部进行涂抹后，人物脸部变得更消瘦，如下图所示。

查看修饰脸部的效果

Step 11 选择模糊工具，设置画笔大小、硬度和强度等参数，在背景处涂抹，最终效果如下图所示。

查看最终效果

Chapter 05 色彩的调整与应用

图像色彩的调整是处理照片时必不可少的操作之一，应用Photoshop强大的色彩调整功能，可以将图像处理为现实无法拍摄出的艺术效果。在Photoshop的"图像>调整"子菜单中包含20多种命令，可以精确调整图像的色彩。

5.1 图像色彩查看

在Photoshop中，图像色彩的准确度可以通过"直方图"面板进行查看，本节主要介绍关于"直方图"面板的相关知识。

5.1.1 "直方图"面板

Photoshop的"直方图"面板可以展示图像的每个亮度级别的像素数量，展现像素在图像中的分布情况。通过"直方图"面板可以判断图像阴影、中间调和高光中包含的细节，方便对其做出正确的调整。

打开图像，执行"窗口>直方图"命令，可打开"直方图"面板，默认情况下该面板为紧凑视图。

紧凑视图的"直方图"面板

单击面板右上角的 ≡ 按钮，在展开的列表中选择"扩展视图"或"全部通道视图"选项。

扩展视图

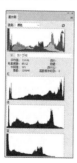

全部通道视图

选择"扩展视图"选项时，面板上显示了图像整个色阶的分布情况，在面板的下方列出统计值。将光标放在色阶上并单击，在面板的右下方将显示单击处的色阶分布情况。

选择"全部通道视图"选项时，可以展开全部通道。当图像为RGB模式时，显示"红"、"绿"和"蓝"3色通道。单击右侧下三角按钮，在列表中选择一个通道，面板中会显示所选通道的直方图。

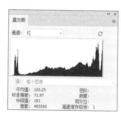

"红"通道

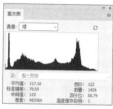

"绿"通道

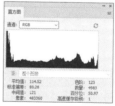

RGB通道

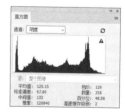

"明度"通道

5.1.2 查看"直方图"面板中数据

当"直方图"面板以"扩展视图"或"全部通道视图"显示时，在面板的下方显示统计的数据。

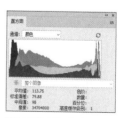

"直方图"面板的统计数据

下面介绍"直方图"面板中各统计数据的含义。

- **平均值**：表示像素的平均亮度值。下图可见平均值为194.93，说明该图像色调比较亮。

原图像

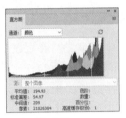
"直方图"面板

- **标准偏差**：表示亮度值的变化范围，该值越小，说明图像的亮度变化平缓；该值越大，说明亮度变化剧烈。将上图亮度调暗后，该值从54.97变为61.43。

调暗后的图片

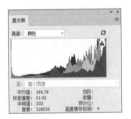
"直方图"面板

- **中间值**：表示亮度值范围内的中间值，图像的色调越亮，中间值越高。

调暗后的"中间值"

调亮后的"中间值"

- **像素**：表示用于计算直方图的像素总数。
- **色阶**：表示光标处的亮度级别。
- **数量**：表示光标处的亮度级别的像素总数。

- **百分位**：表示光标处级别或该级别下的像素累计数。对部分色阶进行取样，显示取样部分占总数的百分比。
- **高速缓存级别**：表示当前用于创建直方图的图像调整缓存。

5.1.3 应用"直方图"面板

我们可以利用"直方图"面板判断照片影调和曝光是否正常。在Photoshop中处理图像时，可以根据"直方图"面板的形态和图片的实际情况，调整图片的影调和曝光。

在"直方图"面板中，其左侧表示图像的阴影区域，中间表示图像的中间色调，右侧表示高光区域。山脉表示图像的数据，较高的山峰表示所在区域的像素较多，较低的山峰表示该区域像素较少。

打开一张图片，在"直方图"面板中可见图像色调均匀，明暗层次丰富，亮部没有丢失细节，暗部分也没有漆黑一片。从"直方图"面板中可见山峰基本在中间部分，从左到右每个色阶都包含像素，该图为曝光标准的图片。

曝光标准的图片

将该图色调调暗，可见"直方图"面板中的山峰向左偏移，表示中间调和高光缺少像素，即为曝光不足。

曝光不足的图片

下图的画面色调较亮，人物的皮肤高光部分失去层次。"直方图"面板中的山峰向右偏移，左侧阴影部分像素缺失，该图为曝光过度。

曝光过度的图片

下图整体为灰蒙蒙的，"直方图"面板中阴影和高光部分缺失像素。该图中最暗的部分不是黑色，最亮的部分不是白色，图片反差过小。

反差过小的图片

提示：直方图中出现空隙的原因

在调整图像时，"直方图"面板中有时会出现空隙的现象，表示出现色调分离，即平滑的色调之间产生断裂，图像丢失部分细节。

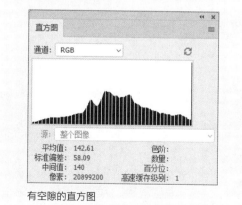

有空隙的直方图

5.2 自动校正颜色

在Photoshop中，用户可以使用"自动色调"、"自动对比度"和"自动颜色"命令，快速对图片的颜色进行校正。操作方法很简单，比较适合初学者。

5.2.1 "自动色调"命令

"自动色调"命令可以自动调整图像中的黑场和白场，使图像更加清晰、自然。该命令将每个颜色通道中最亮和最暗的像素映射到纯白和纯黑，中间像素按比例重新分布，从而增强图像的对比度。

实战 应用"自动色调"命令调整图像 ————

Step 01 新建文档后，按Ctrl+O组合键，在打开的对话框中选择"雪地中的哈士奇.jpg"图像文件，单击"打开"按钮，如下图所示。

打开素材图像

Step 02 然后执行"图像>自动色调"命令，或按Shift+Ctrl+L组合键，如下图所示。

选择"自动色调"命令

Step 03 操作完成后，可见图像自动变得清晰了，效果如下图所示。

查看效果

5.2.2 "自动对比度"命令

　　"自动对比度"命令可以自动调整图像的对比度，使用该命令剪切图像中阴影和高光值后，将其余最亮和最暗像素映射到纯白和纯黑，从而使高光更亮，阴影更暗。

　　选择图像，执行"图像>自动对比度"命令或按Alt+Ctrl+Shift+L组合键。

原图像

执行"自动对比度"命令后的效果

5.2.3 "自动颜色"命令

　　"自动颜色"命令通过搜索图像来标识阴影、中间调和高光，从而自动调整图像的对比度和颜色。该命令常用于校正出现色偏的照片。

实战 应用"自动颜色"命令校正图像

Step 01 首先按Ctrl+O组合键，打开"村庄.png"素材图片，按Ctrl+J组合键复制"背景"图层，如下图所示。

打开素材图像

Step 02 选中"图层1"图层，然后执行"图像>自动颜色"命令，或按Shift+Ctrl+B组合键，如下图所示。

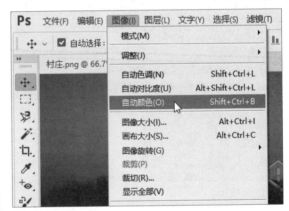
执行"自动颜色"命令

Step 03 操作完成后，Photoshop将自动对素材图片的颜色进行调整，设置完成后图片色调偏柔和、明亮，效果如下图所示。

查看最终效果

5.3 手动校正图像色调

在Photoshop中，图像的调色命令包括"色阶"、"曲线"、"曝光度"和"亮度/对比度"等，本节将详细介绍各种图像色调调整命令的应用。

5.3.1 "亮度/对比度"命令

"亮度/对比度"命令可以调整图像的色调范围。"亮度"表示图像的明暗，"对比度"表示图像中明暗区域最亮的白和最暗的黑之间不同亮度层级的差异范围，范围越大，对比越大，反之越小。

打开图像，执行"图像>调整>亮度/对比度"命令，打开"亮度/对比度"对话框。

"亮度/对比度"对话框

- **亮度**：通过在数值框中输入数值，或拖动滑块调节图像亮度，数值越大，图像就越亮。
- **对比度**：调节对比度的程度，数值越大，图像的对比度越强烈。

原图像

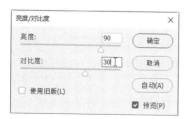

设置高度和对比度参数

调整后的效果

5.3.2 "色阶"命令

色阶是Photoshop中重要的图像调整工具之一，是图像亮度强弱的指数标准。使用"色阶"命令可以调整图像的阴影、中间调和高光强度级别，校正色调范围和色彩平衡。

打开图像，执行"图像>调整>色阶"命令，或按Ctrl+L组合键，打开"色阶"对话框。

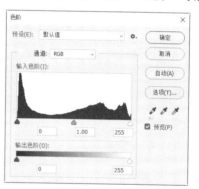

"色阶"对话框

- **预设**：在列表中显示常用的调整预先设定，如"较暗"、"较亮"和"中间调较亮"等选项，选择相应的选项，即可按照相应的预设参数快速调整图像颜色。

原图像

- **通道**：在列表中选择一个颜色通道来进行调整，从而改变图像的颜色。

调整"绿"通道的效果

提示：同时调整多个通道

如果需要同时调整多个通道，首先在"通道"面板中按住Shift键选择多个通道，如"红"和"蓝"通道，再打开"色阶"对话框，在"通道"文本框中将显示选中通道的缩写，如RB。

- **输入色阶**：在该区域包括黑、灰和白3个滑块，分别对应3个数值框，依次用来调整图像的阴影、中间调和高光区域。

中间调为2的效果

中间调为0.3的效果

- **输出色阶**：用于调整图像的亮度和对比度，下方黑色滑块表示图像的最暗值，白色滑块表示图像的最亮值。

设置输出色阶的效果

- **设置黑场**：单击该按钮，在图像中单击，即可将单击点的像素调整为黑色。

单击人物头发的效果

- **设置灰场**：激活该按钮，在图像中单击，根据单击点像素的亮度来调整其他中间色调的平均亮度。

单击人物头发的效果

- **设置白场**：激活该按钮，在图像中单击，将单击点的像素调整为白色，比该点亮度值高的像素都会变为白色。
- **自动**：单击该按钮可自动颜色校正，Photoshop会以0.5%的比例调整色阶，使图像的亮度更加均匀。
- **选项**：单击该按钮，在打开的对话框中设置黑色和白色像素的比例。

实战 利用"亮度/对比度"和"色阶"命令处理图片

Step 01 新建文档后，执行"文件>置入嵌入的智能对象"命令，打开"置入嵌入对象"对话框，选择"风景.jpg"素材图片，单击"置入"按钮，如下图所示。

置入素材图片

Step 02 调整图片至合适的大小，按Enter键确认，选择"风景"图层并右击，在快捷菜单中选择"栅格化图层"命令，效果如下图所示。

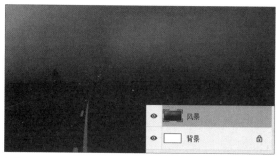

栅格化图层

Step 03 选中"风景"图层，执行"图像>调整>亮度/对比度"命令，打开"亮度/对比度"对话框，设置"亮度"值为83、"对比度"值为-38，单击"确定"按钮，如下图所示。

设置亮度和对比度参数

Step 04 设置完成后，可见图片更加明亮了，对比度更明显，效果如下图所示。

查看设置亮度和对比度后的效果

Step 05 选中"风景"图层，执行"图像>调整>色阶"命令，打开"色阶"对话框，在"输入色阶"区域拖曳灰色滑块向左移动，如下图所示。

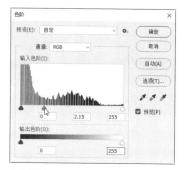

拖曳滑块

Step 06 单击"确定"按钮，可见图像整体亮度提高了，画面更清晰，如下图所示。

查看设置色阶后的效果

Step 07 设置完成后添加一些文字，突出图片的主题，查看最终效果，如下图所示。

查看最终效果

5.3.3 "阴影/高光"命令

"阴影/高光"命令可以校正拍照过程中由于强逆光而导致过暗的照片局部。使用该命令调整阴影区域时，对高光的影响很小；调整高光区域时，对阴影的影响很小。

打开图像，执行"图像>调整>阴影/高光"命令，打开"阴影/高光"对话框，Photoshop以默认的参数来提高阴影区域的亮度。

原图像

如果需要显示更多的参数，则在对话框中勾选"显示更多选项"复选框。

"阴影/高光"对话框

显示更多选项

- **"阴影"选项区域：**在该选项区域，可以对图像阴影的数量、色调和半径值进行设置。"数量"控制调整的强度，该值越高，阴影区域越亮；"色调"控制色调的修改范围，该值较小时，只会限制对较暗区域的校正，该值较大时，会影响更多色调；"半径"可控制每个像素周围相邻像素的大小。

调整"阴影"选项区域参数的效果

- **"高光"选项区域：**用于设置图像的高光区域，"数量"可以控制调整强度，该值越高，高光区域越暗。其他参数和"阴影"选项区域相似，此处不再介绍。

设置"高光"选项区域参数的效果

- **颜色：**可调整更改区域的色彩。添加阴影数量后，再增加颜色的数量可使颜色更鲜艳。

阴影"数量"为80、"颜色"为60的效果

- **中间调：** 用于调整图像中间调的对比度，可以拖曳滑块或在数值框中输入数值，其取值范围为-100至100之间。
- **修剪黑色/修剪白色：** 可以指定在图像中将多少阴影和高光剪切至新的极端阴影和高光颜色，值越大，图像的对比度就越大。

"修剪黑色"值为30、"修剪白色"值为0的效果

"修剪黑色"值为0、"修剪白色"值为30的效果

实战 应用"阴影/高光"命令调整图像效果 ——

Step 01 打开"灰蒙的蓝天.jpg"素材图片，按Ctrl+J组合键复制图层，将复制的图层命名为"蓝天"，如下图所示。

打开素材图片

Step 02 选中"蓝天"图层，执行"图像>调整>阴影/高光"命令，打开"阴影/高光"对话框，设置阴影、高光、颜色和中间调参数，单击"确定"按钮，如下图所示。

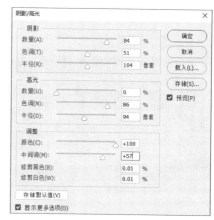
打开"阴影/高光"对话框并设置参数

Step 03 设置完成后，图片比原图要亮点，阴影部分减少，色彩更鲜艳，如下图所示。

调整阴影和高光后的效果

Step 04 此时图像的亮度点不足，则执行"图像>调整>亮度/对比度"命令，打开"亮度/对比度"对话框，设置"亮度"值为60、"对比度"值为19，如下图所示。

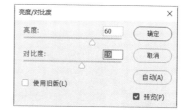
设置亮度和对比度参数

Step 05 单击"确定"按钮，效果如下图所示。

查看调整亮度/对比度的效果

Step 06 在图片上添加一些文字，突出主题，查看最终效果，如下图所示。

查看最终效果

5.3.4 "曲线"命令

"曲线"命令，可以调整图像的整个色调范围，是Photoshop非常强大的图像调整工具。

打开图像，执行"图像>调整>曲线"命令或按Ctrl+M组合键，打开"曲线"对话框。

打开图像文件

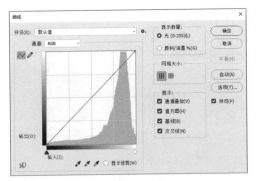

"曲线"对话框

- **预设：**单击右侧下三角按钮，在下拉列表中选择预设选项，可快速对图像进行调整。单击"预设选项"按钮，在列表中选择"存储预设"选项，可将当前调整保存为预设文件，之后可以对其他图像应用相同的调整；选择"载入预设"选项，可以载入预设文件自动调整；选择"删除当前预设"选项，可删除所存储的预设文件。

反冲预设

负片预设

较暗预设

较强对比度预设

- **编辑点以修改曲线：**该按钮默认为激活状态，在曲线上单击即可添加控制点，然后拖曳控制点调整图像。当图像为RGB模式，曲线向上弯曲可将色调调亮，向下弯曲可将色调调暗；当图像为CMYK模式，曲线向上弯曲可以将色调调暗，向下弯曲可将色调高亮。

向上拖曳滑块

向下拖曳滑块

- **通过绘制来修改曲线** ✐：激活该按钮后，可以手动绘制调整曲线。如果需要显示控制点，则单击 〜 按钮；如果需要绘制平滑的曲线，则单击"平滑"按钮。

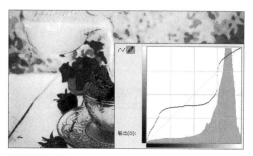

手动绘制曲线

- **图像调整工具** ☞：激活该按钮后，将光标移至图像上，在曲线上会出现空心的圆圈，表示光标所在图像位置的色调在曲线上的位置，按住鼠标左键并拖曳，可调整曲线。
- **显示修剪**：勾选该复选框，可以检查图像中是否出现溢色。
- **显示数量**：在该选项组中，可以反转强度值和百分比的显示。

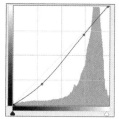 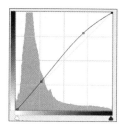

"光"曲线　　　　　"颜料/油墨"曲线

- **网格大小**：在该选项组中，激活 ⊞ 按钮，以25%的增量显示网格；激活 ⊞ 按钮，以10%的增量显示网格。
- **通道叠加**：勾选该复选框，在复合曲线上方叠加各颜色通道的曲线。

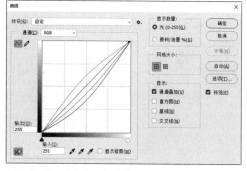

勾选"通道叠加"复选框的效果

- **直方图**：勾选该复选框，在曲线上叠加直方图。

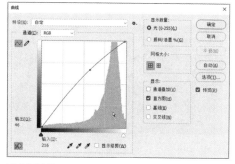

直方图效果

- **基线**：勾选该复选框，网格上显示以45度角绘制直线。
- **交叉线**：勾选该复选框，调整曲线时，显示水平线和垂直线，可以帮助用户在直方图或网格中拖曳时将点对齐。

> **提示：快速切换网格大小**
> 按住Alt键单击网格，即可快速切换网格的大小。

实战 应用"曲线"命令调整图像效果

Step 01 新建文档，置入"公路.jpg"素材图片并调整至合适的大小，按Enter键确认，右击素材所在图层，执行"栅格化图层"命令，如下图所示。

置入素材文件

Step 02 选中"公路"图层，执行"图像>调整>阴影/高光"命令，打开"阴影/高光"对话框，设置阴影数量为39%，高光数量为46%，如下图所示。

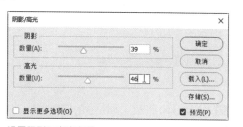

设置阴影和高光参数

Step 03 单击"确定"按钮，可见阴影部分减少，图片更加明亮，如下图所示。

设置阴影和高光参数后的效果

Step 04 选中"公路"图层，执行"图像>调整>曲线"命令，打开"曲线"对话框，在曲线上添加控制点并向上拖曳，如下图所示。

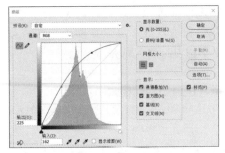

设置"曲线"对话框中的参数

Step 05 单击"确定"按钮，图像中高光部分增强，如下图所示。

设置曲线参数后的效果

Step 06 新建图层，选择矩形工具绘制矩形，并填充颜色，设置该图层混合模式为"正片叠底"、不透明度为50%，如下图所示。

绘制矩形

Step 07 以矩形为底纹，输入相应的文字，并设置文字格式，查看最终效果，如下图所示。

查看最终效果

5.3.5 "曝光度"命令

"曝光度"命令可用于调整HDR图像的色调，它通过对图像的线性颜色执行计算而得出曝光数据。

打开图像，执行"图像>调整>曝光度"命令，打开"曝光度"对话框。

打开素材图像

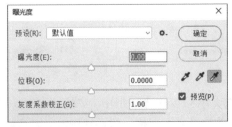

"曝光度"对话框

● **预设：** 单击右侧下三角按钮，在下拉列表中选择所需预设选项，将预设效果快速应用到图像中。

加1.0的效果

- **曝光度：**通过在数值框中输入数值或拖动滑块，调整色调范围的高光区域，对极限阴影的影响很少。

曝光度为1.5的效果

- **位移：**调整阴影和中间调，对高光的影响很轻微。

位移为-0.05的效果

位移为0.05的效果

- **灰度系数校正：**调整图像的灰度系数。

灰度系数为0.6的效果

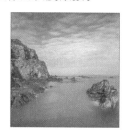

灰度系数为2的效果

5.4 特殊色彩效果的应用

在学习了基本的图像色调调整方法后，我们还可以使用一些特殊的色彩调整命令，为图片应用特殊的效果。这些特殊命令包括"色调分离"、"反相"、"去色"和"照片滤镜"等，下面详细介绍使用方法。

5.4.1 "黑白"命令

"黑白"命令可以将图像中的色彩转换为灰度，保留图像中的颜色模式。

"黑白"命令和"图像>模式>灰度"命令的效果是不同的，使用"黑白"命令转换彩色图像时，可在打开的对话框中根据不同的需求进行参数设置，可以为黑白图像调整质感。

打开图像，执行"图像>调整>黑白"命令，或者按Alt+Shift+Ctrl+B组合键，打开"黑白"对话框。

原图片　　　　　　　　　　"黑白"对话框

- **预设：**单击该下三角按钮，在下拉列表中选择一个预设选项来调整图片。

蓝色滤镜

较暗

绿色滤镜

红外线

较亮

黄色滤镜

- **调整颜色滑块：** 在对话框中可以通过拖曳各颜色对应的滑块来调整颜色的灰度色调，包括红色、黄色、绿色、青色、蓝色和洋红。
- **色调：** 如果为灰度着色，则勾选该复选框，单击颜色色块，打开"拾色器（色调颜色）"对话框，选择需要调整的颜色，然后再通过拖曳"色相"或"饱和度"滑块进行调整。

设置绿色灰度　　　　　设置红色灰度

- **自动：** 单击该按钮，将基于图像颜色值的灰度混合，使灰度值的分布最大化。
- 用户还可以手动调整图像颜色，即将光标移至图像上，待变为吸管形状时，按住鼠标左键，待光标变为小手和双向箭头形状时，向左或向右进行拖曳，在"黑白"对话框中对应的颜色滑块会移动。向左移动，数值减少，向右移动，数值增加。

实战 使用"黑白"命令调亮人物皮肤

`Step 01` 执行"文件>打开"命令，在打开的对话框中选择"头像.jpg"素材图像，单击"打开"按钮，如下图所示。

打开素材文件

`Step 02` 按Ctrl+J组合键复制图层，将复制的图层命名为"黑白"，执行"图像>调整>黑白"命令，打开"黑白"对话框，将红色、黄色和洋红值适当增加，如下图所示。

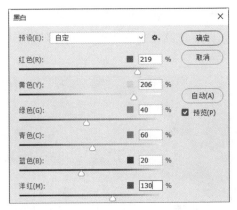

设置黑白参数

`Step 03` 单击"确定"按钮，查看设置"黑白"图层的效果，如下图所示。

查看设置后的效果

`Step 04` 将"黑白"图层的混合模式设置为"柔光"、不透明度为50%，查看调整人物皮肤后的效果，如下图所示。

查看最终效果

5.4.2 "照片滤镜"命令

"照片滤镜"命令是通过颜色的冷暖色调来调整图像。

打开图像，执行"图像>调整>照片滤镜"命令，打开"照片滤镜"对话框。

打开素材文件

"照片滤镜"对话框

● **使用**：在该选项组的"滤镜"列表中可以选择需要使用滤镜；选中"颜色"单选按钮，单击右侧色块，在打开的"拾色器（照片滤镜颜色）"对话框中选择照片滤镜的颜色。

加温滤镜(85)

冷却滤镜(80)

红

水下

● **浓度**：调整应用在图像中颜色的量，数值越

高，颜色反应越强烈；数值越小，颜色反应越微弱。

浓度为25%   浓度为60%

● **保留明度**：勾选该复选框，可以保持图像的明度不变；取消勾选该复选框，因添加滤镜效果，会使图像的色调变暗。

勾选"保留明度"复选框   取消勾选"保留明度"复选框

实战 利用"照片滤镜"命令处理图片 ————

Step 01 新建文档，置入"照片滤镜素材.jpg"图像文件，调整至合适的大小，按Enter键，将素材图层命名为"底图"，并栅格化图层，如下图所示。

置入素材图像

Step 02 按Ctrl+J组合键复制图层，选中"底图"图层，执行"图像>调整>黑白"命令，打开"黑白"对话框，拖曳各颜色滑块设置数值后，单击"确定"按钮，如下图所示。

打开"黑白"对话框并设置参数

Step 03 设置完成后，彩色的图片变为黑白，如下图所示。

查看设置黑白的效果

Step 04 选中"底图"图层，执行"图像>调整>照片滤镜"命令，打开"照片滤镜"对话框，选中"颜色"单选按钮，在打开的对话框中设置颜色为#8598b9，单击"确定"按钮，如下图所示。

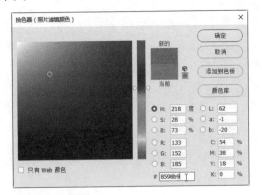

设置照片滤镜颜色

Step 05 返回"照片滤镜"对话框，设置浓度为90%，其他参数保持不变，单击"确定"按钮，如下图所示。

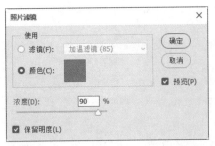

设置"浓度"参数

Step 06 设置完成后，查看在黑白图像上添加灰蓝色的效果，如下图所示。

查看设置照片滤镜后的效果

Step 07 设置完成后，在图片上添加一些文字，最终效果如下图所示。

查看最终效果

5.4.3 "阈值"命令

"阈值"命令可将灰度或彩色图像转换为高对比度的黑白图像。该命令通过指定某个色阶作为阈值，将比阈值亮的像素转换为白色，将比阈值暗的像素转换为黑色。

打开图像，执行"图像>调整>阈值"命令，打开"阈值"对话框，然后进行参数设置。

实战 利用"阈值"命令制作水墨画效果 ——

Step 01 首先打开"熏衣草田中的人.jpg"图像文件，如下图所示。

打开素材图像

Step 02 选择裁剪工具，对图像进行裁剪，保留人物上半身，然后按Enter键，如下图所示。

裁剪图像

Step 03 执行"图像>调整>阈值"命令，打开"阈值"对话框，设置"阈值色阶"为85，单击"确定"按钮，如下图所示。

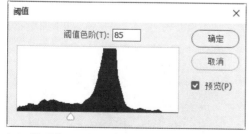

打开"阈值"对话框并设置参数

Step 04 设置完成后单击"确定"按钮，可以看到图像呈黑白显示，效果如下图所示。

查看设置阈值后的效果

Step 05 打开"涂鸦背景.jpg"图像文件，执行"图像>调整>去色"命令，效果如下图所示。

打开素材图像并去色

Step 06 将设置阈值的图像拖曳至"涂鸦背景"文档中，并调整大小和位置，将该图层的混合模式设置"正片叠底"、不透明度为50%，如下图所示。

移动图像并设置混合模式

Step 07 选中人物图层，执行"滤镜>风格化>查找边缘"命令，为人物添加边缘，如下图所示。

为人物添加边缘

Step 08 使用矩形工具绘制矩形并填充颜色为 #f8bef6，设置图层混合模式为"叠加"、不透明度为50%，效果如下图所示。

查看最终效果

5.4.4 "色调分离"命令

"色调分离"命令可以按照指定的色阶数量减少图像的颜色，从而简化图像内容，呈现出木刻版画或卡通画的效果。

打开图像，执行"图像>调整>色调分离"命令，打开"色调分离"对话框。

打开图像文件

"色调分离"对话框

在"色调分离"对话框中拖曳"色阶"的滑块，调整数值大小。不同色阶值，图像的分离程度也不同，数值越小，分离程度越明显；数值越大，分离程度越小。

"色阶"为3的效果

"色阶"为20的效果

> **提示：让色调分离更明显**
>
> 在"色调分离"对话框中设置色阶最小值为2，如果需要让色调分离更明显，可先对图像进行"高斯模糊"或"去斑"滤镜处理，然后再进行色调分离。

实战 制作经典黄色图像效果

Step 01 打开"深秋的女人.jpg"素材，按Ctrl+J组合键复制图层并命名为"照片"，如下图所示。

打开素材文件

Step 02 选中"照片"图层，按Ctrl+J组合键复制"照片"图层，得到"照片 拷贝"图层。选中"照片"图层，执行"图像>调整>色调分离"命令，打开"色调分离"对话框，设置"色阶"为6，如下图所示。

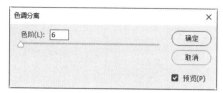

打开"色调分离"对话框并设置参数

Step 03 单击"确定"按钮，查看对图像设置色调分离的效果，如下图所示。

查看色调分离效果

Step 04 选中"照片 拷贝"图层，执行"图像>调整>阈值"命令，打开"阈值"对话框，设置"阈值色阶"为38，如下图所示。

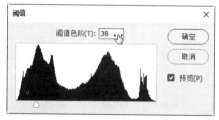

设置阈值色阶

Step 05 单击"确定"按钮查看设置阈值后的效果，如下图所示。

查看设置阈值后的效果

Step 06 调整"照片 拷贝"图层的混合模式为"叠加"，效果如下图所示。

查看设置混合模式后的效果

Step 07 设置完成后在图片右下角添加文字，来突出图片的主题，查看最终效果，如下图所示。

查看最终效果

5.4.5 "去色"命令

去色就是将图像中的颜色转化为黑白灰色调。使用"去色"命令，可以将图像中的饱和度变为0，从而将图像变为灰色图像。

打开图像，执行"图像>调整>去色"命令，或者按Shift+Ctrl+U组合键即可。

打开图像

去色后的效果

5.4.6 "渐变映射"命令

"渐变映射"命令可以将图像中阴影映射至渐变颜色的一个端点颜色，将高光映射至另一个端点颜色，中间调则映射两种颜色之间。

打开图像，执行"图像>调整>渐变映射"命令，打开"渐变映射"对话框。

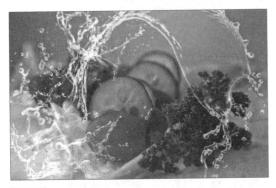
打开图像

"渐变映射"对话框

- **灰度映射所有的渐变：**单击右侧下三角按钮，在下拉面板中选择预设的渐变选项。或者单击渐变颜色条，打开"渐变编辑器"对话框，用户可以在渐变条上添加滑块，在"色标"选项区域单击"颜色"色块，在打开的"拾色器（色标颜色）"对话框中设置颜色。

"渐变编辑器"对话框

- **仿色：**勾选该复选框，可以随机添加杂色来平滑渐变填充。
- **反相：**勾选该复选框，可以反转渐变颜色的填充方向。

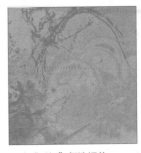
勾选"反相"复选框前

勾选"反相"复选框后

实战 应用"渐变映射"命令调整图像颜色 ——

Step 01 打开"光影交错.jpg"素材图片，按Ctrl+J组合键复制图层，并命名为"底图"，如下图所示。

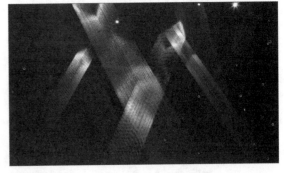
打开素材文件

Step 02 选中"底图"图层，执行"图像>调整>去色"命令，将图像转换为灰度图像，效果如下图所示。

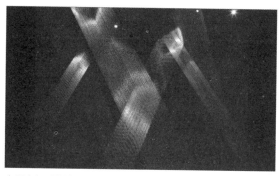

查看去色后的效果

Step 03 选中"底图"图层,执行"图像>调整>渐变映射"命令,打开"渐变映射"对话框,单击渐变颜色条,在"渐变编辑器"对话框中设置颜色从#3f2b5d到#3cde97的渐变,如下图所示。

渐变映射

灰度映射所用的渐变		

渐变选项
- [ ] 仿色(D)
- [ ] 反向(R)
- [x] 预览(P)

确定
取消

设置渐变颜色

Step 04 单击"确定"按钮,效果如下图所示。

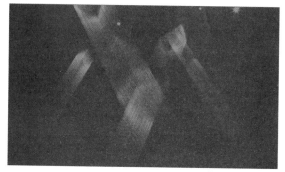

查看设置渐变映射后的效果

Step 05 设置完成后添加一些文字,如下图所示。

查看最终效果

5.4.7 "反相"命令

执行"反相"命令后,Photoshop会将通道中每个像素的亮度值都转换为256级颜色值刻度上相反的值,从而创建彩色的负片效果。

打开图像,执行"图像>调整>反相"命令,或按Ctrl+I组合键即可对图像进行反相操作。

原图像

执行"反相"命令后的效果

5.4.8 "色相/饱和度"命令

使用"色相/饱和度"命令,可以调节图像中某些单独色彩的色相、饱和度和明度。

打开图像,执行"图像>调整>色相/饱和度"命令,或按Ctrl+U组合键,即可打开"色相/饱和度"对话框,进行设置参数。

原图像

"色相/饱和度"对话框

　　下面介绍"色相/饱和度"对话框中各参数的含义。

- **预设**：单击右侧下三角按钮，在列表中选择预设效果选项。

氰版照相

旧样式

- **编辑区域**：单击 全图 下拉按钮，在列表中选择需要调整的颜色选项，然后拖曳"色相"、"饱和度"或"明度"的滑块进行参数设置。

调整全图的效果

调整黄色的效果

- **调整工具**：单击该按钮，然后将光标移至图像的颜色上，按住鼠标左键向左或向右拖曳，从而调整选中颜色的饱和度。如果按住Ctrl键进行拖曳，可以调整色相。

定位在巧克力糖上，向右拖曳的效果

定位在巧克力糖上，按住Ctrl键向右拖曳的效果

实战 调整图像不同季节的效果

Step 01 首先打开"秋色.jpg"图像文件，如下图所示。

打开图像文件

Step 02 执行"图像>调整>色相/饱和度"命令，打开"色相/饱和度"对话框，选择"黄色"选项，然后设置"色相"值为+92，如下图所示。

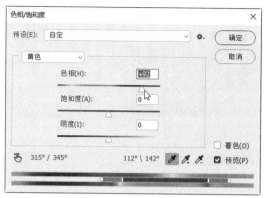

设置"色相"值

Step 03 可见图像中的树叶均变为浅绿色，效果如下图所示。

查看设置"色相"参数后的效果

Step 04 在"色相/饱和度"对话框中适当降低"饱和度"和"明度"值，单击"确定"按钮，如下图所示。

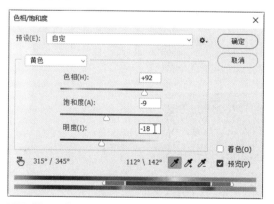

设置"饱和度"和"明度"值

Step 05 设置完成后，可见图像由满地黄叶的秋天景色变为碧绿的春天，如下图所示。

查看最终效果

5.5 自定义调整图像色彩

通过前面知识的学习，相信用户已经掌握了一些常用图像颜色的调整命令，下面将介绍对图像色彩的自定义调整或对图像中的某种色彩进行调整的操作方法。

5.5.1 "自然饱和度"命令

使用"自然饱和度"命令可以调整色彩饱和度，以便在颜色接近最大饱和度时最大限度地减少修剪。使用该命令可以让人物的肤色变得红润、健康。

实战 增加人物脸部的光彩

Step 01 打开"化妆的美女.jpg"图像文件，按Ctrl+J组合键复制图层，可见人物脸色很白，如下图所示。

打开原图像文件

Step 02 执行"图像>调整>自然饱和度"命令，在打开的对话框中设置"自然饱和度"和"饱和度"的值，单击"确定"按钮，如下图所示。

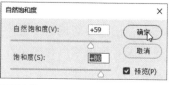

设置参数

Step 03 返回图像中，查看设置自然饱和度后的效果，可见人物脸色稍变红润，嘴唇更红润光泽，如下图所示。

查看设置后的效果

5.5.2 "色彩平衡"命令

使用"色彩平衡"命令可以在图像原色的基础上添加颜色，从而改变图像的色调，达到纠正明显偏色的目的。

打开图像，执行"图像>调整>色彩平衡"命令，或按Ctrl+B组合键，在打开的"色彩平衡"对话框中设置相关参数。

打开原图像

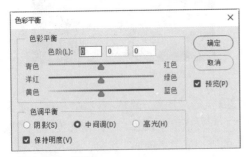

"色彩平衡"对话框

- **色彩平衡：** 在该选项区域的"色阶"数值框中输入数值或者拖曳滑块，即可在图像中添加或减少颜色。

增加红色和洋红色的效果

- **色调平衡：** 在该选项区域中可以选择需要调整的色彩范围，如阴影、中间调或高光。勾选"保持明度"复选框，可以保持图像的色调不变。

向阴影中添加绿色的效果

向中间调中添加绿色的效果

向高光中添加绿色的效果

实战 制作简洁的海报效果

Step 01 新建文档，置入素材并调整至合适的大小。然后将图层命名为"底图"，执行"栅格化图层"命令，如下图所示。

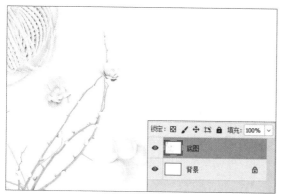

置入素材文件

Step 02 选中"底图"图层，执行"图像>调整>自然饱和度"命令，在打开的"自然饱和度"对话框中设置"自然饱和度"为88、"饱和度"为63，如下图所示。

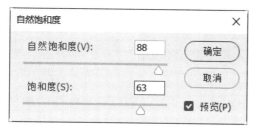

设置参数

Step 03 单击"确定"按钮，可见图像中物品更清晰，如下图所示。

查看设置自然饱和度后的效果

Step 04 选中"底图"图层，执行"图像>调整>色彩平衡"命令，打开"色彩平衡"对话框，分别拖曳滑块设置相关参数，如下图所示。

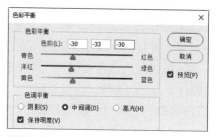

设置色彩平衡相关参数

Step 05 查看设置色彩平衡后的效果，如下图所示。

查看设置色彩平衡后的效果

Step 06 执行"图像>调整>色阶"命令，在打开的"色阶"对话框中设置相关参数，如下图所示。

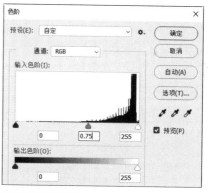

设置色阶相关参数

Step 07 设置完成后，在图片右侧添加一些文字，查看最终效果，如下图所示。

查看最终效果

5.5.3 "匹配颜色"命令

使用"匹配颜色"命令可以将一张图像的颜色与另一张图像的颜色相匹配。匹配颜色之前必须要打开对应的图像。

打开两张图像，切换至"建筑"文档，执行"图像>调整>匹配颜色"命令，打开"匹配颜色"对话框。

打开两张图像

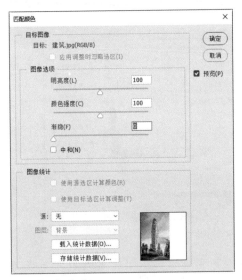

"匹配颜色"对话框

下面介绍"匹配颜色"对话框中各参数的含义。

- **目标：** 显示被匹配颜色图像的名称、格式和颜色模式。
- **应用调整时忽略选区：** 如果被匹配图像中存在选区，当勾选该复选框时，可忽略选区，将应用整张图像；当取消勾选该复选框时，仅应用于选区内的图像。

取消复选框勾选的效果　　　勾选复选框的效果

- **明亮度：** 通过拖曳滑块或在数值框中输入数值，可调整当前图像的明亮度。

"明亮度"为20的效果　　　"明亮度"为150的效果

- **颜色强度：** 该选项可以设置图像的颜色强度，数值越大，颜色强度越大；数值越小，颜色强度越小。

"颜色强度"为10的效果　　　"颜色强度"为150的效果

- **渐隐：** 通过拖曳滑块或输入数值来控制应用于图像的调整量，该值越高，匹配颜色的强度越弱。
- **中和：** 勾选该复选框，可以消除图像中出现的色偏。

勾选"中和"复选框前效果　　勾选"中和"复选框后的效果

● **源：** 单击该下三角按钮，在列表中选择需要将颜色与目标图像中的颜色相匹配的图像。

5.5.4 "替换颜色"命令

使用"替换颜色"命令可以调整图像中某颜色的色相、饱和度和明度，从而改变图像的色彩。

打开图像，执行"图像>调整>替换颜色"命令，打开"替换颜色"对话框。

原图像

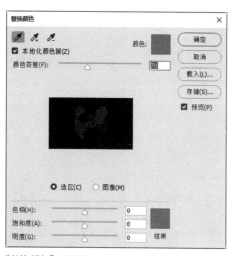

"替换颜色"对话框

下面介绍"替换颜色"对话框中各参数的含义。

● **吸管工具组：** 使用该工具组中的工具，可以在图像中选取不同颜色。
● **本地化颜色簇：** 如果图像中存在相似且连续的颜色，勾选该复选框，能够使选取的颜色范围更加精确。
● **颜色：** 该颜色色块显示当前吸管工具吸取的图像中的颜色，表示当前需要调整的颜色。
● **颜色容差：** 控制选取颜色的精度，该值越大，选取颜色范围越广，白色表示选中区域。

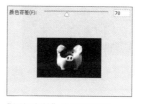 

"颜色容差"为70的效果　　"颜色容差"为150的效果

● **选区/图像：** 选中"选区"单选按钮，在预览区显示代表选区范围的蒙版；选中"图像"单选按钮，会显示图像的内容。

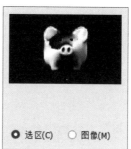 

选区效果　　图像效果

● **色相/饱和度/明度：** 拖曳各滑块即可替换选中颜色的各项参数，在右侧的色块中显示替换的颜色。

替换颜色后的效果

5.5.5 "通道混合器"命令

使用"通道混合器"命令可以控制图像颜色通道中各颜色的含量,从而制作出不同效果和风格的图片。

打开RGB格式的图像,执行"图像>调整>通道混合器"命令,打开"通道混合器"对话框。

原图像

"通道混合器"对话框

下面介绍"通道混合器"对话框中各参数的含义。

● 预设:单击该下三角按钮,在列表中选择Photoshop提供的预设选项,快速调整图像。

使用橙色滤镜的黑白效果

● 输出通道:单击右侧下三角按钮,在列表中选择颜色通道。

● 源通道:在该选项区域中设置各颜色通道所占的比例,"总计"选项显示了源通道的总计值。

"蓝色"值为-200%的效果

"蓝色"值为200%的效果

"红色"值为-200%的效果

"红色"值为200%的效果

"绿色"值为-200%的效果

"绿色"值为200%的效果

- **单色：** 勾选该复选框，可以将彩色的图像转换为黑白效果，该颜色模式为灰度，此时，用户可以设置各参数，使灰度图像呈现不同质感的效果。

实战 制作粉红卡片

Step 01 在文档中置入"蓝色素材.jpg"素材图片，调整至合适的大小。将该图层命名为"底图"，并执行栅格化图层操作，如下图所示。

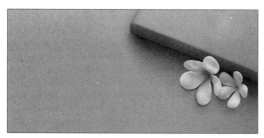

打开素材图片

Step 02 选中"底图"图层，执行"图像>调整>匹配颜色"命令，在打开的"匹配颜色"对话框中进行相应的参数设置，如下图所示。

打开"匹配颜色"对话框并设置参数

Step 03 单击"确定"按钮后，可见素材图片的颜色发生了变化，如下图所示。

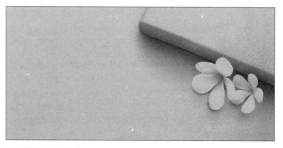

匹配颜色后的效果

Step 04 然后执行"图像>调整>通道混合器"命令，在打开的"通道混合器"对话框中进行相应的参数设置，如下图所示。

打开"通道混合器"对话框并设置参数

Step 05 单击"确定"按钮后，可见素材图片的颜色变为粉红色，如下图所示。

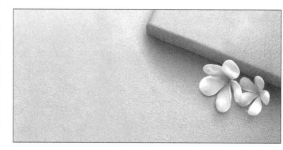

查看更改颜色后的效果

Step 06 设置完成后在图片左侧添加一些文字，查看最终效果，如下图所示。

查看最终效果

Banner海报设计

本章主要介绍色彩调整的相关命令和操作，下面利用本章所学知识制作一个Banner海报。本案例主要应用色相/饱和度、色阶、亮度/对比度和色彩平衡等功能，具体操作方法如下。

Step 01 打开Photoshop软件，按Ctrl+N组合键，打开"新建文档"对话框，对新建文档的参数进行设置后，单击"创建"按钮，创建一个新文档，如下图所示。

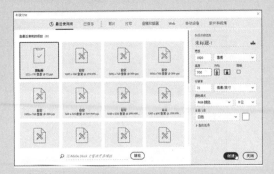

新建文档

Step 02 执行"文件>置入嵌入的智能对象"命令，在打开的对话框中选择"风景素材.jpg"素材图片，然后调整图片至合适的大小，将图层命名为"照片"。右击"照片"图层，执行"栅格化图层"命令，如下图所示。

置入素材图片

Step 03 选中"照片"图层，执行"图像>调整>色相/饱和度"命令，在打开的"色相/饱和度"对话框中进行相应的参数设置，如下图所示。

设置色相/饱和度的相关参数

Step 04 单击"确定"按钮，可见图像的色相和饱和度降低了，效果如下图所示。

设置色相和饱和度后的效果

Step 05 选中"照片"图层，执行"图像>调整>照片滤镜"命令，打开"照片滤镜"对话框，选中"颜色"单选按钮，将颜色设置为#d41b2f，设置"浓度"为34%，如下图所示。

设置照片滤镜相关参数

Step 06 单击"确定"按钮，图像整体颜色偏红，如下图所示。

设置照片滤镜后的效果

Step 07 选择矩形工具，在画面中绘制两个矩形，分别填充颜色为#d41b2f和#ffffff，如下图所示。

绘制矩形并填充颜色

Step 08 置入"模特素材.jpg"素材图片，调整图片至合适的大小，将图层命名为"人物"，右击"人物"图层，执行"栅格化图层"命令，如下图所示。

置入人物素材

Step 09 选中"人物"图层，执行"图像>调整>色阶"命令，打开"色阶"对话框，设置相应的参数，如下图所示。

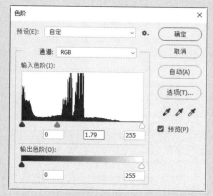
设置色阶的相关参数

Step 10 单击"确定"按钮，查看对人物素材设置色阶后的效果，如下图所示。

查看设置色阶后的效果

Step 11 选中"人物"图层，执行"图像>调整>亮度/对比度"命令，打开"亮度/对比度"对话框，设置"亮度"值为13、"对比度"值为30，如下图所示。

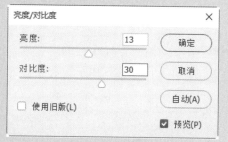
设置亮度/对比度的参数

Step 12 单击"确定"按钮，可见人物素材的亮度提高了，如下图所示。

查看设置亮度/对比度的效果

Step 13 选中"人物"图层，执行"图像>调整>色彩平衡"命令，打开"色彩平衡"对话框，设置相应的参数，如下图所示。

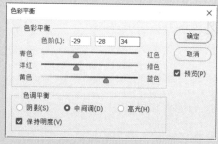
设置色彩平衡参数

Step 14 单击"确定"按钮，查看设置色彩平衡的效果，如下图所示。

查看效果

Step 15 调整"照片"图层的"不透明度"为70%。置入"树叶.png"素材图片，调整图片至合适的大小，将图层命名为"树叶"，右击"树叶"图层，执行"栅格化图层"命令，如下图所示。

置入树叶素材

Step 16 选中"树叶"图层，执行"图像>调整>黑白"命令，在打开的"黑白"对话框中进行相应的参数设置，单击"确定"按钮，如下图所示。

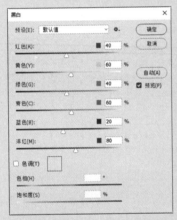

设置黑白参数

Step 17 将"树叶"图层的混合模式设置为"变亮"，效果如下图所示。

设置图层的混合模式

Step 18 使用横排文字工具输入Nordic Style文本，并对字体格式进行设置，然后执行栅格化操作，如下图所示。

输入文字

Step 19 复制"照片"图层，得到"照片 拷贝"图层，将复制图层置于Nordic Style图层上方，按住Alt键单击"照片 拷贝"图层建立蒙版。选中Nordic Style图层，执行"图像>调整>渐变映射"命令，在打开的"渐变映射"对话框中进行相应的参数设置，设置为颜色从#88e2ff到#28389b的渐变，如下图所示。

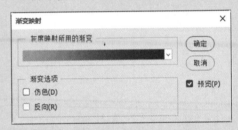

设置渐变映射参数

Step 20 依次单击"确定"按钮，查看为文字应用渐变颜色的效果，如下图所示。

查看设置渐变的效果

Step 21 使用文字工具和矩形工具在文档中添加矩形和相关文字，并进行相应的设置，Banner海报的最终效果如下图所示。

查看最终效果

Chapter 06 颜色与画笔工具的应用

使用Photoshop的颜色和画笔工具，可以轻松地在图像中表现各种画笔效果或绘制各种图像。画笔工具的使用离不开颜色的选取，颜色是通过不同模式表达的，对图像颜色的调整操作是通过各种调整命令来执行的。本章主要针对Photoshop CC中颜色与画笔工具的应用详细讲解，包括颜色的选取、填充和画笔工具的使用等，通过本章学习，读者可以充分理解并掌握相关理论知识和实操技能。

6.1 选取颜色

在Photoshop中，选取颜色是一项非常重要的操作。对颜色的设置可通过多种方式进行实现，常用的有4种方法，分别是在"拾色器"对话框中设置、使用吸管工具吸取、使用"颜色"面板选择和使用"色板"面板选择。下面分别对选取颜色的相关内容进行介绍。

6.1.1 前景色和背景色

在设置颜色之前，首先需要了解一下前景色和背景色的应用，因为在Photoshop中所有要在图像中使用的颜色都会在前景色或背景色中表现出来。

用户可以利用位于工具箱下方的两个叠放在一起的颜色色块，来设置前景色和背景色。叠放在上一层的称为"前景色"，下一层的称为"背景色"。在默认情况下，前景色为黑色，背景色为白色。单击┗图标或按下X键，可以进行前景色和背景色的快速切换。如果要设置其他不同颜色的前景色或背景色，只需要单击前景色或背景色色块，即可弹出相应的拾色器对话框，然后通过拖动滑块或设置颜色模式值来确定颜色。

默认状况下的前景色和背景色

切换后的效果

6.1.2 "拾色器"对话框

在工具箱中单击前景色色块，即可打开"拾色器（前景色）"对话框。同理，单击背景色色块打开的是"拾色器（背景色）"对话框。在"拾色器（前景色）"对话框中可以看到，默认前景色为黑色时，R、G、B数值框中的值同为0。将光标移动到颜色区域中，在需要选择的颜色上单击，此时选择的颜色将出现在"新的"颜色框中，同时R、G、B数值框中的值也会发生变化。

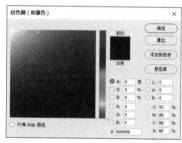
"拾色器（前景色）"对话框

在该对话框中单击"颜色库"按钮，可打开"颜色库"对话框，其中显示了所选颜色对应的色标。单击"添加到色板"按钮，则打开"色板名称"对话框，在"名称"文本框中输入新色板的名称，完成后单击"确定"按钮，即可将选择的颜色添加到"色板"面板中。

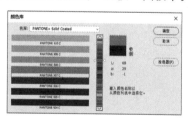
"颜色库"对话框

"色板名称"对话框

选择颜色后在"拾色器（前景色）"对话框中单击"确定"按钮，即可将前景色设置为所选颜色。

设置为粉红色后的前景色色块

实战 设置彩色电脑屏幕

Step 01 在Photoshop中打开"电脑素材.jpg"素材文件，如下图所示。

打开素材文件

Step 02 使用钢笔工具沿着电脑屏幕绘制路径，按Ctrl+Enter组合键将其转换为选区，然后单击"设置前景色"按钮，在打开的"拾色器（前景色）"对话框中选择蓝色，如下图所示。

设置前景色

Step 03 选择油漆桶工具对选区填充前景色，效果如下图所示。

填充颜色

Step 04 新建图层，设置前景色为黄色，颜色为#e2ae10，再次使用钢笔工具创建电脑屏幕选区，并填充前景色为黄色，如下图所示。

填充黄色

Step 05 执行"编辑>变换>缩放"命令，调整控制点缩小黄色屏幕，并将其向左上方移动，按Ctrl+D组合键取消选区，如下图所示。

缩小黄色选区

Step 06 使用钢笔工具在黄色矩形右侧创建选区，设置前景色为深灰色，并填充选区，制作出屏幕的厚度效果，如下图所示。

绘制选区并填充颜色

Step 07 同样的方法，分别制作紫色和深蓝色屏幕板块，并逐渐缩小屏幕，向左上方移动到合适位置，效果如下图所示。

创建不同的颜色屏幕

Step 08 新建图层，设置前景色为黑色，使用钢笔工具绘制选区，并填充前景，设置不透明度为28%，将该图层移至黄色屏幕图层下方，效果如下图所示。

为黄色屏幕添加阴影

Step 09 按照同样的操作方法，制作其他屏幕板的阴影，效果如下图所示。

查看效果

6.1.3 吸管工具

使用吸管工具可以从图像的任何位置直接获取颜色。默认情况下，使用吸管工具吸取的颜色为背景色。使用吸管工具的方法很简单，

首先选择工具箱中的吸管工具，然后将光标移动到图像中，在需要取样的颜色上单击，即可将背景色替换为当前吸取的颜色。

在图像中吸取颜色

6.1.4 "色板"面板

在"基本功能"、"设计"和"绘图"3种工作界面右侧的面板组合区域中，都显示了"色板"面板，在其中可以快速调整背景色。

使用"色板"面板选择颜色的操作方法是：将光标移动到"色板"面板中，当光标变为吸管形状时，在需要的颜色上单击，即可将背景色替换为当前选择的颜色。

在"色板"面板中，可以存储用户经常使用的颜色，还可以添加/删除颜色，或者为不同的项目显示不同的颜色库。打开"色板"面板，单击右上角的扩展按钮，选择"新建面板"选项，在打开对话框的"名称"文本框中输入新色板的名称，完成后单击"确定"按钮，即可将选择的颜色添加到"色板"面板中。

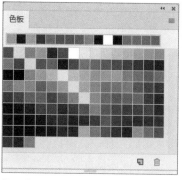

"色板"面板

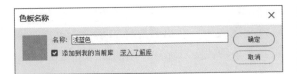
"色板名称"对话框

6.1.5 "颜色"面板

　　"颜色"面板根据文档的颜色模式默认显示对应的颜色通道。如打开RGB颜色模式的图像时，"颜色"面板的默认颜色滑块为RGB滑块，通过拖动各个颜色通道的滑块，或者在对应的数值框中输入数值来精确定义颜色。此外，通过该面板下方的渐变色谱可以取样颜色。执行"窗口>颜色"命令，打开"颜色"面板。

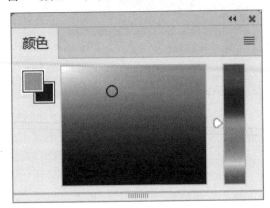
"颜色"面板

　　在"颜色"面板中，默认显示当前选择的前景色和背景色。要选择其他颜色，可以分别拖动R、G、B滑块改变颜色，此时改变的颜色默认为前景色。

6.2 填充颜色

　　在图像或选区内进行颜色填充时，可以使用"填充"命令、油漆桶工具和渐变工具对图像进行颜色填充。下面我们来学习如何使用这些工具。

6.2.1 "填充"命令

　　使用"填充"命令，可以快速对整幅图像或选区进行颜色或图案的填充。执行"编辑>填充"命令，打开"填充"对话框。

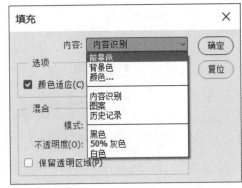
"填充"对话框

　　打开素材图片，使用魔棒工具选中背景，执行"编辑>填充"命令，在打开的对话框中进行参数设置，分别为选区填充红色、图案和50%灰。

创建选区

填充红色的效果

填充图案的效果

填充50%灰色的效果

实战 使用"填充"命令制作简单插画

Step 01 新建"填充命令的应用.psd"文档，打开"拾色器（前景色）"对话框，设置前景色为#9ed8d9并填充颜色，如下图所示。

新建文档

Step 02 单击"设置背景色"按钮，打开"拾色器（背景色）"对话框，设置颜色为#ffffff，如下图所示。

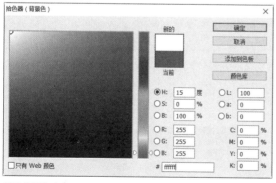

设置背景为白色

Step 03 使用钢笔工具在画面下方绘制路径，并转换为选区，执行"编辑>填充"命令，打开"填充"对话框，设置内容为背景色，单击"确定"按钮，如下图所示。

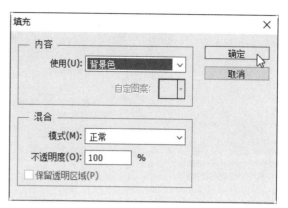

填充颜色

Step 04 设置前景色为灰色# ccd0d0，使用钢笔工具创建选区，并对选区填充前景色，效果如下图所示。

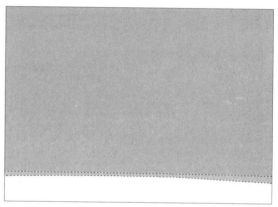

创建选区并填充颜色

Step 05 选择钢笔工具，在属性栏设置"填充"颜色为绿色，绘制出绿色叶子的形状，效果如下图所示。

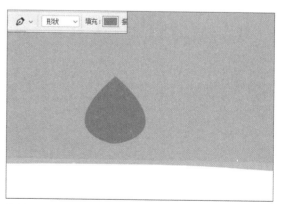

绘制叶子形状

Step 06 然后在属性栏中设置"填充"颜色为深绿色，使用钢笔工具绘制出绿色叶子背光部分，效果如下图所示。

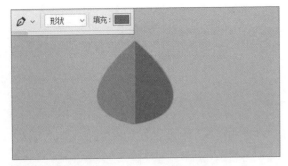

绘制叶子背光区域

Step 07 设置"填充"颜色为深棕色，使用钢笔工具绘制出树干部分，效果如下图所示。

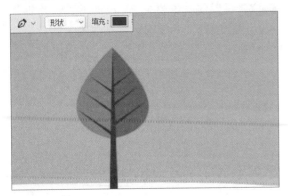

绘制树干形状

Step 08 复制绘制的整棵树图形，放置到不同位置上，效果如下图所示。

复制树图形

Step 09 使用套索工具绘制出白云形状，填充前景为白色，效果如下图所示。

绘制白云

Step 10 复制绘制的白云图形，放置到合适的位置并调整其大小，如下图所示。

复制白云图形

Step 11 按上述操作方法，使用钢笔工具绘制出小鸟图形，并对小鸟各部分填充不同的颜色，然后进行复制，效果如下图所示。

查看最终效果

6.2.2 油漆桶工具

使用油漆桶工具能够在图像中迅速填充颜色或图案，并按照图像像素的颜色进行填充，填充的范围是与单击处的像素点颜色相同或相近的像素点。选择油漆桶工具 ，在属性栏中设置"容差"值后在图像中单击，即可使用前景色填充图像中相同或相近的像素点，从而改变图像效果。

原图

填充蓝色效果

实战 使用油漆桶工具填充图案

Step 01 新建"油漆桶工具的使用.psd"文档，设置前景色为#58a314，使用油漆桶工具填充前景色，如下图所示。

新建文档并填充颜色

Step 02 打开"拾色器（前景色）"对话框,设置颜色为草绿色，色号为#8ed528，单击"确定"按钮，如下图所示。

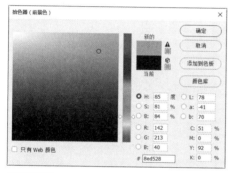

设置前景色

Step 03 使用钢笔工具创建路径并转换为选区，再使用油漆桶工具对选区填充前景色，效果如下图所示。

创建选区并填充颜色

Step 04 选择椭圆选框工具，在画面中间绘制大的椭圆形。执行"编辑>描边"命令，打开"描边"对话框，设置"宽度"为10像素、颜色为#f2f733、位置为"居中"、模式为"柔光"，如下图所示。

设置描边

Step 05 单击"确定"按钮，查看设置椭圆的描边效果，如下图所示。

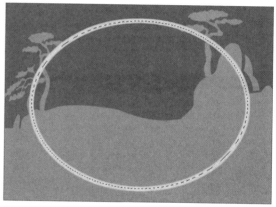

查看效果

Step 06 执行"选择>修改>羽化"命令，在打开的对话框中设置羽化半径为2像素，设置前景色为浅绿色，使用油漆桶工具，对选区填充前景色，效果如下图所示。

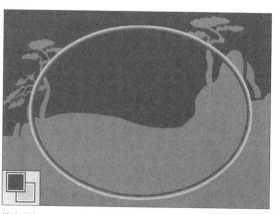

填充颜色

Step 07 使用钢笔工具绘制树枝路径并转换为选区，设置前景色为灰色，使用油漆桶工具对树枝选区填充前景色，效果如下图所示。

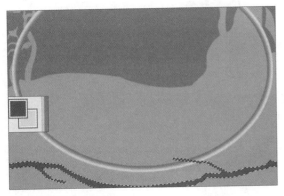

绘制树干形状并填充颜色

Step 08 选中树枝图层，打开"图层样式"对话框，添加"内阴影"和"投影"图层样式，参数设置如下图所示。

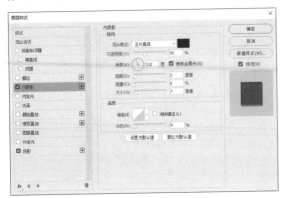

添加图层样式

Step 09 使用钢笔工具绘制小鸟选区，并使用油漆桶工具分别对不同的部分填充不同的颜色，效果如下图所示。

绘制小鸟形状

Step 10 选中小鸟图层，打开"图层样式"对话框，分别添加"内阴影"和"投影"图层样式，参数设置如下图所示。

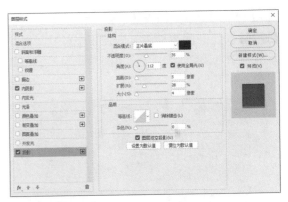

添加图层样式

Step 11 按照同样的方法，使用钢笔工具绘制其他小鸟图形并使用油漆桶工具填充不同的颜色，效果如下图所示。

绘制其他小鸟图形

Step 12 打开"青蛙拍照.jpg"素材文件，执行"编辑>定义图案"命令，打开"图案名称"对话框，设置"名称"为"青蛙拍照"，单击"确定"按钮，如下图所示。

定义图案

Step 13 新建图层，选择椭圆选框工具，在属性栏中设置羽化值为3像素，在画面中创建椭圆选区，如下图所示。

创建椭圆选区

Step 14 选择油漆桶工具，在属性栏中设置填充类型为"图案"，单击右侧下三角按钮，在列表中选择定义的"青蛙拍照"图案，在选内单击，效果如下图所示。

填充图案

6.2.3 渐变工具

使用渐变工具可以在图像中创建两种或两种以上颜色间逐渐过渡的效果，实现从一种颜色到另一种颜色的变化。用户可以根据需要在"渐变编辑器"对话框中设置渐变颜色，也可以将系统自带的预设渐变应用于图像中。

选择工具箱中的渐变工具█，在属性栏中单击渐变颜色条右侧的下拉按钮█，在弹出的面板中可以看到默认情况下的16款渐变样式。

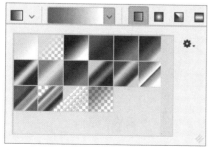
渐变样式面板

渐变工具属性栏中提供了5种渐变类型，分别是"线性渐变"、"径向渐变"、"角度渐变"、"对称渐变"和"菱形渐变"，选择不同的渐变类型，会产生不同的渐变效果。

线性渐变

径向渐变

角度渐变

对称渐变

菱形渐变

实战 利用渐变工具绘制球体

Step 01 新建文档，选择渐变工具，在属性栏中单击"线性渐变"按钮，单击渐变颜色条，打开"渐变编辑器"对话框，设置位置0%的颜色为#767676、位置100%的颜色为#ffffff，单击"确定"按钮，如下图所示。

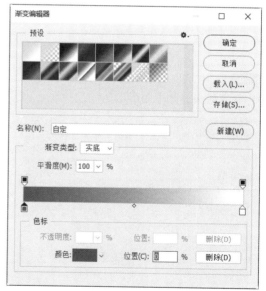
设置渐变颜色

Step 02 在创建的文档中，从右下角向左上角拉出渐变效果。新建"图层1"图层，使用椭圆选框工具绘制正圆选区，如下图所示。

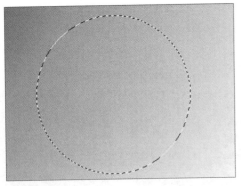

创建圆形选区

Step 03 选择渐变工具属性栏中的径向渐变，在"渐变编辑器"对话框中设置0%处的颜色为#ffffff、59%处的颜色为#858585、76%处的颜色为#717171、100%处的颜色为#808080，如下图所示。

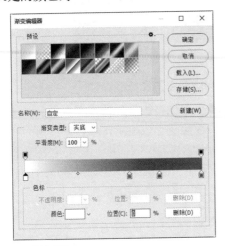

设置渐变颜色

Step 04 使用渐变工具从圆形的右上角向左下角拉出渐变效果，如下图所示。

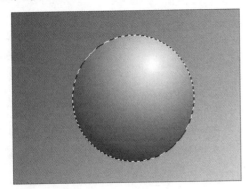

创建渐变效果

Step 05 新建"图层2"图层，并将该图层拖至"图层1"图层下层，使用椭圆选框工具在正圆形下方绘制椭圆选区，如下图所示。

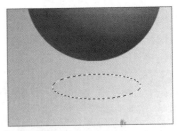

绘制椭圆选区

Step 06 将前景色设置为#000000，按Alt+Delete组合键填充前景色，效果如下图所示。

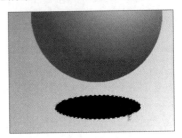

填充黑色

Step 07 执行"滤镜>模糊>高斯模糊"命令，在打开的对话框中设置模糊半径为15像素，如下图所示。

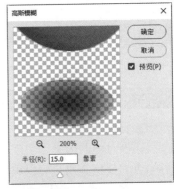

设置高斯模糊参数

Step 08 将"图层2"图层的不透明度设置为70%，查看最终效果，如下图所示。

查看最终效果

6.3 转换图像色彩模式

Photoshop中的颜色是通过不同颜色模式表述的，颜色模式决定了用来显示和打印所处理图像的颜色方法。打开一个图像文件，在"图像>模式"下拉菜单中选择一种模式，即可将其转换为该模式。其中，RGB、CMYK、Lab等是常用和基本的颜色模式，索引颜色和双色调等则是用于特殊色彩输出的颜色模式。本节将针对这些图像颜色模式进行详细介绍。

6.3.1 RGB颜色模式

RGB颜色模式是Photoshop默认的图像模式，该颜色模式将自然界的光线视为由红（Red）、绿（Green）、蓝（Blue）3种基本颜色组合而成，所以它是 24（8×3）位/像素的三通道图像模式。RGB颜色能准确地表述屏幕上颜色的组成部分，但实际颜色范围仍会因应用程序或显示设备不同而有所差异。

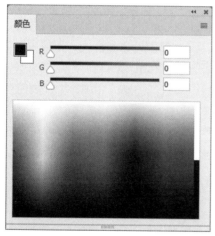

RGB模式下的"颜色"面板

6.3.2 CMYK颜色模式

CMYK是一种减色混合模式，它指的是本身不能发光，但能吸引一部分光，并将余下的光反射出去的色料混合，印刷用油墨、染料、绘画颜料等都属于减色混合。

CMYK颜色模式中，C代表青、M代表洋红、Y代表黄、K代表黑色，因此CMYK模式就由这4种用于打印色的颜色组成。CMYK颜色模式是32（8×4）位/像素的四通道图像模式。

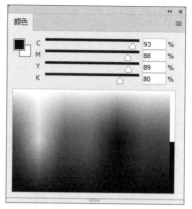

CMYK模式下的"颜色"面板

6.3.3 位图模式

"位图"模式其实就是黑白模式，是一种最简单的色彩模式，属于无色彩模式。位图模式图像只有黑白两色，由1位像素组成，文件占据空间非常小。

值得注意的是，只有在"灰度"模式才能够转换为位图模式。打开RGB、CMYK等彩色图像时，首先要执行"图像> 模式>灰度"命令，将彩色图像转换为灰度模式，再执行 "图像>模式>位图"命令，打开"位图"对话框，在"输出"数值框中设置图像的输出分辨率，然后在"方法"选项区域中选择一种转换方法，包括"50%阈值"、"图案仿色"、"扩散仿色"、"半调网屏"和"自定图案"5种方法。

原图

执行"灰度"命令

转换为灰度模式

"位图"对话框

自定图案

- **50%阈值：** 将50%色调作为分界点，灰色值高于中间色阶128的像素转换为白色，灰色值低于色阶128的像素转换为黑色。
- **图案仿色：** 用黑白点图案模拟色调。
- **扩散仿色：** 通过使用从图像左上角开始的误差扩散过程来转换图像，由于转换过程的误差原因，会产生颗粒状的纹理。
- **半调网屏：** 可模拟平面印刷中使用的半调网点外观。
- **自定图案：** 可选择一种图案来模拟图像中的色调。

50%阈值

图案仿色

扩散仿色

半调网屏

6.3.4　灰度模式

　　灰度模式是用单一色调来表现图像的，在图像中可以使用不同的灰度级。灰度图像中的每个像素都有一个0到255之间的亮度值，0代表黑色，255代表白色，其他值代表了黑、白中间过渡的灰色。在8位图像中，最多有256级灰度，在16位和32位图像中的级数比8位图像要大得多。

　　灰度模式的图像是没有颜色信息的，色彩饱和度为0，属于无色彩模式，图像由介于黑白之间的256级灰色组成。

原图

灰度模式效果

6.3.5　双色模式

　　在Photoshop中，双色模式并不是指由两种颜色构成图像的颜色模式，而是通过1到4种自动油墨创建的单色调、双色调、三色调和四色调的灰度图像。单色调是使用非黑色的单一油墨打印的灰度图像，双色调、三色调和四色调分别是用两种、3种和4种油墨打印的灰度图像。

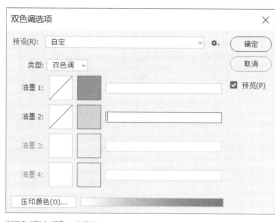

"双色调选项"对话框

原图

单色调图像

双色调图像

三色调

四色调

▌ 提示：调整双色调模式的颜色通道

在Photoshop中，双色调图像属于单通道、8位深度的灰度图像。所以在双色调模式中，不能针对个别的图像通道进行调整，而是通过在"双色调选项"对话框中调节双色调曲线来控制各个颜色通道。

6.3.6　索引颜色模式

索引颜色模式也称为映射颜色，是位图图像的一种编码方法，需要基于RGB、CMYK等更基本的颜色编码方法，可以通过限制图像中的颜色总数来实现有损压缩。

索引颜色模式可生成最多256种颜色的8位图像文件。将图像转换为索引模式后，Photoshop将构建一个颜色查找表（CLUT），用以存放并索引图像中的颜色。如果原始图像中的某种颜色没有出现在该表中，则程序将选取最接近的一种，或使用仿色以及现有颜色来模拟该颜色。

原图

索引颜色模式效果

▌ 提示：转换为索引颜色模式的图像

如果要将图像转换为索引颜色模式，那么该图像必须是8位/通道的图像、灰度图像或是RGB颜色模式的图像。

6.3.7 Lab颜色模式

Lab颜色模式是一种色彩范围最广的色彩模式，它是各种色彩模式相互转换的中间模式。

Lab模式是由RGB三基色转换而来的，该颜色模式是由照度（L）和有关色彩的a、b这3个要素组成，L表示照度（Lumina-nce），相当于亮度；a表示红色到绿色的范围；b表示从黄色到蓝色的范围。

在Lab颜色模式中，L代表了亮度分量，它的范围为0~100，在Adobe拾色器和"颜色"面板中，a分量（由绿色到红色）和b分量（由蓝色到黄色）的范围为-128~+127。

Lab模式的图像效果

"通道"面板

6.4 应用"画笔"面板

在Photoshop中，画笔工具是常用的绘图工具，用户不仅可以使用"画笔"面板来设置画笔的大小、硬度、形状以及绘图模式，还可以设置画笔的不透明度、形状动态和散步效果等。本节将详细介绍画笔工具应用方面的知识。

6.4.1 设置画笔笔尖形状

在Photoshop的工具箱中选择画笔工具，单击"窗口"主菜单，在弹出的下拉菜单中选择"画笔"命令，调出"画笔"面板，选择"画笔笔尖形状"选项，在画笔样式区域中选择准备应用的画笔形状样式，在"大小"数值框中设置画笔的大小值，在"硬度"数值框中输入画笔的硬度值，即可完成画笔大小、硬度和形状的设置操作。

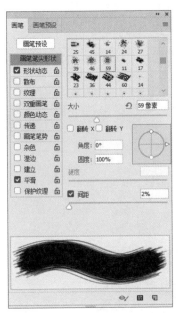

设置画笔样式、硬度和形状

6.4.2 设置绘图模式

使用画笔工具进行绘画前，用户可以根据需要设置不同的绘图模式，使画笔具有不同的绘制效果。

在工具箱中选择画笔工具，在画笔工具属性栏的"模式"下拉表中选择准备应用的绘图模式选项，如"叠加"等，即可完成绘图模式的设置操作。

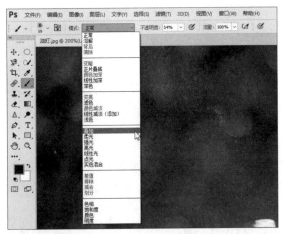

设置绘图模式

6.4.3 设置画笔的不透明度

在使用画笔工具进行绘图前，用户可以根据需要设置画笔的不透明度，这样画笔绘制的效果也会有所不同。

首先在工具箱中选择画笔工具 ，在画笔工具属性栏的"不透明度"数值框中输入画笔的不透明度值，即可完成画笔不透明度的设置操作。

画笔工具属性栏

6.4.4　设置画笔的形状动态

画笔工具的形状动态决定描边中画笔笔迹的变化。在Photoshop中调出"画笔"面板后，在"画笔样式"区域中选择准备应用的画笔形状样式，如"散布枫叶"，选中"形状动态"选项，在"大小抖动"数值框中输入画笔形状抖动的数值，在"最小直径"数值框中输入画笔直径的数值，在"角度抖动"数值框中输入画笔角度抖动的数值，在"圆度抖动"数值框中输入画笔圆度抖动的数值，即可完成画笔形状动态的设置操作。

设置画笔的形状动态

- **大小抖动**：指定描边中画笔笔迹大小的改变方式。用户可以通过在数值框输入数值或拖动滑块来设置相应的数值。
- **最小直径**：指定当启用"大小抖动"或"大小控制"参数时，画笔笔迹可以缩放的最小百分比。用户可以通过在数值框中输入数值

或通过拖动滑块来设置画笔笔尖直径的百分比值。该数值越高，笔尖直径变化越小。
- **角度抖动**：指定画笔笔尖的角度在描边过程中的改变方式。如果准备指定抖动的最大百分比，可在数值框中直接输入百分比的值。
- **圆度抖动**：指定画笔笔尖的圆度在描边过程中的改变方式。
- **最小圆度**：指定当圆度抖动或圆度的"控制"参数启用时，画笔笔尖的最小圆度。

6.4.5　设置画笔的散布效果

设置画笔散布效果，可确定描边中笔迹的数目和位置。在Photoshop中调出"画笔"面板后，在"画笔笔尖形状"选项区域选择应用的画笔形状样式，如"小草"。选中"散布"选项，在"散布"数值框中输入画笔散布的数值，在"数量"数值框中输入画笔散布的数量，在"数量抖动"数值框中输入画笔散布抖动的数值，即可完成画笔散布效果的设置操作。

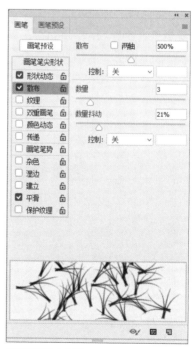
设置画笔散布效果

- **散布**：指定画笔笔迹在描边中的分布方式。勾选"两轴"复选框，右侧数值框中的百分比值越大随机性越大。

- **数量**: 指定在每个间距间隔应用的画笔笔迹数量。设置画笔笔尖的数量,值越大画笔的散布数量就越多。
- **数量抖动**: 指定画笔笔迹的数量如何针对各种间距而变化。

6.5 使用绘画工具

在"画笔"面板中设置画笔形状样式、大小及绘图模式后,即可使用工具箱中的画笔工具和铅笔工具进行图像绘制的操作。使用画笔工具和铅笔工具时,用户可以模拟传统介质进行绘画,本节将重点介绍Photoshop绘画工具的应用。

6.5.1 画笔工具

在Photoshop中,用户可以使用画笔工具在图像中绘制具有个性的图案。下面介绍使用画笔工具绘制图形的操作方法。

打开图像文件,在工具箱中选择画笔工具 ✐,并将前景色设置为#e7db8d,在画笔工具属性栏中单击"画笔工具预设管理器"下拉按钮 ▾,在弹出的下拉面板中选择相应的画笔样式。

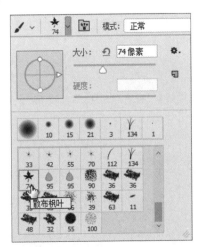

画笔工具预设管理器面板

返回文档窗口中,在准备应用画笔图形的位置单击,即可使用画笔工具进行图形的绘制操作。

绘制图形

实战 使用画笔工具制作超现实效果

Step 01 按Ctrl+O组合键,打开"背景.jpg"素材文件,并将其转换为普通图层,如下图所示。

打开素材图片

Step 02 选择画笔工具,在属性栏中单击"切换画笔面板"按钮,在打开的面板中设置画笔笔尖形状的相关参数,如下图所示。

设置画笔参数

Step 03 勾选"散布"复选框,在右侧选项区域中设置相关参数,如下图所示。

设置散布参数

Step 04 新建图层，使用画笔工具绘制出湖面闪烁的星点，设置图层的不透明度为85%，效果如下图所示。

绘制湖面中的星光

Step 05 选择画笔工具，单击"切换画笔面板"按钮，打开"画笔预设"面板，然后选择74像素的散布枫叶画笔样式，如下图所示。

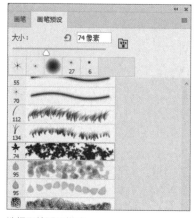

选择画笔预设样式

Step 06 切换至"画笔"面板，设置画笔笔尖形状的相关参数，如下左图所示。

Step 07 勾选"散布"复选框，设置散布的相关参数，如下右图所示。

设置画笔笔尖形状　　　　设置散布参数

Step 08 使用画笔工具绘制出飘落的树叶，设置水面上叶子所在图层的混合模式为"滤色"，效果如下图所示。

绘制散落的树叶

Step 09 置入"白色的鸽子.png"素材图片，并按比例缩放大小，移动到合适位置，如下图所示。

置入素材图片

Step 10 使用矩形选框工具在画面中绘制一个小选区，然后执行"编辑>定义画笔预设"命令，在打开的对话框中设置画笔名称，如下图所示。

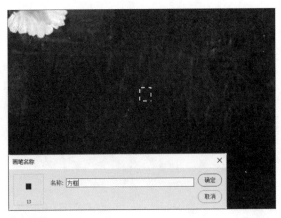

定义画笔

Step 11 选择画笔工具，打开"画笔预设"面板，选择刚定义的画笔，如下左图所示。

Step 12 切换至"画笔"面板，设置画笔笔尖形状参数，如下右图所示。

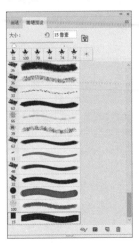

选择定义的画笔　　　　　　设置画笔笔尖参数

Step 13 设置"散布"的相关参数，然后为鸽子图层添加图层蒙版，接着使用画笔工具对鸽子进行涂抹，效果如下图所示。

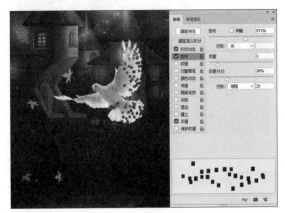

对鸽子进行涂抹

Step 14 新建碎化图层并添加图层蒙版，使用画笔工具对鸽子的飞行路径进行涂抹，效果如下图所示。

涂抹鸽子的飞行路径

Step 15 选中鸽子所在图层，执行"图像>调整>曲线"命令，打开"曲线"对话框，将鸽子背光部分调暗点，如下图所示。

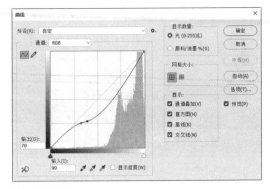

设置曲线参数

Step 16 至此，本案例制作完成，查看最终效果，如下图所示。

查看最终效果

6.5.2 铅笔工具

使用铅笔工具可以创建硬边直线，与画笔工具一样可以在当前图像上绘制前景色，下面介绍使用铅笔工具绘制图形的操作方法。

打开图像文件，在工具箱中选择铅笔工具 ✏️，并将前景色设置为#dff300，在铅笔工具属性栏中，单击"铅笔工具预设管理器"下拉按钮 ，在弹出的下拉面板中，选择应用的铅笔样式，如下图所示。

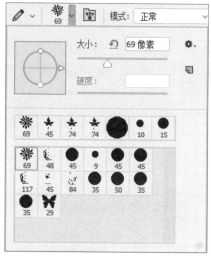

铅笔工具预设管理器面板

返回文档窗口中，在准备应用铅笔图形的位置处单击，即可使用铅笔工具进行图形的绘制操作，如下图所示。

绘制图形

实战 制作冬日唯美相框效果 ————————

Step 01 打开Photoshop软件，按Ctrl+O组合键，在打开的对话框选择"一片叶子.jpg"素材文件，单击"打开"按钮，如下图所示。

打开素材图片

Step 02 新建图层，使用矩形选框工具绘制选区，并填充白色，效果如下图所示。

绘制矩形选区并填充白色

Step 03 选择铅笔工具，打开"画笔预设选取器"面板，设置铅笔的"大小"参数，如下图所示。

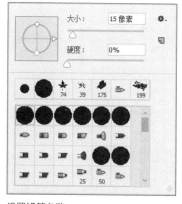

设置铅笔参数

Step 04 然后单击"切换画笔面板"按钮，在打开的"画笔"面板中设置画笔笔尖形状的相关参数，如下图所示。

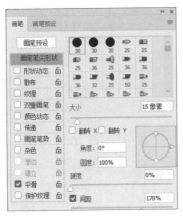

设置画笔笔尖形状

Step 05 按住Shift键，使用铅笔工具单击矩形的四条边，绘制出小黑点，效果如下图所示。

绘制黑点

Step 06 选中小黑点和白色矩形所在的图层，按Ctrl+E组合键执行合并操作。选择魔棒工具点选小黑圆，然后按Delete键执行删除操作，效果如下图所示。

删除黑点

Step 07 置入"雪景.jpg"素材图片，适当调整大小后，放在白色矩形内，如下图所示。

输入素材

Step 08 选择铅笔工具，打开"画笔预设选取器"面板，设置参数，如下图所示。

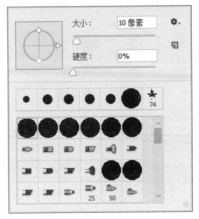

设置铅笔参数

Step 09 单击"切换画笔面板"按钮，在"画笔"面板中设置画笔形状动态和散布的相关参数，如下图所示。

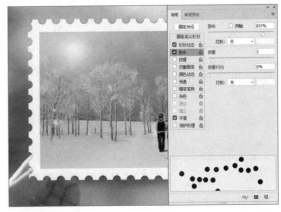

设置画笔相关参数

Step 10 使用铅笔工具在画面中绘制雪花，效果如下图所示。

绘制雪花

Step 11 选中雪花图层，执行"滤镜>模糊>高斯模糊"命令，设置半径为2像素，单击"确定"按钮，如下图所示。

设置高斯模糊参数

Step 12 根据同样的方法，使用铅笔工具绘制小点的雪花，然后使用横排文字工具在左上角输入文字，效果如下图所示。

绘制雪花并输入文字

Step 13 将除背景图层外的所有图层进行编组，并隐藏该组。使用钢笔工具沿大拇指绘制路径并转换为选区，按Ctrl+J组合键复制选区并创建图层，将该图层移至最上方，如下图所示。

复制选区

Step 14 复制"组1"，然后选中"组1拷贝"所有图层并按Ctrl+E组合键合并图层，按Ctrl+T组合键执行自由变换操作，如下图所示。

合并图层

Step 15 使用钢笔工具在大拇指右侧绘制选区并填充黑色，设置不透明度为27%，制作出阴影效果，最终效果如下图所示。

查看最终效果

新年海报设计

本章主要介绍Photoshop中颜色与画笔工具的应用，根据本章学习内容，介绍制作新年海报的方法，主要应用渐变工具、填充、画笔工具和图层样式等功能，具体操作步骤如下。

Step 01 首先按Ctrl+N组合键，打开"新建文档"对话框，新建"新年海报"文档，如下图所示。

新建文档

Step 02 分别设置前景色为#b57bae、背景色为#0e0b1e，如下图所示。

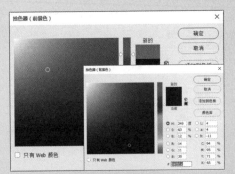

设置前景色和背景色

Step 03 选择渐变工具，在属性栏中单击渐变颜色条，打开"渐变编辑器"对话框，选择前景色到背景色渐变，如下图所示。

设置渐变颜色

Step 04 在属性栏中单击"径向渐变"按钮，从文档左上角向右下角拉出渐变效果，如下图所示。

制作渐变效果

Step 05 新建"图层1"图层，选择椭圆选框工具，按住Shift键绘制正圆形选区，如下图所示。

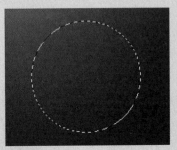

绘制圆形选区

Step 06 设置前景色为#080119，按Alt+Delete组合键为选区填充颜色，如下图所示。

为选区填充颜色

Step 07 按住Ctrl键单击"图层1"图层，圆形上将出现选区，如下图所示。

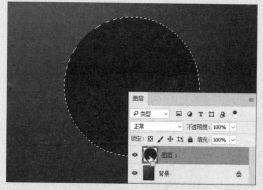

创建选区

Step 08 执行"选择>修改>扩展"命令，打开"扩展选区"对话框，设置"扩展量"为10像素，如下图所示。

扩展选区

Step 09 新建"图层2"图层，执行"编辑>描边"命令，打开"描边"对话框，设置"宽度"为1像素、颜色为#ffffff，选择"位置"为"居中"，单击"确定"按钮，如下图所示。

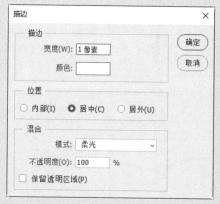

设置描边参数

Step 10 将"图层2"图层的不透明度设置为50%，效果如下图所示。

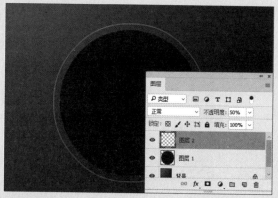

设置不透明度

Step 11 新建"图层3"图层，设置前景色为#ffffff。选择画笔工具，设置大小为50像素、硬度为0%，如下图所示。

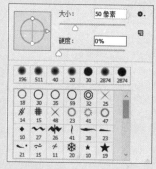

设置画笔大小

Step 12 单击属性栏中"切换画笔画板"按钮，在"画笔"面板中勾选"形状动态"复选框，设置"大小抖动"为100%，再分别设置散布、传递、平滑等参数，如下图所示。

设置画笔参数

Step 13 利用画笔工具在画布中绘制不规则的圆点，并将"图层3"拖至"图层1"下方，效果如下图所示。

绘制圆点

Step 14 双击"图层3"图层，打开"图层样式"对话框，勾选"外发光"复选框，设置混合模式为"强光"、不透明度为70%、颜色为#d87edf，单击"确定"按钮，如下图所示。

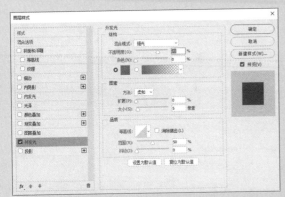

添加"外发光"图层样式

Step 15 双击"图层1"图层，打开"图层样式"对话框，勾选"投影"复选框，设置"混合模式"为"强光"、"不透明度"为40%、"距离"为5像素、"扩展"为28%、"大小"为27像素、颜色为#f2aff5，单击"确定"按钮，如下图所示。

添加"投影"图层样式

Step 16 新建"图层4"图层，设置前景色为#be8ac3，选择画笔工具，设置硬度为100，在图层中随机画出大小不同、透明度不同的圆形，如下图所示。

绘制圆形

Step 17 选择画笔工具，在画笔选项中追加混合画笔。选择星形画笔样式，设置"大小"为20像素，如下图所示。

设置画笔参数

Step 18 打开"画笔"面板，设置形状动态、散布、传递等相关参数，如下图所示。

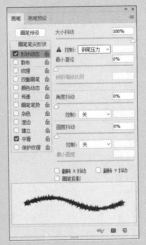

设置画笔参数

Step 19 新建"图层5"图层，设置前景色为 #feddff，用设置好的画笔工具在画布上绘制不规则的星形，效果如下图所示。

绘制星星形状

Step 20 右击"图层3"图层，在快捷菜单中选择"拷贝图层样式"命令。右击"图层5"图层，选择"粘贴图层样式"命令，可见"图层5"图层中星星图形应用外发光效果，如下图所示。

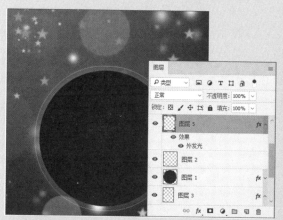

复制图层样式

Step 21 选择横排文字工具，设置字体为 Impact、字号为90、颜色为#ffffff，然后在黑色圆中输入文字，如下图所示。

输入文字

Step 22 新建"图层6"图层，选择渐变工具，在"渐变编辑器"对话框中设置0%处的颜色为 #ffffff、100%处的颜色为#ff9600，如下图所示。

设置渐变颜色

Step 23 选择渐变工具中的径向渐变模式，从左上角向右下角拉出渐变效果，如下图所示。

创建渐变效果

Step 24 将"图层6"图层的混合模式设置为"叠加"、不透明度为40%，效果如下图所示。

设置图层混合模式

Step 25 新建"图层7"图层，前景色设置为
#ffffff。选择矩形选框工具，绘制一条细长矩形，
按下Alt+Delete组合键填充颜色，如下图所示。

绘制矩形并填充白色

Step 26 将矩形选区向下移动10像素，然后按
Alt+Delete组合键填充颜色为#ffffff。重复该操
作，绘制出20条白色横条纹，如下图所示。

复制选区

Step 27 选择"图层7"图层，按Ctrl+T组合键执
行变形操作，然后右击，在快捷菜单中选择
"斜切"命令，调整控制点，如下图所示。

自由变换图形

Step 28 将选中图形的左右两端分别向下和向上
拉伸，制作成倾斜效果，如下图所示。

变形选区

Step 29 将"图层7"的图层混合模式设置为"叠
加"、不透明度为40%，并将"图层7"拖至
"图层1"下方。至此，新年海报制作完成，最终
效果如下图所示。

查看最终效果

Chapter 07 滤镜的应用

滤镜主要是用于实现图像的各种特殊效果，在Photoshop 中具有非常神奇的作用。滤镜的操作非常简单，但真正用起来却很难恰到好处，在实际应用过程中通常需要同通道、图层等联合使用，才能取得最佳的艺术效果。通过本章的学习，可以使用户了解滤镜的基础知识及使用方法，熟悉并掌握各种滤镜组的艺术效果，以便能快速、准确地创作出精彩的图像。

7.1 滤镜分类

在Photoshop中，滤镜是图片处理的"灵魂"，可以制作出特殊的图像效果或快速执行常见的图像编辑任务，例如抽出局部图像或制作消失点等。

滤镜的工作原理是利用对图像中像素的分析，按每种滤镜的特殊数学算法进行像素色素、亮度等参数的调节，从而完成原图像部分或全部像素属性参数的调节或控制。

7.1.1 普通滤镜

普通滤镜是通过改变图像像素来创建特效的，这种实现方法会修改像素，对图像是一种破坏性的修改，一旦保存，会导致最后的图像无法恢复。

打开图像文件。

原图像文件

执行"滤镜>模糊>表面模糊"命令，设置"半径"和"阈值"参数后，单击"确定"按钮，会发现图像的像素被修改了，如果执行保存并关闭操作，将无法恢复图像原来的效果。

应用普通滤镜后效果

7.1.2 智能滤镜

在Photoshop中，应用于智能对象的任何滤镜都是智能滤镜。智能滤镜是一种"非破坏性的滤镜"，用户可以如同使用图层样式一样随时调整滤镜的参数。

❶ 创建智能滤镜

在Photoshop中创建智能滤镜时，所选的图层也将自动转换成智能对象，下面介绍创建智能滤镜的操作方法。

打开需应用智能滤镜的图像文件，执行"滤镜>转换为智能滤镜"命令。

晶格化	Alt+Ctrl+F
转换为智能滤镜(S)	
滤镜库(G)...	
自适应广角(A)...	Alt+Shift+Ctrl+A
Camera Raw 滤镜(C)...	Shift+Ctrl+A
镜头校正(R)...	Shift+Ctrl+R
液化(L)...	Shift+Ctrl+X
消失点(V)...	Alt+Ctrl+V
3D	▶
风格化	▶

执行"转换为智能滤镜"命令

此时将弹出提示对话框，提示选中的图层将转换为智能对象，单击"确定"按钮。

提示对话框

将图层转换为智能对象后，执行"滤镜>风格化>风"命令，即可完成创建智能滤镜的操作，在图层下方显示"智能滤镜"。

应用智能滤镜后效果

❷停用智能滤镜

为图像应用智能滤镜后，如果暂时不准备使用的智能滤镜效果，用户可以对其执行停用操作。下面进行介绍停用智能滤镜的操作方法。

创建智能滤镜后，右击创建的智能滤镜，在弹出的快捷菜单中选择"停用智能滤镜"命令。

执行"停用智能滤镜"命令

操作完毕后，即可完成停用智能滤镜的操作，图像恢复到原状态，智能滤镜缩略图前的眼睛图标处于闭合的状态。

停用智能滤镜后的效果图

❸重新排列智能滤镜

当对一个图层应用了多个智能滤镜后，用户可以在智能滤镜列表中上下拖动重新排列滤镜的顺序，Photoshop会按照由下而上的顺序应用滤镜，因此，图像效果也会发生改变。下面进行介绍重新排列智能滤镜的操作方法。

创建多个智能滤镜后，选中需要移动的智能滤镜选项，按住鼠标左键并向下或向上拖动。

调整滤镜排列顺序

将智能滤镜拖动到目标位置后，释放鼠标左键，即可完成重新排列智能滤镜的操作。

调整滤镜排列顺序后的效果

❹显示与隐藏智能滤镜

在Photoshop中，用户可以快速显示或隐藏智能滤镜，方便查看滤镜效果。下面介绍显示与隐藏智能滤镜的操作方法。

创建智能滤镜后，在"图层"面板中单击需要隐藏滤镜前的"切换单个智能滤镜可见性"图标👁，该滤镜对图像的效果将被隐藏，例如隐藏"高斯模糊"滤镜。

隐藏"高斯滤镜"效果

隐藏智能滤镜后，再次单击"切换单个智能滤镜可见性"图标，智能滤镜效果将重新显示。

显示智能滤镜效果

❺删除智能滤镜

如果对创建的智能滤镜效果不满意，用户可以对其执行删除操作。

创建智能滤镜后，右击该智能滤镜，在弹出的快捷菜单中选择"删除智能滤镜"命令。

执行"删除智能滤镜"命令

即可完成智能滤镜的删除操作，同时在图像中取消该滤镜效果。

删除智能滤镜后的效果

7.2 "风格化"与"画笔描边"滤镜组

在Photoshop中，使用"风格化"滤镜组中的滤镜可以对图像进行风格化效果处理，制作出风格迥异的艺术效果。使用"画笔描边"滤镜组中的滤镜，可以对图像进行描边等特殊化处理。

7.2.1 等高线效果

"等高线"滤镜通过查找图像的主要亮度区，为每个颜色通道勾勒主要亮度区域的轮廓，以便得到与等高线颜色类似的效果。执行

"等高线"滤镜后，计算机会把当前图像文件以线条的形式显现。下面介绍使用"等高线"滤镜的方法。

打开所需图像文件，执行"滤镜>风格化>等高线"命令。

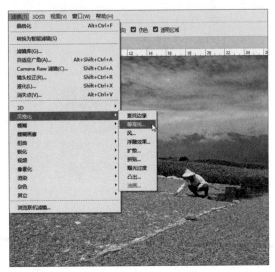

执行"等高线"命令

在弹出的"等高线"对话框中，设置等高线色阶值，边缘为"较高"，单击"确定"按钮。此时图像的边缘轮廓看起来像用笔刷勾勒的轮廓。

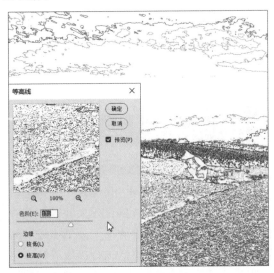

设置等高线参数

▎提示："等高线"滤镜的原理
"等高线"滤镜是在图像中围绕每个通道的亮区和暗区边缘勾画轮廓线，产生三原色的细窄线条，从而产生等高线中线条的效果。

7.2.2 风效果

Photoshop中的"风"滤镜可将图像的边缘进行位移，创建出水平线，从而模拟风的动感效果，是制作纹理或为文字添加阴影效果时常用的滤镜工具，在其对话框中可以设置风吹效果的样式和风吹的方向。下面介绍使用"风"滤镜的应用方法。

打开需要应用"风"滤镜的图像文件，执行"滤镜>风格化>风"命令。

执行"风"命令

在弹出的"风"对话框中，选中"飓风"单选按钮，在"方向"选项区域中选中"从右"单选按钮，单击"确定"按钮即可。

在"风"对话框中设置参数

▎提示："风"滤镜的应用
在Photoshop中，"风"滤镜不具有模糊图像的效果，它只影响图像的边缘。

7.2.3 浮雕效果

"浮雕效果"滤镜能够通过勾画图像或选区的轮廓和降低周围色值来产生灰色的浮凸效果。执行该滤镜后图像自动变成深灰色，产生凸起或凹陷的效果。下面介绍使用"浮雕效果"滤镜的方法。

打开所需图像文件，执行"滤镜>风格化>浮雕效果"命令。

执行"浮雕效果"命令

弹出"浮雕效果"对话框，在"角度"数值框中设置浮雕效果的角度，在"高度"数值框中设置浮雕效果的高度，在"数量"数值框中设置浮雕效果的数量，然后单击"确定"按钮。

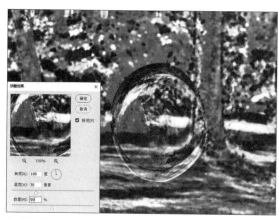

在"浮雕效果"对话框中设置参数

■ 提示："浮雕效果"对话框中各参数的含义

在"浮雕效果"对话框中，"角度"数值框用于设置光照的角度；"高度"数值框用于设置图像凸起的程度；"数量"数值框决定图像细节和颜色的保留程度。

7.2.4 扩散效果

"扩散"滤镜能够通过随即移动像素或明暗互换，如正常、变暗优先、变亮优先和各向异性等，使得图像进行扩散，从而使处理后的图像看起来更像是透过磨砂玻璃观察的模糊效果。下面介绍使用"扩散效果"滤镜的方法。

打开要应用扩散效果的图像文件，执行"滤镜>风格化>扩散"命令。

执行"扩散"命令

弹出"扩散"对话框，在"模式"选项区域中选中"变暗优先"单选按钮，单击"确定"按钮，即可完成"扩散"滤镜的应用。可以看出该滤镜将图像变为看起像是透过磨砂玻璃观察的模糊效果。

在"扩散"对话框中设置参数

7.2.5 拼贴效果

"拼贴"滤镜能够根据参数设置对话框中设定的值将图像分成小块，并使图像从原来的位置偏离，看起来像是由许多画在瓷砖上的小图像拼成的效果。下面介绍使用"拼贴"滤镜的方法。

打开所需的图像文件，执行"滤镜>风格化>拼贴"命令。

执行"拼贴"命令

弹出"拼贴"对话框，在"拼贴数"数值框中输入图像拼贴数值，设置填充空白区域的方法后，单击"确定"按钮即可完成拼贴。

设置拼贴参数

> **提示："拼贴"对话框各参数的含义**
>
> 在"拼贴"对话框中，"拼贴数"数值框用于设置图像在高度上分割的数量，"最大位移"数值框用于设置方块移动的最大距离与宽度的百分比，"填充空白区域用"选项区域用于设置方块移动后空白区域图像填充的方法。

7.2.6 凸出效果

"凸出"滤镜能够根据设置的不同类型，为选区或整个图层上的图像制作一系列块状或金字塔的三维纹理，从而产生3D效果。下面介绍使用"凸出"滤镜的方法。

打开要应用凸出效果的图像文件，执行"滤镜>风格化>凸出"命令。

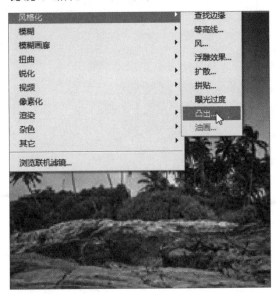

执行"凸出"命令

弹出"凸出"对话框，在"大小"数值框中输入图像凸出的数值，在"深度"数值框中输入图像凸出的深度数值，单击"确定"按钮，即可完成使用"凸出"滤镜的操作。

设置凸出的参数

7.2.7 成角的线条效果

"成角的线条"滤镜可以通过对角描边的方式重新绘制图像，从而产生斜笔画风格的图像。该滤镜类似于使用画笔按某一角度，在画布上用油画颜料涂抹画出的斜线，线条修长、笔触锋利，也被称为倾斜线条滤镜。下面介绍使用"成角的线条"滤镜的方法。

打开所需图像文件，执行"滤镜>滤镜库"命令，在"滤镜库"对话框中的"画笔描边"区域中选择"成角的线条"滤镜样式。

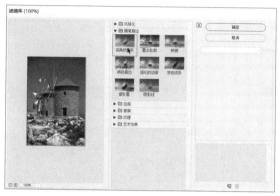

选择"成角的线条"样式

打开"成角的线条"对话框，在"方向平衡"数值框中设置平衡的大小，在"描边长度"数值框中设置图像描边的长度，在"锐化程度"数值框中设置图像锐化的程度，单击"确定"按钮，完成为图像使用"成角的线条"滤镜的操作。

设置成角的线条参数

实战 为风景照应用"成角的线条"滤镜效果 →

Step 01 新建文档并置入"水上城市.jpg"素材图片，调整至合适的大小，将该图层命名为"风景"并右击，执行"栅格化图层"命令，如下图所示。

置入素材图像

Step 02 选中"风景"图层，执行"图像>调整>自然饱和度"命令，打开"自然饱和度"对话框，提升"自然饱和度"和"饱和度"的值，单击"确定"按钮，如下图所示。

调整自然饱和度参数

Step 03 打开"亮度/对比度"对话框，设置亮度和对比度的值，单击"确定"按钮，可见图片亮度提高了，如下图所示。

设置亮度/对比度的值

Step 04 按Ctrl+J组合键复制"风景"图层，得到"风景 拷贝"图层。选中"风景"图层，执行"滤镜>滤镜库"命令，在打开对话框的"画笔描边"区域中选择"成角的线条"滤镜选项，在右侧区域中设置"方向平衡"值为33、"描边长度"值为22、"锐化程度"值为6，如下图所示。

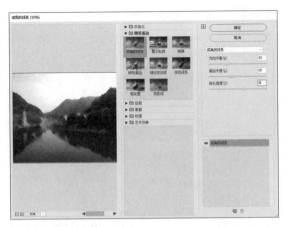

设置成角的线条参数

Step 05 单击"确定"按钮，查看添加"成角的线条"滤镜后的效果，如下图所示。

查看效果

Step 06 选中"风景 拷贝"图层，执行"滤镜>风格化>浮雕效果"命令，在打开的"浮雕效果"对话框中设置角度、高度和数量的值，单击"确定"按钮，如下图所示。

设置浮雕效果的参数

Step 07 设置完成后，查看为图片应用"浮雕效果"滤镜的效果，如下图所示。

查看浮雕效果

Step 08 选中"风景 拷贝"图层，将图层混合模式改为"亮光"，查看最终效果，如下图所示。

查看最终效果

7.2.8 墨水轮廓效果

"墨水轮廓"滤镜通过纤细的线条在图像中重新绘画，从而形成钢笔画的风格。执行"墨水轮廓"滤镜命令后，用户可以对墨水轮廓效果的描边长度、深色强度和光照强度等参数进行设置。下面介绍使用"墨水轮廓"滤镜的方法。

打开所需图像文件，执行"滤镜>滤镜库"命令，在打开对话框的"画笔描边"区域选择"墨水轮廓"滤镜效果选项，如下图所示。

选择"墨水轮廓"滤镜

弹出"墨水轮廓"对话框，在"描边长度"数值框中设置图像描边的长度，在"深色程度"数值框中设置图像的描边深色，在"光照强度"数值框中设置图像光照强度，然后单击"确定"按钮，完成为图像应用"墨水轮廓"滤镜的操作。

设置墨水轮廓参数

7.2.9 喷溅效果

在Photoshop中，"喷溅"滤镜可以通过模拟喷枪在图像中喷溅的方式，使图像产生一种按一定方向喷洒水花的效果，画面看起来如雨水冲刷过一样。下面介绍使用"喷溅"滤镜的方法。

打开所需图像文件，执行"滤镜>滤镜库>画笔描边>喷溅"命令，打开"喷溅"对话框。

打开"喷溅"对话框

在"喷溅"对话框分别设置"喷色半径"和"平滑度"参数，单击"确定"按钮，即可完成为图像应用"喷溅"滤镜的操作。

设置喷溅参数

> **提示："喷溅"对话框的参数含义**
>
> 在"喷溅"对话框中，"喷溅半径"数值越大，溅射的范围越大；"平滑度"数值越大，喷溅的纹理越平滑。

实战 利用"喷溅"滤镜处理图片

Step 01 新建文档并置入素材图片，调整至合适的大小后，将素材图层命名为"背景"。右击"背景"图层，执行"栅格化图层"命令，如下图所示。

置入素材图片

Step 02 选中"背景"图层，打开"自然饱和度"对话框，适当调整"自然饱和度"和"饱和度"的数值，如下图所示。

设置自然饱和度的参数

Step 03 打开"亮度/对比度"对话框，调整"亮度"和"对比度"的数值，单击"确定"按钮，效果如下图所示。

查看设置亮度和对比度的效果

Step 04 复制"背景"图层，得到"背景 拷贝"图层。选中"背景"图层，执行"滤镜>风格化>扩散"命令，在打开的"扩散"对话框中选中"变亮优先"单选按钮，如下图所示。

设置"扩散"滤镜参数

Step 05 选中"背景 拷贝"图层，执行"滤镜>滤镜库"命令，在"画笔描边"区域中选择"喷溅"选项，在打开的"喷溅"对话框中进行相应的参数设置，如下图所示。

设置"喷溅"参数

Step 06 选中"背景 拷贝"图层，将图层混合模式改为"叠加"，适当调节"亮度/对比度"和"自然饱和度"的相关参数，效果如下图所示。

查看最终效果

7.2.10 喷色描边效果

"喷色描边"滤镜通过图像的主导颜色，利用成角的线条和喷溅颜色线条绘制图像，达到斜纹飞溅的效果。下面介绍使用"喷色描边"滤镜的方法。

打开所需图像文件，执行"滤镜>滤镜库"命令，在"画笔描边"区域中选择"喷色描边"选项，打开"喷色描边"对话框。

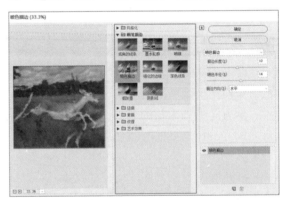

打开"喷色描边"对话框

在"喷色描边"对话框中，分别设置"描边长度"和"喷色半径"参数值后，单击"确定"按钮，即可完成为图像应用"喷色描边"滤镜的操作。

设置喷色描边的参数

> **提示："喷色描边"对话框中各参数含义**
>
> 在"喷色描边"对话框中，"描边长度"参数用于设置飞溅笔触的长度，"喷色半径"参数用于设置图像溅开的程度，"描边方向"用于设置飞溅笔触的方向。

实战 制作动漫场景图

Step 01 新建文档并置入"岛上建筑.jpg"素材图片，将其图层命名为"背景"，然后栅格化图层，如下图所示。

置入素材图片

Step 02 选中"背景"图层，适当调整"亮度/对比度"和"自然饱和度"参数，效果如下图所示。

查看调整后的效果

Step 03 复制"背景"图层，得到"背景 拷贝"图层，选中"背景"图层，执行"滤镜>滤镜库"命令，在"画笔描边"区域中选择"喷色描边"选项，然后设置相关参数，如下图所示。

设置喷色描边滤镜

Step 04 执行"滤镜>风格化>等高线"命令，在打开的"等高线"对话框中进行相关参数设置，如下图所示。

设置"等高线"参数

Step 05 选中"背景 拷贝"图层，设置图层的混合模式为"划分"、不透明度为60%，效果如下图所示。

设置图层的混合模式

Step 06 为"背景 拷贝"图层添加图层蒙版，使用橡皮擦工具擦去天空中多余的线条，适当调节"亮度/对比度"和"自然饱和度"参数，设置完成后查看最终效果，如下图所示。

查看最终效果

7.2.11 强化的边缘效果

"强化的边缘"滤镜可以通过设置图像的亮度值对图像的边缘进行强化。设置高的边缘亮度控制值时，强化效果类似白色粉笔；设置低的边缘亮度控制值时，强化效果类似黑色油墨。下面介绍使用"强化的边缘"滤镜的方法。

打开图像文件，执行"滤镜>滤镜库"命令，在打开对话框的"画笔描边"区域中选择"强化的边缘"选项。

"强化的边缘"对话框

打开"强化的边缘"对话框，在"边缘宽度"数值框中设置边缘宽度值，在"边缘亮度"数值框中设置边缘亮度值，在"平滑度"数值框中设置平滑度值，然后单击"确定"按钮，即可完成为图像应用"强化的边缘"滤镜的操作。

设置强化的边缘参数

实战 为图像应用"强化的边缘"滤镜

Step 01 按Ctrl+O组合键，打开"多彩的树.jpg"素材图片，将图层命名为"风景"，如下图所示。

打开素材图片

Step 02 选中"风景"图层，适当调整亮度/对比度参数，按Ctrl+J组合键复制"风景"图层，得到"风景 拷贝"图层。选中"风景"图层，执行"滤镜>滤镜库"命令，在"画笔描边"区域选择"强化的边缘"选项，在"强化的边缘"对话框中设置相关参数，如下图所示。

设置强化的边缘参数

Step 03 设置完成后，单击"确定"按钮，查看效果，如下图所示。

查看强化的边缘效果

Step 04 选中"风景 拷贝"图层，执行"滤镜>滤镜库"命令，在"画笔描边"区域中选择"墨水轮廓"效果，在打开的对话框中设置相应的参数，如下图所示。

"墨水轮廓"对话框

Step 05 设置完成后，单击"确定"按钮，查看添加"墨水轮廓"滤镜的效果，如下图所示。

查看为图像应用"墨水轮廓"的效果

Step 06 选中"风景 拷贝"图层，将图层混合模式设为"浅色"，适当调整"亮度/对比度"和"自然饱和度"参数，设置完成查看最终效果，如下图所示。

查看最终效果

7.2.12　阴影线效果

"阴影线"滤镜可以产生具有十字交叉线网格风格的图像，如同在粗糙的画布上使用笔刷画出十字交叉线时所产生的效果。并且该滤镜在保留图像细节与特征的同时，使用铅笔阴影线添加纹理，使得图像边缘变得粗糙。下面介绍使用"阴影线"滤镜的方法。

打开所需图像文件，执行"滤镜>滤镜库"命令，在"画笔描边"区域中选择"阴影线"选项。

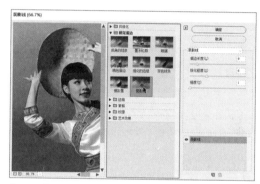

"阴影线"对话框

打开"阴影线"对话框，分别在"描边长度"、"锐化程度"和"强度"数值框中输入合适的数值，然后单击"确定"按钮，即可完成为图像应用"阴影线"滤镜的操作。

设置阴影线参数

> **提示："阴影线"滤镜与"成角的线条"滤镜的区别**
>
> 在Photoshop中，"阴影线"滤镜产生的效果与"成角的线条"滤镜产生的效果相似，只是"阴影线"滤镜产生的笔触间互为平行线或垂直线，且方向不可任意调整。

实战 为图像应用"阴影线"滤镜 ────●

Step 01 打开"水中小屋.jpg"素材图片，将图层命名为"风景"，效果如下图所示。

打开素材图片

Step 02 选中"风景"图层，按Ctrl+J组合键复制"风景"图层，得到"风景 拷贝"图层。选中"风景"图层，设置前景色为#122222，执行"滤镜>风格化>拼贴"命令，在打开的"拼贴"对话框中设置"最大位移"为30%，选中"前景颜色"单选按钮，如下图所示。

设置拼贴参数

Step 03 单击"确定"按钮，效果如下图所示。

查看添加"拼贴"滤镜的效果

Step 04 选中"风景 拷贝"图层，执行"滤镜>滤镜库"命令，在"画笔描边"区域中选择"阴影线"选项，在打开的对话框中设置"描边长度"为27、"锐化程度"为12、"强度"为2，如下图所示。

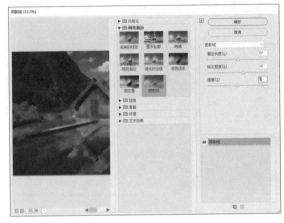

设置阴影线的参数

Step 05 设置完成后单击"确定"按钮，查看为图像添加"阴影线"滤镜的效果，如下图所示。

查看为图像添加"阴影线"滤镜的效果

Step 06 选中"风景 拷贝"图层，将图层混合模式设为"颜色减淡"，然后查看最终效果，如下图所示。

查看最终效果

7.3 "模糊"与"锐化"滤镜组

在Photoshop中，使用"模糊"和"锐化"滤镜组中的滤镜，可以对图像进行模糊或锐化等特殊化处理，本节将对模糊与锐化滤镜方面的知识进行详细介绍。

7.3.1 表面模糊效果

"表面模糊"滤镜是通过保留图像边缘而达到模糊效果的一种滤镜，该滤镜可以创建特殊效果或去除图像中的杂点和颗粒，从而产生清晰边界的模糊效果。下面介绍使用"表面模糊"滤镜的方法。

打开图像文件，执行"滤镜>模糊>表面模糊"命令。

执行"表面模糊"命令

弹出"表面模糊"对话框，在"半径"数值框中设置图像的模糊值，在"阈值"数值框中设置模糊的阈值，然后单击"确定"按钮，即可完成为图像应用"表面模糊"滤镜的操作。

设置表面模糊参数

7.3.2 方框模糊效果

"方框模糊"滤镜是以相邻像素的平均颜色模糊图像，生成类似于方块状的特殊模糊效果。下面介绍使用"方框模糊"滤镜的方法。

打开图像文件，执行"滤镜>模糊>方框模糊"命令。

执行"方框模糊"命令

弹出"方框模糊"对话框，在"半径"数值框中设置图像模糊的半径值，然后单击"确定"按钮，即可完成为图像应用"方框模糊"滤镜的操作。

设置方框模糊参数

7.3.3 径向模糊效果

"径向模糊"滤镜可产生具有辐射性的模糊效果，模拟相机前后移动或旋转而产生的模糊效果。下面介绍使用"径向模糊"滤镜的方法。

打开图像文件，执行"滤镜>模糊>径向模糊"命令。

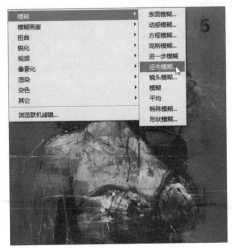

执行"径向模糊"命令

弹出"径向模糊"对话框，在"数量"数值框中设置图像径向模糊的数量值，在"模糊方法"选项区域中选中"旋转"单选按钮，在"品质"选项区域中选中"好"单选按钮，然后单击"确定"按钮，即可完成为图像应用"径向模糊"滤镜的操作。

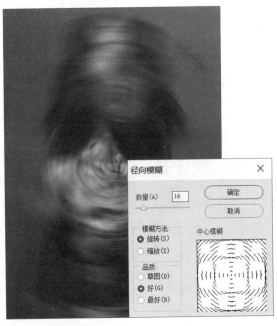

设置径向模糊参数

7.3.4 特殊模糊效果

"特殊模糊"滤镜能找到图像的边缘并对边界线以内的区域进行模糊处理。使用该滤镜的好处是，在模糊图像的同时仍使图像具有清晰的边界，有助于去除图像色调中的颗粒、杂色，从而产生一种边界清晰而中心模糊的效果。

打开图像文件，执行"滤镜>模糊>特殊模糊"命令。

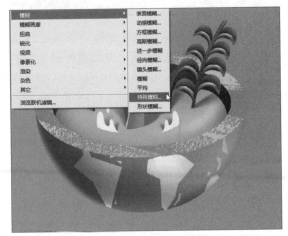

执行"特殊模糊"命令

弹出"特殊模糊"对话框，在"半径"数值框中设置图像特殊模糊的半径值，在"阈值"数值框中设置图像模糊的阈值，然后在"品质"下拉列表框中选择"低"选项，在"模式"下拉列表框中选择"仅限边缘"选项，单击"确定"按钮，即可完成为图像应用"特殊模糊"滤镜的操作。

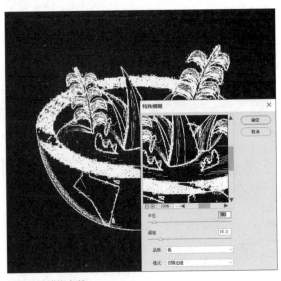

设置特殊模糊参数

7.3.5 动感模糊效果

"动感模糊"滤镜可以模仿拍摄运动物体的手法，通过使像素进行某一方向上的线性位移来产生运动模糊效果。"动感模糊"滤镜是把当前图像的像素向两侧拉伸，在参数设置对话框中，用户可以对角度以及拉伸的距离进行调整。下面介绍使用"动感模糊"滤镜的方法。

打开图像文件，使用快速选择工具选中人物，并执行"滤镜>模糊>动感模糊"命令。

执行"动感模糊"命令

弹出"动感模糊"对话框，在"角度"数值框中设置模糊的角度值，在"距离"数值框中设置模糊的距离值，然后单击"确定"按钮，即可完成为图像应用"动感模糊"滤镜的操作。

设置动感模糊参数

> **提示："动感模糊"滤镜的模糊方向**
> 在Photoshop中，"动感模糊"滤镜只能在单一方向上对图像进行模糊处理。

实战 应用"动感模糊"滤镜制作人物海报

Step 01 打开"金发美女.jpg"素材图片，效果如下图所示。

打开素材图像

Step 02 复制"背景"图层，得到"背景 拷贝"图层。选中"背景"图层，使用快速选择工具将背景框选出来，如下图所示。

框选背景图像

Step 03 执行"滤镜>模糊>动感模糊"命令，在打开的"动感迷糊"对话框中进行相应的参数设置，如下图所示。

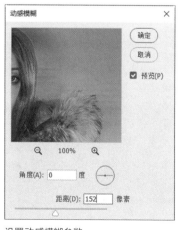

设置动感模糊参数

Step 04 单击"确定"按钮，按Ctrl+D组合键取消选区，效果如下图所示。

查看应用动感模糊的效果

Step 05 选中"背景 拷贝"图层，使用快速选择工具把背景框选出来，按Delete键删除所选区域，按Ctrl+Shift+I组合键执行反选操作。接着执行"滤镜>模糊>特殊模糊"命令，在打开的"特殊模糊"对话框中设置相关参数，如下图所示。

设置特殊模糊效果

Step 06 选中"背景 拷贝"图层，将图层混合模式设为"叠加"，效果如下图所示。

设置图层混合模式

Step 07 使用横排文字工具为图片添加一些文字，查看最终效果，如下图所示。

查看最终效果

7.3.6 高斯模糊效果

"高斯模糊"滤镜可以设置的"半径"值快速地模糊图像，产生朦胧的效果。下面介绍使用"高斯模糊"滤镜的方法。

打开图像文件，执行"滤镜>模糊>高斯模糊"命令。

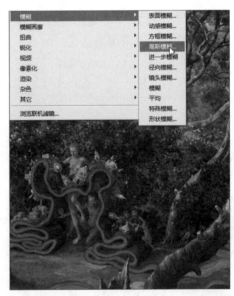

执行"高斯模糊"命令

弹出"高斯模糊"对话框，在"半径"数值框中设置图像模糊的半径值，然后单击"确定"按钮，即可完成为图像应用"高斯模糊"滤镜的操作。

高斯模糊效果设置

实战 利用"高斯模糊"滤镜制作海报 ————●

Step 01 打开"山中雪景.jpg"素材图像，效果如下图所示。

打开素材图像

Step 02 使用矩形工具在画面中间绘制一个矩形，设置无填充、描边颜色为#ffffff、宽度为4像素，如下图所示。

绘制矩形

Step 03 按住Ctrl键在"图层"面板中单击矩形图层载入选区，按Ctrl+Shift+I组合键进行反选，执行"滤镜>模糊>高斯模糊"命令，在打开的"高斯模糊"对话框中设置半径为5.2像素，单击"确定"按钮，如下图所示。

设置高斯模糊参数

Step 04 在画面中添加"遇见更美的自己"文字，选择文字图层，执行"滤镜>模糊>方框模糊"命令，在打开的"方框模糊"对话框中进行相应的参数设置，如下图所示。

为文字添加方框模糊效果

Step 05 单击"确定"按钮，查看为文字设置方框模糊的效果，如下图所示。

查看设置的文字效果

在矩形中添加一些文字，并进行相应的
格式设置操作，最终效果如下图所示。

查看最终效果

7.3.7 USM锐化效果

在Photoshop中，"USM锐化"滤镜可以调整
图像边缘细节的对比度，从而达到图像清晰化的
目的。下面介绍使用"USM锐化"滤镜的方法。

打开图像文件，执行"滤镜>锐化>USM锐
化"命令。

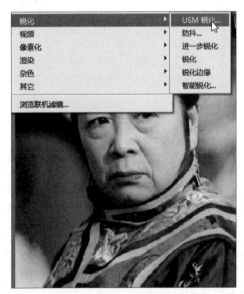

执行"USM锐化"命令

弹出"USM锐化"对话框，在"数量"
数值框中设置锐化的强度，在"半径"数值框
中设置锐化的范围，在"阈值"数值框中设置
相邻像素间的差值范围，然后单击"确定"按
钮，即可完成为图像应用"USM锐化"滤镜的
操作。

设置USM锐化参数

7.3.8 智能锐化效果

"智能锐化"滤镜常用于设置锐化的计算方
法，或控制锐化的区域，如阴影和高光区等，
从而获得更好的边缘检测并减少锐化晕圈，是
一种高级锐化方法。下面介绍使用"智能锐
化"滤镜的方法。

打开图像文件，执行"滤镜>锐化>智能锐
化"命令。

执行"智能锐化"命令

弹出"智能锐化"对话框，在"数量"
数值框中设置图像锐化的数值，在"半径"数
值框中设置图像锐化的半径值，在"移去"下
拉列表框中选择"动感模糊"选项，然后单击
"确定"按钮，即可完成为图像应用"智能锐
化"滤镜的操作。

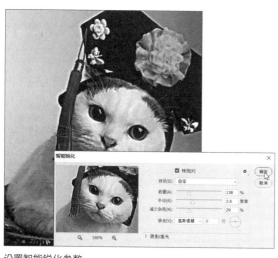

设置智能锐化参数

实战 应用"智能锐化"滤镜制作动感的花朵效果

Step 01 打开"粉红玫瑰花.jpg"素材图片，复制"背景"图层，得到"背景 拷贝"图层，效果如下图所示。

打开素材图像

Step 02 选中"背景"图层，执行"滤镜>锐化>智能锐化"命令，在打开的"智能锐化"对话框中设置"数量"为172%、"半径"为1.7像素、"减少杂色"为18%，如下图所示。

设置智能锐化参数

Step 03 选中"背景 拷贝"图层，执行"滤镜>模糊>径向模糊"命令，在打开的"径向模糊"对话框中进行相应的参数设置，如下图所示。

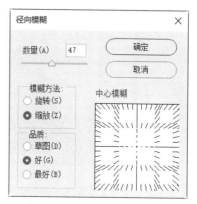

设置径向模糊参数

Step 04 选中"背景 拷贝"图层，单击"添加图层蒙版"按钮，设置前景色为#000000，使用橡皮擦工具适当擦拭花朵中心部分，使花朵中心清晰显示，如下图所示。

添加图层蒙版

Step 05 单击"创建新的填充或调整图层"下三角按钮，选择"亮度/对比度"选项，将图片调亮，如下图所示。

设置亮度/对比度的效果

Step 06 使用横排文字工具输入相应的文字，并设置文字格式，最终效果如下图所示。

查看最终效果

7.4 "扭曲"与"素描"滤镜组

在Photoshop中，使用"扭曲"或"素描"滤镜组中的滤镜，可以对图像进行扭曲或素描等特殊化处理。本节将重点介绍"扭曲"与"素描"滤镜组方面的知识。

7.4.1 波浪效果

"波浪"滤镜可通过设置波浪生成器的数量、波长高度和波浪类型等参数，创建具有波浪起伏的图案。下面介绍使用"波浪"滤镜的方法。

打开图像文件，执行"滤镜>扭曲>波浪"命令。

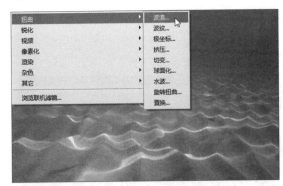
执行"波浪"命令

弹出"波浪"对话框，在"生成器数"数值框中设置数量，在"波长"选项区域中设置图像波长的最大值与最小值，在"波幅"选项区域中设置图像波幅的最大值与最小值，然后单击"确定"按钮，即可完成为图像应用"波浪"滤镜的操作。

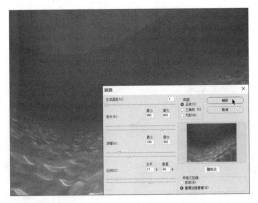
设置波浪参数

7.4.2 波纹效果

"波纹"滤镜同"波浪"滤镜功能相同，但提供的选项较少，只能控制波纹的数量和波纹大小。"波纹"滤镜可以在选区上创建波状起伏的图案，就像水池表面的波纹一样。下面介绍使用"波纹"滤镜的方法。

打开图像文件，执行"滤镜>扭曲>波纹"命令。

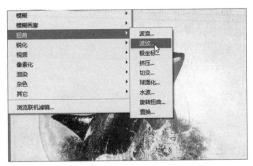
执行"波纹"命令

弹出"波纹"对话框，在"数量"数值框中设置波纹的数量值，在"大小"下拉列表框中选择"中"选项。

"波纹"对话框

查看波纹效果

7.4.3　玻璃效果

"玻璃"滤镜通过制作细小的纹理，使图像呈现出透过不同类型的玻璃查看的模拟效果。下面介绍使用"玻璃"滤镜的方法。

打开图像文件，执行"滤镜>滤镜库"命令，在"扭曲"区域中选择"玻璃"选项。

"玻璃"对话框

打开"玻璃"对话框，在"扭曲度"数值框中设置图像的扭曲值，在"平滑度"数值框中设置图像的平滑度，单击"纹理"下拉按钮，在列表中选择"磨砂"选项，在"缩放"数值框中设置图像的缩放值，然后单击"确定"按钮，即可完成为图像应用"玻璃"滤镜的操作。

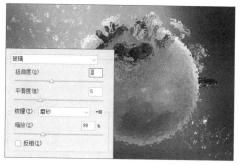

设置玻璃滤镜的参数

> **提示：设置纹理扭曲的程度**
>
> 在"玻璃"对话框中，"扭曲度"和"平滑度"数值框用于设置纹理的扭曲程度。

7.4.4　极坐标效果

在Photoshop中，"极坐标"滤镜包括"平面坐标到极坐标"和"极坐标到平面坐标"两种特殊效果。使用该滤镜，用户可以创建曲面扭曲效果。下面介绍"极坐标"滤镜的使用方法。

打开图像文件，执行"滤镜>扭曲>极坐标"命令。

执行"极坐标"命令

弹出"极坐标"对话框，选中"平面坐标到极坐标"单选按钮。

"极坐标"对话框

单击"确定"按钮，查看效果。

查看应用"极坐标"滤镜的效果

实战 制作扭曲波纹效果的海报

Step 01 新建文档并置入"路边长椅.jpg"素材图片，调整至合适的大小。将素材图层命名为"照片"并右击，执行"栅格化图层"命令，如下图所示。

打开素材图片

Step 02 选中"照片"图层，使用裁剪工具，把素材图片裁成长宽相等的正方形，使照片上花篮位置居中为最佳，如下图所示。

裁剪图片

Step 03 选中"照片"图层，执行"滤镜>扭曲>极坐标"命令，在打开的"极坐标"对话框中进行相应的参数设置，如下图所示。

设置极坐标参数

Step 04 单击"确定"按钮，查看应用极坐标滤镜的效果，如下图所示。

查看效果

Step 05 使用仿制图章工具弱化画面中间的线条，执行"滤镜>扭曲>波纹"命令，在打开的"波纹"对话框中进行相应的参数设置，如下图所示。

设置波纹参数

Step 06 单击"确定"按钮，查看应用"波纹"滤镜的效果，如下图所示。

查看应用"波纹"滤镜的效果

Step 07 波纹参数可以根据画面效果进行调整，设置完成后添加一些文字，并设置文字的格式，查看最终效果，如下图所示。

查看最终效果

7.4.5 挤压效果

"挤压"滤镜可以将图像或选区中的内容向外或向内挤压，使图像产生向外凸出或向内凹陷的效果。在"挤压"对话框中的"数量"值若为正值，则将选区向中心移动，"数量"值若为负值，则将选区向外移动。下面介绍"挤压"滤镜的使用方法。

打开图像文件，执行"滤镜>扭曲>挤压"命令。

执行"挤压"命令

弹出"挤压"对话框，在"数量"数值框中设置图像的挤压值，然后单击"确定"按钮，即可完成为图像应用"挤压"滤镜的操作。

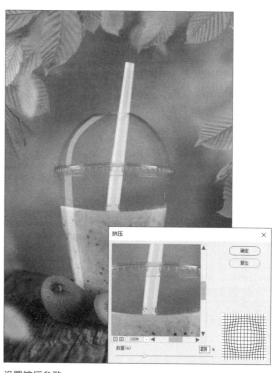

设置挤压参数

▌**提示：设置"挤压"对话框中的参数**

在"挤压"对话框中，当"数量"数值框中的值为正时，图像向下凹；当"数值"为负时，图像向上凸；当"数值"为0时，图像不产生任何变化。

7.4.6 切变效果

在Photoshop中，"切变"滤镜能够根据用户在对话框中设置的垂直曲线，来使图像发生扭曲变形。下面介绍"切变"滤镜的使用方法。

打开图像文件，执行"滤镜>扭曲>切变"命令。

执行"切变"命令

弹出"切变"对话框，选中"重复边缘像素"单选按钮，在切变区域设置图像的切变折点，然后单击"确定"按钮，即可完成对图像应用"切变"滤镜的操作。

设置切变参数

> **提示：设置未定义区域图像的填充方式**
>
> 在"切变"对话框的"未定义区域"选项区域中，选中"折回"单选按钮，可以将一侧的像素移动至图像的另一侧；选中"重复边缘像素"单选按钮，则可以使用附近的颜色填充图像位置后的空白部分。

7.4.7 半调图案效果

在Photoshop中，"半调图案"滤镜能够在保持连续色调范围的同时，模拟半调网屏效果。该滤镜可以使用前景色和背景色将图像以网格效果显示。下面介绍"半调图案"滤镜的使用方法。

打开图像文件，执行"滤镜>滤镜库"命令，在"素描"区域中选择"半调图案"选项。

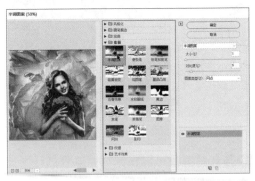

"半调图案"对话框

打开"半调图案"对话框，分别设置"大小"、"对比度"的数值，在"图案类型"下拉列表框中选择"网点"选项，然后单击"确定"按钮，即可完成为图像应用"半调图案"滤镜的操作。

设置半调图案参数

> **提示：选择"半调图案"滤镜的图案类型**
>
> 在"半调图案"对话框的"图案类型"下拉列表框中，用户可以设置"圆形"、"网点"和"直线"3种图案填充类型。

实战 为图像应用"半调图案"滤镜

Step 01 置入"右半边面孔.jpg"素材图片，调整至合适的大小。将素材图层命名为"图片"并右击，执行"栅格化图层"命令，如下图所示。

置入素材图片

Step 02 按Ctrl+Shift+N组合键新建图层，得到"图层1"图层，按Alt+Delete组合键填充颜色为#ffffff，按D键恢复前景色和背景色。执行"滤镜>滤镜库"命令，在"素描"区域选择"半调图案"选项，并设置相应的参数，如下图所示。

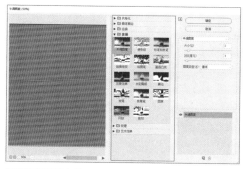

设置半调图案参数

Step 03 执行"滤镜>扭曲>波浪"命令，在打开的"波浪"对话框中进行相应的参数设置，如下图所示。

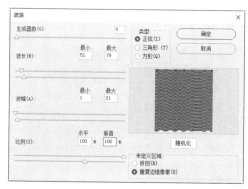

设置波浪参数

Step 04 复制"图层1"图层，得到"图层1 拷贝"图层，按Ctrl+T组合键后右击，选择"顺时针旋转90度"命令，调整图像至合适的大小，如下图所示。

执行自由变换操作

Step 05 选中"图层1"图层，设置图层混合模式为"颜色加深"，选中"图层1 拷贝"图层，设置图层混合模式为"叠加"，效果如下图所示。

设置图层的混合模式

Step 06 设置完成后，输入一些搭配的文字，并设置文字的格式，查看最终效果，如下图所示。

查看最终效果

7.4.8 便条纸效果

在Photoshop中,"便条纸"滤镜可以简化图像,形成类似手工制作的纸张图像效果。该滤镜可以使图像以当前的前景色和背景色混合,产生凹凸不平的草纸画效果,其中前景色作为凹陷部分,而背景色作为凸出部分。下面介绍"便条纸"滤镜的使用方法。

打开图像文件,执行"滤镜>滤镜库"命令,在"素描"选项区域中选择"便条纸"滤镜。

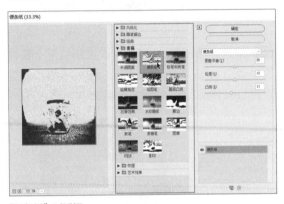

"便条纸"对话框

弹出"便条纸"对话框,在"图像平衡"数值框中设置图案的平衡数值,在"粒度"数值框中设置粒度数值,在"凸现"数值框中设置便条纸的凸现数值,然后单击"确定"按钮,即可完成为图像应用"便条纸"滤镜的操作。

设置便条纸参数

> **提示:"便条纸"对话框中各参数的应用**
>
> 在"便条纸"对话框的"图像平衡"数值框中输入的值越大,图像的阴影部分越多;在"粒度"数值框中输入的数值越大,应用在图像上的杂色越多;"凸现"数值框则用于设置图案凹陷的程度。

7.4.9 水彩画纸效果

"水彩画纸"滤镜可模仿在潮湿的纤维上作画的效果,使颜色溢出和混合,从而制作出颜色活动的特殊艺术效果。下面介绍使用"水彩画纸"滤镜的方法。

打开图像文件,执行"滤镜>滤镜库"命令,在"素描"选项区域中选择"水彩画纸"滤镜。

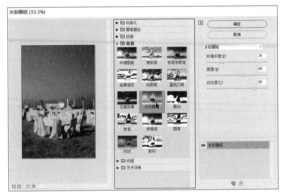

"水彩画纸"对话框

弹出"水彩画纸"对话框,设置"纤维"、"亮度"和"对比度"参数,然后单击"确定"按钮,即可完成为图像应用"水彩画纸"滤镜的操作。

设置水彩画纸参数

7.4.10 网状效果

"网状"滤镜能够使用前景色和背景色填充图像,在图像中产生一种网眼覆盖的效果。该滤镜同时可以模仿胶片感光乳剂的受控收缩和扭曲效果,使图像的暗色调区域呈现结块状效果,高光区域呈现轻微颗粒化效果。下面介绍使用"网状"滤镜的方法。

打开图像文件,执行"滤镜>滤镜库"命令,在"素描"区域选择"网状"滤镜。

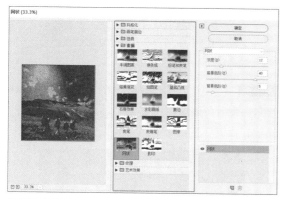

"网状"对话框

弹出"网状"对话框,在"浓度"数值框中设置图像中产生网纹的密度,在"前景色阶"数值框中设置图像前景色阶的数值,在"背景色阶"数值框中设置背景色阶的数值,然后单击"确定"按钮,即可完成为图像应用"网状"滤镜的操作。

设置网状参数

实战 为图像应用"网状"滤镜

Step 01 置入"幸运男孩.jpg"素材图片,调整至合适的大小。将素材图层命名为"人物"并右击,执行"栅格化图层"命令,如下图所示。

置入素材图像

Step 02 选中"人物"图层,适当调整"亮度/对比度"和"自然饱和度"参数,使用图像更明亮,效果如下图所示。

查看提高亮度的效果

Step 03 复制"人物"图层两次,选中"人物 拷贝"图层,执行"滤镜>滤镜库"命令,在"素描"区域选择"网状"选项,在打开的"网状"对话框中进行相应的参数设置,如下图所示。

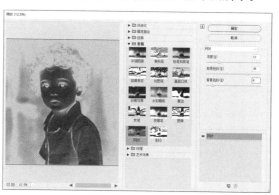

设置网状参数

Step 04 单击"确定"按钮，查看"人物 拷贝"图层中的图像效果，如下图所示。

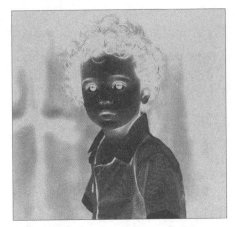

查看网状效果

Step 05 选中"人物 拷贝2"图层，执行"滤镜>滤镜库"命令，在"素描"区域中选择"便条纸"选项，在打开的"便条纸"对话框中进行相应的参数设置，如下图所示。

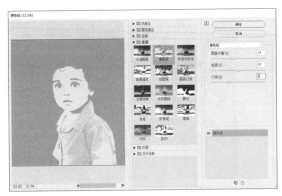

设置便条纸的参数

Step 06 单击"确定"按钮，查看"人物 拷贝2"图层中的图像效果，如下图所示。

查看便条纸效果

Step 07 调整"人物 拷贝"图层的混合模式为"减去"、"人物 拷贝2"图层的混合模式为"叠加"，效果如下图所示。

设置图层的混合模式

Step 08 适当调节"亮度/对比度"和"自然饱和度"参数后，添加相关文字，并添加修饰作用的矩形，设置完成后查看最终效果，如下图所示。

查看最终效果

7.5 "纹理"与"像素化"滤镜组

在Photoshop中，使用"纹理"滤镜组中的滤镜，可以对图像进行纹路化处理；使用"像素化"滤镜组中的滤镜，可以对图像的像素进行特殊化处理。

7.5.1 龟裂缝效果

"龟裂缝"滤镜通过将图像绘制在一个高凸现的石膏上，以便形成精细的网状裂缝，用户可以使用该滤镜创建浮雕样式的立体图像效果。下面介绍使用"龟裂缝"滤镜的方法。

打开图像文件，执行"滤镜>滤镜库"命令，在"纹理"区域中选择"龟裂缝"滤镜。

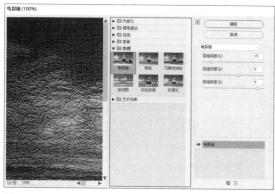

"龟裂缝"对话框

打开"龟裂缝"对话框，分别设置"裂缝间距"、"裂缝深度"、"裂缝亮度"的数值，然后单击"确定"按钮，即可完成为图像应用"龟裂缝"滤镜的操作。

设置龟裂缝参数

7.5.2 马赛克拼贴效果

"马赛克拼贴"滤镜可以通过渲染图像，产生类似马赛克拼成的图像效果，该滤镜制作的是位置均匀分布但形状不规则的马赛克。下面介绍使用"马赛克拼贴"滤镜的方法。

打开图像文件，执行"滤镜>滤镜库"命令，在打开对话框的"纹理"区域中选择"马赛克拼贴"滤镜。

"马赛克拼贴"对话框

打开"马赛克拼贴"对话框，分别设置"拼贴大小"、"缝隙宽度"和"加亮缝隙"的数值，然后单击"确定"按钮，即可完成为图像在用"马赛克拼贴"滤镜的操作。

设置马赛克拼贴参数

提示："马赛克拼贴"对话框中各参数含义

在"马赛克拼贴"对话框中，"拼贴大小"数值框用于设置马赛克瓷砖图像的大小；"缝隙宽度"数值框用于设置每两块马赛克瓷砖间凹陷部分的宽度；"加亮缝隙"数值框用于设置凹陷部分的亮度。

7.5.3 染色玻璃效果

"染色玻璃"滤镜可以以单色相邻的单元格绘制图像，并使用前景色填充单元格的缝隙。下面介绍使用"染色玻璃"滤镜的方法。

打开图像文件，执行"滤镜>滤镜库"命令，在"纹理"区域中选择"染色玻璃"滤镜。

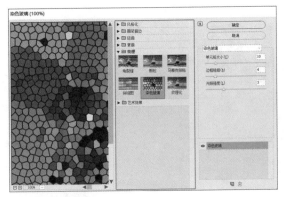

"染色玻璃"对话框

弹出"染色玻璃"对话框,在"单元格大小"数值框中设置染色玻璃的单元格大小,在"边框粗细"数值框中设置染色玻璃边框粗细,在"光照强度"数值框中设置图像光照强度,然后单击"确定"按钮,即可完成为图像应用"染色玻璃"滤镜的操作。

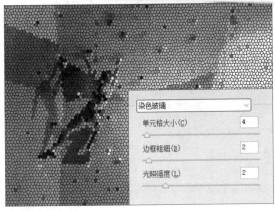

设置染色玻璃参数

> **提示:"染色玻璃"对话框中参数的含义**
>
> 在"染色玻璃"对话框中,"单元格大小"数值框用于设置图像中色块的大小;"边框粗细"数值框用于设置色块边界的宽度,并使用前景色填充边界。

7.5.4 彩块化效果

"彩块化"滤镜可以使图像中的纯色或相似颜色凝结为彩色块,从而看上去像手绘的效果。下面介绍使用"彩块化"滤镜的方法。

打开图像文件,执行"滤镜>像素化>彩块化"命令。

执行"彩块化"命令

为图像应用"彩块化"滤镜后,图像产生手绘效果,类似抽象派的绘画效果。

应用"彩块化"滤镜的效果

7.5.5 彩色半调效果

"彩色半调"滤镜通过设置通道划分矩形区域,使图像形成网点状效果,高光部分的网点较小,阴影部分的网点较大。下面介绍使用"彩色半调"滤镜的方法。

打开图像文件,执行"滤镜>像素化>彩色半调"命令。

执行"彩色半调"命令

弹出"彩色半调"对话框，分别设置"最大半径"、"通道1"、"通道2"和"通道3"的数值，然后单击"确定"按钮，即可完成为图像应用"彩色半调"滤镜的操作。

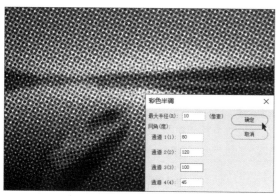

设置彩色半调参数

7.5.6 晶格化效果

"晶格化"滤镜可以将图像中颜色相近的像素集中到一个多边形网格中，从而把图像分割成许多个多边形的小色块，产生晶格化的效果，也被称为"水晶折射"滤镜。下面介绍使用"晶格化"滤镜的方法。

打开图像文件，执行"滤镜>像素化>晶格化"命令。

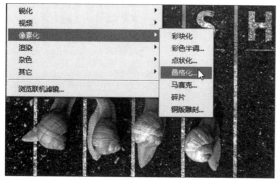

执行"晶格化"命令

> **提示：调整"晶格化"滤镜的多边形大小**
>
> 打开"晶格化"对话框，用户可以在"单元格大小"数值框调整多边形的大小。

弹出"晶格化"对话框，在"单元格大小"数值框中设置图像晶格化的大小，然后单击"确定"按钮，即可完成为图像应用"晶格化"滤镜的操作。

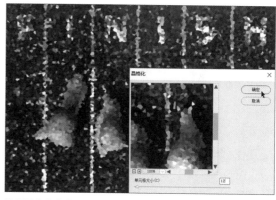

设置晶格化参数

实战 制作毕业海报

Step 01 新建文档并置入"青春的回忆.jpg"素材图片，调整至合适的大小。将素材图层命名为"图片"，如下图所示。

置入素材图片

Step 02 执行"滤镜>像素化>彩块化"命令，效果如下图所示。

彩块化效果

Step 03 使用横排文字工具在画面的上方输入文字，设置文字的字体格式，右击文字图层，选择"栅格化文字"命令，如下图所示。

输入文字

设置晶格化参数

Step 04 选中"字体"图层,执行"选择>载入选区"命令,在打开对话框中单击"确定"按钮。选择渐变工具,单击渐变颜色条,打开"渐变编辑器"对话框,设置颜色从#126353到#111e55渐变,如下图所示。

Step 07 设置完成后单击"确定"按钮,查看为文字设置晶格化的效果,如下图所示。

设置渐变颜色

查看晶格化效果

Step 05 使用设置好的渐变颜色对选区进行填充,按Ctrl+D组合键取消选区,效果如下图所示。

Step 08 添加其他文字,并设置字体效果,如下图所示。

设置渐变文字

Step 06 执行"滤镜>像素化>晶格化"命令,在打开的"晶格化"对话框中进行相应的参数设置,如下图所示。

添加其他文字

Step 09 使用标点符号和其他元素进行点缀,查看最终效果,如下图所示。

查看最终效果

7.5.7 马赛克效果

"马赛克"滤镜可以将图像分解成许多规则的小方块，实现图像的网格化，每个网格中的像素均使用本网格内的平均颜色填充，从而创建马赛克效果。下面介绍使用"马赛克"滤镜的方法。

打开图像文件，执行"滤镜>像素化>马赛克"命令。

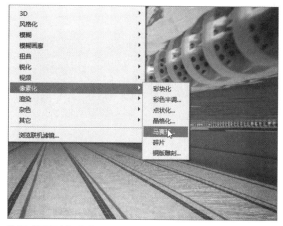

执行"马赛克"命令

弹出"马赛克"对话框，在"单元格大小"数值框中设置图像马赛克的大小，然后单击"确定"按钮，即可完成为图像应用"马赛克"滤镜的操作。

设置马赛克参数

实战 制作马赛克效果的海报

Step 01 置入"火烧云.jpg"素材图片并调整至合适的大小，将素材图层命名为"图片"并右击，执行"栅格化图层"命令，如下图所示。

置入素材图片

Step 02 按Ctrl+J组合键复制两次"图片"图层，得到"图片 拷贝"和"图层 拷贝2"图层，选中"图层 拷贝2"图层，按Ctrl+T组合键，在属性栏中设置水平倾斜值为-45度，效果如下图所示。

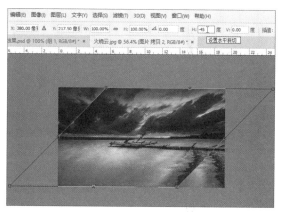

倾斜图层

Step 03 按Enter键确认后，执行"滤镜>像素化>马赛克"命令，在打开的"马赛克"对话框中设置单元格大小值为101方形，如下图所示。

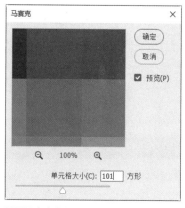

设置马赛克参数

Step 04 设置完成后单击"确定"按钮，查看效果，如下图所示。

查看设置马赛克的效果

Step 05 按Ctrl+T组合键，在属性栏中设置水平倾斜值为45度，调整该图层的不透明度为50%，效果如下图所示。

设置图层不透明度

Step 06 选中"图层 拷贝"图层，按Ctrl+T组合键，在属性栏中设置水平倾斜值为45度，按Ctrl+Alt+F组合键重复刚才设置的"马赛克"参数，按Ctrl+T组合键，再次设置水平倾斜值为-45度，效果如下图所示。

查看设置效果

Step 07 此时两个图层的马赛克有点不齐，适当进行左右移动对齐操作。选中"图片"图层，按Ctrl+Alt+F组合键重复刚才设置的"马赛克"参数，调整下边缘效果，如下图所示。

为"图片"图层应用马赛克效果

Step 08 设置完成后搭配使用一些文字，查看最终效果，如下图所示。

查看最终效果

7.6 "渲染"与"艺术效果"滤镜组

使用"渲染"滤镜组中的滤镜，可以创建3D图形、云彩图案、折射图案和模拟反光等效果；使用"艺术效果"滤镜组中的滤镜，可以对图像进行艺术化处理。

7.6.1 分层云彩效果

"分层云彩"滤镜可将云彩数据与像素混合，创建类似大理石纹理的图案。下面介绍使用"分层云彩"滤镜的方法。

打开图像文件，执行"滤镜>渲染>分层云彩"命令。

执行"分层云彩"命令

执行"分层云彩"命令后，即可完成使用"分层云彩"滤镜的操作，可见图像产生大理石状纹理的效果。

应用"分层云彩"滤镜的效果

7.6.2　镜头光晕效果

"镜头光晕"滤镜通过使用不同类型的镜头，为图像添加模拟镜头产生的眩光效果，这是摄影技术中一种典型的光晕效果处理方法。下面介绍使用"镜头光晕"滤镜的方法。

打开图像文件，执行"滤镜>渲染>镜头光晕"命令。

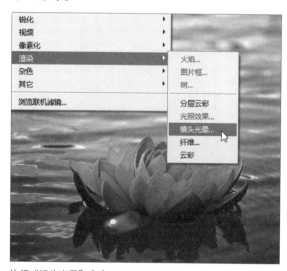

执行"镜头光晕"命令

弹出"镜头光晕"对话框，在"镜头类型"选项区域中，选中"50-300毫米变焦"单选按钮，在"亮度"数值框中设置光晕的扩散亮度值，在"预览"区域指定镜头光晕的位置，然后单击"确定"按钮，即可完成为图像应用"镜头光晕"滤镜的操作。

设置镜头光晕参数

> **提示："镜头光晕"对话框中参数的含义**
>
> 在"镜头光晕"对话框中，"亮度"数值框用于设置折射效果的程度，"镜头类型"选项区域用于设置镜头的种类。

7.6.3　粗糙蜡笔效果

"粗糙蜡笔"滤镜可以在带有纹理的图像上使用粉笔进行描边，在亮色区域描边后粉笔会很厚。下面介绍使用"粗糙蜡笔"滤镜的方法。

打开图像文件，执行"滤镜>滤镜库"命令，在"艺术效果"区域中选择"粗糙蜡笔"选项。

"粗糙蜡笔"对话框

弹出"粗糙蜡笔"对话框，在"描边长度"、"描边细节"数值框中输入合适的数值后，在"纹理"下拉列表框中选择相应的纹理选项，在"缩放"、"凸现"数值框中输入数值，然后单击"确定"按钮，即可完成为图像应用"粗糙蜡笔"滤镜的操作。

设置粗糙蜡笔参数

7.6.4 海报边缘效果

"海报边缘"滤镜可以按照设置的参数自动跟踪图像中颜色变化剧烈的区域，在边界上填入黑色阴影，大而宽的区域有简单的阴影，而细小的深色细节遍布图像，使图像产生海报效果。使用该滤镜可以制作具有招贴画边缘效果的图像。下面介绍使用"海报边缘"滤镜的方法。

打开图像文件，执行"滤镜>滤镜库"命令，在"艺术效果"区域中选择"海报边缘"滤镜。

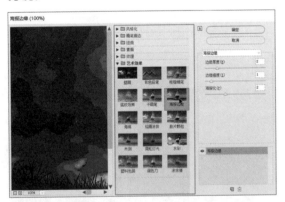

"海报边缘"对话框

弹出"海报边缘"对话框，在"边缘厚度"数值框中设置厚度值，在"边缘强度"数值框中设置边缘强度值，然后在"海报化"数值框中输入合适数值，单击"确定"按钮，即可完成为图像应用"海报边缘"滤镜的操作。

海报边缘效果设置

> **提示："海报边缘"对话框中各参数的含义**
>
> 在"海报边缘"对话框中，"边缘厚度"数值框的值越大，边缘越宽，镶边效果越明显；"边缘强度"数值框的值代表边缘与邻近像素的对比强度，值越大，对比强度越强烈；"海报化"数值框中的值代表色调分离与减化后原色信息的保留程度，值越大，原图像色值信息保留越多，图像的原色细节就保留得越好。

实战 应用"海报边缘"滤镜制作人像海报效果 ➡

Step 01 创建一个新文档，新建图层，选择渐变工具，设置颜色从#118da8到#0adaff渐变，并为图层填充渐变色，如下图所示。

设置渐变图层

Step 02 新建图层，将图层命名为"分层云彩"，填充颜色为#ffffff，执行"滤镜>渲染>分层云彩"命令，效果如下图所示。

查看应用"分层云彩"滤镜的效果

Step 03 将该图层的混合模式设置为"滤色",效果如下图所示。

设置图层混合模式

Step 04 置入"拿花的美女.jpg"素材图像,并调整至合适的大小,将图层命名为"图片"并右击,执行"栅格化图层"命令,如下图所示。

置入素材图像

Step 05 执行"滤镜>滤镜库"命令,在"艺术效果"区域中选择"海报边缘"选项,然后设置相应的参数,如下图所示。

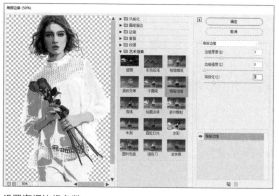

设置海报边缘参数

Step 06 选中"分层云彩"图层,按Ctrl+Alt+F组合键,重复刚才设置的"海报边缘"参数,效果如下图所示。

为"分层云彩"图层应用"海报边缘"滤镜

Step 07 按Ctrl+J组合键复制"图片"图层,得到"图片 拷贝"图层,为"图片 拷贝"图层添加"渐变映射"效果,设置颜色从#ffff00到#ff6d00渐变,把"图片"图层移动到"图片 拷贝"图层的上方,如下图所示。

添加渐变映射效果

Step 08 设置完成后搭配使用一些形状,查看最终效果,如下图所示。

查看最终效果

7.6.5 木刻效果

"木刻"滤镜可模拟图像从彩纸上剪下时，图像边缘比较粗糙的剪纸片组成的艺术效果。如果图像的对比度比较高，则图像看起来为剪影状。下面介绍使用"木刻"滤镜的方法。

打开图像文件，执行"滤镜>滤镜库"命令，在"艺术效果"区域中选择"木刻"滤镜。

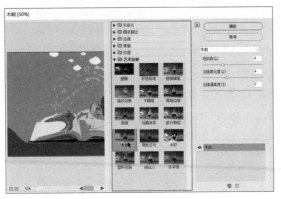

"木刻"对话框

弹出"木刻"对话框，在"色阶数"数值框中设置图像的色阶数量，在"边缘简化度"数值框中设置图像边缘简化的数值，在"边缘逼真度"数值框中设置图像边缘逼真度的数值，然后单击"确定"按钮，即可完成为图像应用"木刻"滤镜的操作。

设置木刻参数

▌ 提示："木刻"对话框中各参数的含义

在"木刻"对话框中，"色阶数"数值框中的值越大，表现的图像颜色越多，显示的效果越细腻；"边缘简化度"数值框用于设置线条的范围；"边缘逼真度"数值框用于设置线条的准确度。

7.6.6 调色刀效果

"调色刀"滤镜可以通过减少图像的细节，从而生成描绘很淡的画面效果。下面介绍使用"调色刀"滤镜的方法。

打开图像文件，执行"滤镜>滤镜库"命令，在"艺术效果"选项区域中选择"调色刀"滤镜。

"调色刀"对话框

弹出"调色刀"对话框，在"描边大小"数值框中设置图像描边的数值，在"描边细节"数值框中设置图像描边细节的数值，在"软化度"数值框中设置图像软化度的数值。然后单击"确定"按钮，即可完成对图像应用"调色刀"滤镜的操作。

设置调色刀参数

▌ 提示："调色刀"对话框中各参数的含义

在"调色刀"对话框中，"描边大小"数值框中的值越小，图像的轮廓显示越清晰；"描边细节"数值框中的值越大，图像越细致；"软化度"数值框中的值越大，图像的边线越模糊。

实战 应用"调色刀"滤镜设置图像效果 ————

Step 01 新建文档并置入"背景素材.jpg"素材图片，调整至合适的大小，将素材图层命名为"图片"，如下图所示。

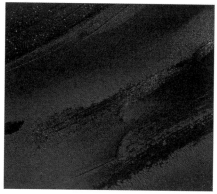

置入背景素材

Step 02 执行"滤镜>滤镜库"命令，在打开对话框的"艺术效果"区域选择"粗糙蜡笔"选项，并设置相关参数，如下图所示。

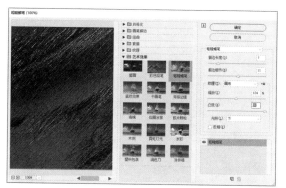

设置粗糙蜡笔参数

Step 03 置入"人物.jpg"素材图片并调整至合适的大小，将该图层命名为"人物"并右击，执行"栅格化图层"命令，如下图所示。

置入人物素材

Step 04 复制"人物"图层，得到"人物 拷贝"图层，选中"人物"图层，执行"滤镜>滤镜库"命令，在"艺术效果"区域中选择"粗糙蜡笔"选项，设置相关参数，如下图所示。

设置粗糙蜡笔的参数

Step 05 选中"人物 拷贝"图层，执行"滤镜>滤镜库"命令，在"艺术效果"区域选择"调色刀"选项，设置相关参数，如下图所示。

设置调色刀参数

Step 06 选中"人物 拷贝"图层，设置该图层的混合模式为"柔光"，如下图所示。

设置图层的混合模式

Step 07 为"人物"和"人物 拷贝"图层添加相同的"投影"图层样式，如下图所示。

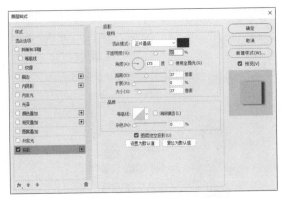

添加"投影"图层样式

Step 08 设置完成后，输入一些文字来搭配画面效果，最终效果如下图所示。

查看最终效果

7.7 "杂色"与"其他"滤镜组

在Photoshop中，使用"杂色"滤镜组中的滤镜，可以创建与众不同的纹理，去除有问题的区域；使用"其他"滤镜组中的滤镜，可以进行修改蒙版和快速调节颜色等操作。

7.7.1 蒙尘与划痕效果

"蒙尘与划痕"滤镜是通过更改不同像素来减少杂色，达到除尘和涂抹的效果，适用于处理扫描图像中的蒙尘和划痕，该滤镜对去除图象中的杂点与折痕最为有效。下面介绍使用"蒙尘与划痕"滤镜的方法。

打开图像文件，执行"滤镜>杂色>蒙尘与划痕"命令。

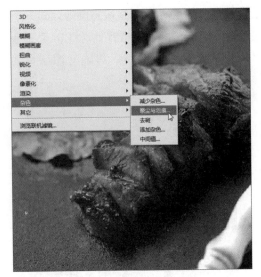

执行"蒙尘与划痕"命令

弹出"蒙尘与划痕"对话框，在"半径"数值框中设置半径的值，在"阈值"数值框中设置阈值的数值，然后单击"确定"按钮，即可完成为图像应用"蒙尘与划痕"滤镜的操作。

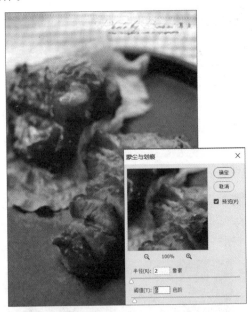

设置蒙尘与划痕参数

7.7.2 添加杂色效果

"添加杂色"滤镜通过将随机的像素应用到图像中，模拟出在调整胶片上拍照的效果。下面介绍使用"蒙尘与划痕"滤镜的方法。

打开图像文件，执行"滤镜>杂色>添加杂色"命令。

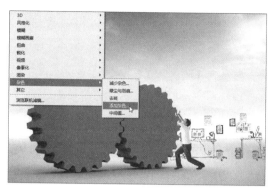

执行"添加杂色"命令

弹出"添加杂色"对话框,在"数据"数值框中设置杂色的数值,选中"平均分布"单选按钮,然后单击"确定"按钮,即可完成为图像应用"添加杂色"滤镜的操作。

应用添加杂色滤镜的效果

7.7.3 中间值效果

"中间值"滤镜通过混合选区中像素的亮度值来减少图像的杂色,可以自动查找亮度接近的像素;也是一种用于去除杂点的滤镜,可以减少图像中杂色的干扰。下面介绍使用"中间值"滤镜的方法。

打开图像文件,执行"滤镜>杂色>中间值"命令。

执行"中间值"命令

弹出"中间值"对话框,在"半径"数值框中输入中间值的半径值,然后单击"确定"按钮,即可完成为图像应用"中间值"滤镜的操作。

设置中间值参数

7.7.4 高反差保留效果

"高反差保留"滤镜可以在有强烈变化的颜色转变发生的地方按指定的半径保留边缘细节,并且不显示图像的其余部分,设置的半径越高,保留的像素越多。下面介绍使用"高反差保留"滤镜的方法。

打开图像文件,执行"滤镜>其他>高反差保留"命令。

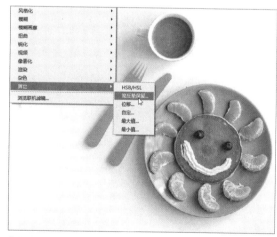

执行"高反差保留"命令

弹出"高反差保留"对话框,在"半径"数值框中设置高反差保留的半径值,然后单击"确定"按钮,即可完成为图像应用"高反差保留"滤镜的操作。

设置高反差保留参数

提示：预览"高反差保留"效果

在"高反差保留"对话框中，勾选"预览"复选框，用户可以查看高反差保留滤镜的设置效果。

7.7.5 最小值效果

"最小值"滤镜可使用周围像素最低的亮度值替换当前像素。下面介绍使用"最小值"滤镜的方法。

打开图像文件，执行"滤镜>其他>最小值"命令。

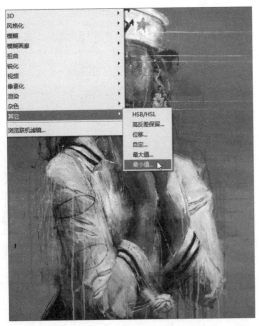

执行"最小值"命令

弹出"最小值"对话框，在"半径"数值框中设置图像最小值的半径，然后单击"确定"按钮，即可完成为图像应用"最小值"滤镜的操作。

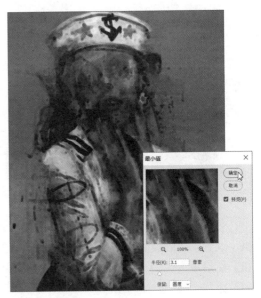

设置最小值参数

提示："最小值"滤镜的作用

在photoshop中，"最小值"滤镜的效果与"最大值"滤镜的效果相反，其主要作用是加深亮区的边缘像素，将图像中的暗区放大，消减亮区。

实战 制作手绘图像效果

Step 01 打开"模特近照.jpg"素材图片，将"背景"图层转换为普通图层并命名为"人物"，效果如下图所示。

打开素材图像

Step 02 选中"人物"图层，按Ctrl+J组合键复制图层，得到"人物 拷贝"图层。选中"人物 拷贝"图层，按Ctrl+I组合键，执行"反相"命令，如下图所示。

执行反相操作

Step 03 调整"人物 拷贝"图层的混合模式为"颜色减淡",效果如下图所示。

设置图层混合模式

Step 04 执行"滤镜>其他>最小值"命令,在打开的"最小值"对话框中进行相应的参数设置,如下图所示。

"最小值"对话框

Step 05 选中"人物 拷贝"图层,执行"滤镜>杂色>蒙尘与划痕"命令,在打开的"蒙尘与划痕"对话框中进行相应的参数设置,如下图所示。

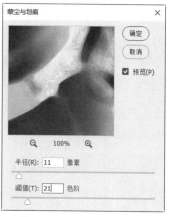

设置蒙尘与划痕的参数

Step 06 单击"确定"按钮,查看应用"最小值"和"蒙尘与划痕"滤镜的效果,如下图所示。

查看应用滤镜的效果

Step 07 适当调整图像"亮度/对比度"参数,使图像的亮度提高,最终效果如下图所示。

查看最终效果

制作绿叶招贴海报

本章主要对Photoshop CC中各滤镜的应用进行详细介绍,下面将利用所学的知识制作绿叶招贴海报。本案例主要应用"喷溅"、"颗粒"、"海报边缘"、"粗糙蜡笔"和"高斯模糊"等滤镜,具体操作步骤如下。

Step 01 首先按Ctrl+N组合键,创建名为"招贴海报"的新文档,如下图所示。

新建文档

Step 02 新建图层,选择渐变工具,单击属性栏中的渐变颜色条,在打开的对话框中设置颜色从#022d30到#030b11的渐变,如下图所示。

设置渐变颜色

Step 03 单击属性栏中的"径向渐变"按钮,从文档中间向下拉出渐变效果,如下图所示。

创建渐变效果

Step 04 置入"深色树叶背景.jpg"素材,调整图片至合适的大小,将图层命名为"底图"并进行栅格化图层操作,设置图层不透明度为70%,如下图所示。

置入素材图像

Step 05 选中"底图"图层,执行"滤镜>滤镜库"命令,在"画笔描边"选项区域中选择"喷溅"滤镜,在打开的"喷溅"对话框中,设置"喷色半径"为3、"平滑度"为5,单击"确定"按钮,如下图所示。

设置喷溅参数

Step 06 执行"滤镜>滤镜库"命令,在"纹理"区域中选择"颗粒"选项,然后设置相应的参数,如下图所示。

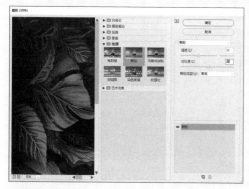

设置颗粒的参数

Step 07 置入"蝴蝶在花层中.jpg"素材，调整图片至合适的大小，将图层命名为"花朵"并进行栅格化图层操作。使用魔棒工具选择中白色背景，按Delete键执行删除操作，效果如下图所示。

置入素材并删除背景

Step 08 选中"花朵"图层，执行"滤镜>滤镜库"命令，在"艺术效果"选项区域中选择"海报边缘"滤镜，然后设置相应的参数，如下图所示。

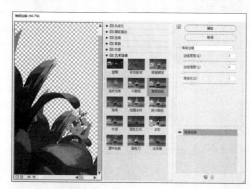

设置海报边缘参数

Step 09 执行"滤镜>滤镜库"命令，在"艺术效果"选项区域中选择"粗糙蜡笔"滤镜，然后设置相应的参数，如下图所示。

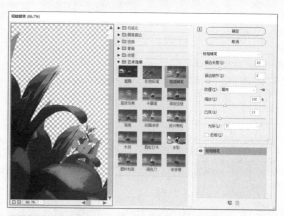

设置粗糙蜡笔参数

Step 10 选择矩形工具，在画面中绘制矩形。执行"滤镜>模糊>高斯模糊"命令，在打开的"高斯模糊"对话框中进行相应的参数设置，如下图所示。

绘制矩形并设置高斯模糊参数

Step 11 选择矩形选框工具，在画面中绘制选区。选择渐变工具，颜色设置从#227d70到#3275b3渐变，设置方向为"线性渐变"。执行"滤镜>像素化>晶格化"命令，在打开的"晶格化"对话框中进行相应的参数设置，如下图所示。

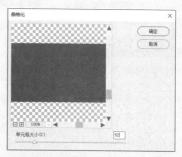

设置晶格化参数

Step 12 选中"底图"图层，按Ctrl+J组合键复制"底图"图层，得到"底图 拷贝"图层。执行"滤镜>扭曲>波浪"命令，在打开的"波浪"对话框中进行相应的参数设置，如下图所示。

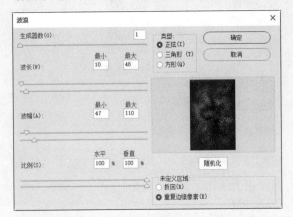

设置波浪参数

Step 13 复制"底图 拷贝"图层，得到"底图 拷贝2"图层，使用横排文字工具在画面中输入文字。按住Ctrl单击矩形图层，使矩形载入选区，为"底图 拷贝"和"底图 拷贝2"图层添加图层蒙版。将"底图 拷贝"图层和"底图 拷贝2"分别置于文字图层上方，按住Alt键单击文字图层建立剪切蒙版，效果如下图所示。

输入文字并创建剪贴蒙版

Step 14 复制"底图"图层，得到"底图 拷贝3"图层，选中复制的图层，执行"滤镜>扭曲>波纹"命令，在打开的"波纹"对话框中进行相应的参数设置，如下图所示。

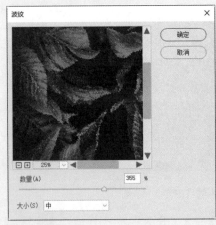

设置波纹参数

Step 15 使用横排文字工具，在画面中输入文字，并创建新组，将新组命名为"文字组"，将"底图 拷贝3"图层置于文字组上方。按住Alt键单击文字组。建立剪贴蒙版，将如下图所示。

为图层编组并创建剪贴蒙版

Step 16 设置完成后再添加一些文字元素，最终效果如下图所示。

查看最终效果

Chapter 08 矢量工具与路径的应用

Photoshop是一个以编辑和处理位图图像为主的图像处理软件，但为了平面设计应用的需要，也包含了一定的矢量图形处理功能，以此来协助位图图像的设置。路径是Photoshop矢量设计功能的充分体现，用户可以利用路径功能绘制线条或曲线，并对绘制后的线条进行填充和描边，从而完成一些绘图工具所不能完成的效果。

本章主要介绍了路径的绘制、路径的编辑、路径与选区的转换以及使用形状工具绘制路径等操作。矢量工具与路径在图片处理后期与图像合成中的使用非常频繁，希望读者能认真学习，加强对本章知识的掌握。

8.1 绘制路径

路径是由多个锚点组成的矢量线条，它并不是图像中真实的像素，而只是一种绘图的依据。利用Photoshop所提供的路径创建及编辑工具，可以创建出各种形态的路径。针对不规则的路径，需要使用钢笔工具和自由钢笔工具进行编辑，下面对这两种工具的应用进行介绍。

8.1.1 钢笔工具

钢笔工具是建立路径最基本、最常用的工具，使用该工具可以绘制任意形状的直线或曲线路径。在工具箱中选择钢笔工具即可在属性栏中设置相关参数。

下面对钢笔工具属性栏中的各项参数的含义进行介绍。

钢笔工具属性栏

- **绘图方式按钮** 路径 ÷：单击该按钮，在弹出的列表中包括"图形"、"路径"和"像素"3个选项。
- **建立按钮组** 建立：选区… 蒙版 形状：该按钮组中集合了路径的转换方式，以便在绘制路径的过程中可以快速进行切换。
- **按钮选项组**：单击该选项组中的按钮，可以对路径的操作、对齐和排列方式进行设置。
- **自动添加/删除**：勾选该复选框后，将光标移动到路径上，当其变为形状时，单击即可添加一个锚点；将光标移动到一个锚点上，当其变为形状时，单击即可删除该锚点。

实战 使用钢笔工具绘制路径

Step 01 打开"荷花.jpg"图像文件，按Ctrl+ +组合键放大图像。选择工具箱中的钢笔工具，在荷花花瓣处单击，创建路径起点，如下图所示。

打开图像并绘制路径起点

Step 02 创建路径起点后，图像会出现一个节点，沿着需要创建路径的花瓣轮廓方向单击，按住鼠标左键不放并向外拖动，此时将出现节点控制手柄，通过拖动鼠标使路径的弧度与花瓣轮廓弧度一致，如下图所示。

拖动绘制路径节点

Step 03 继续沿图像边缘单击并拖动鼠标绘制路径，直到光标与创建的路径起点相连接，在起点处单击形成闭合的路径，如下图所示。

绘制闭合路径

Step 04 闭合路径后，按Ctrl+Enter组合键，将路径转换为选区，如下图所示。

将路径转换为选区

Step 05 按Ctrl+J组合键，复制花瓣，将其移动到图片左侧并调整至合适大小，制造画面的层次感，最终效果如下图所示。

查看最终效果

8.1.2　自由钢笔工具

使用自由钢笔工具可以绘制比较随意的路径、形状和像素，就像用铅笔在纸上绘图一样。自由钢笔工具类似于套索工具，不同的是套索工具绘制得到的是选区，自由钢笔工具绘制得到的是路径。

使用自由钢笔工具绘制路径的方法比较简单，选择工具箱中的自由钢笔工具 ，在需要创建路径的位置单击并拖动鼠标，沿图像边缘绘制路径。当绘制路径终点与起点重合时，光标位置会发生变化，单击即可绘制出闭合的路径。

绘制路径

闭合路径

自由钢笔工具的属性栏与钢笔工具属性栏大致相同，不同的是"自动添加/删除"复选框更换为"磁性的"复选框。勾选该复选框，可转换为磁性钢笔工具，在图像中单击并拖动鼠标，会随光标的移动自动识别相同或相似的边缘产生一系列的锚点，此时创建的路径会自动吸附到图像的轮廓边缘。

自由钢笔属性栏

绘制路径

闭合路径

8.2 选择路径

在Photoshop中绘制路径后，如果需要对路径进行编辑，首先要掌握选择路径的方法。用户可以使用选择路径工具和直接选择路径工具进行路径的选择，下面分别对其使用方法进行介绍。

8.2.1 路径选择工具

路径选择工具可以选择整个路径和移动路径。使用该工具比较简单，在图像上绘制路径后，选择路径选择工具 ▶，在绘制的路径上单击，被选中的路径会以实心点的方式显示各个锚点，此时拖动鼠标即可对路径进行移动。在拖动鼠标的同时按住Alt键，即可复制得到一个相同的路径。按住Shift键同时在不同路径中单击，可同时选择多个路径。

选择路径

移动后的路径

复制路径

同时选中两个路径

8.2.2　直接选择工具

直接选择工具可以选择路径锚点或改变路径的形状。使用该工具选择路径时，被选中的路径会以空心点的方式显示各个锚点。

路径是由锚点和连接锚点的线段和曲线构成，每个锚点包含了两个控制手柄。在创建路径后，这些锚点和控制手柄被隐藏，并不能直接看到。若要在路径上清楚地显示出锚点及其控制手柄，可以使用直接选择工具来选择路径中的锚点，还可以通过拖动这些锚点来改变路径形状。

实战 直接选择工具的应用

Step 01　打开"树木.jpg"图像文件，选择工具箱中的自由钢笔工具 ，沿树木的轮廓将树木绘制出来，如下图所示。

绘制路径

Step 02　使用直接选择工具 在路径上单击，即可显示锚点和部分锚点的控制手柄，如下图所示。

显示锚点和控制手柄

Step 03　在图像中任意锚点的控制手柄上单击并拖动控制手柄，即可改变路径的形状，如下图所示。

拖动控制手柄改变路径

8.3　编辑路径

路径不符合要求，比如路径框选的范围不准备、路径位置不适合等，这就需要对路径进行进一步地调整和编辑。

路径的编辑操作包括对路径的选择、移动、复制、添加、删除、转换、描边以及填充等，这些操作是路径各种功能得以实现的重要保障。

8.3.1　选择或移动路径和锚点

利用路径选择工具和直接选择工具单击路径或框选路径，即可执行选择和移动操作。在介绍选择路径时，已经对路径的选择和移动方法进行了讲解，这里不再赘述。

8.3.2　添加锚点与删除锚点

路径创建完成后，用户可以使用添加锚点工具 或删除锚点工具 在原路径上添加或删除锚点，以改变路径中锚点的密度和路径的形状。

实战 编辑图像中的路径

Step 01　打开"心形树木.jpg"图像文件，选择工具箱中的自由钢笔工具 ，在图像中绘制出心形树木路径，如下图所示。

绘制路径

Step 02 选择添加锚点工具 ，将光标移动到心形树木的树干部分，当光标变为 形状时单击，即可添加一个锚点，如下图所示。

单击添加锚点

Step 03 向下拖动该锚点，即可改变路径的形状，如下图所示。

拖动锚点改变路径的形状

Step 04 选择工具箱中的删除锚点工具 ，将光标移动到树叶部分，当其变为 形状时单击，即可删除该锚点，如下图所示。

单击删除锚点

Step 05 删除部分锚点后会发现不平滑的路径变得更加平滑，如下图所示。

查看删除部分锚点后的路径效果

8.3.3 转换锚点的类型

　　锚点共有两种类型，分别为直线锚点和曲线锚点，在实际工作中经常需要在两种锚点之间进行转换。使用转换点工具，可以将路径锚点在尖角和平滑之间进行转换。

　　创建路径并使用直接选择工具显示路径锚点的控制手柄后，选择转换点工具 ，默认情况下，锚点都处于平滑状态。在需要转换为尖角的锚点上单击，即可将该锚点转换为尖角。转换为尖角后，还可在锚点上按住鼠标左键进行拖动，此时会出现锚点的控制手柄，拖动控制手柄即可调整曲线的形状。

原路径效果

将平滑转换为尖角后的路径效果

8.3.4　保存工作路径

在Photoshop中，首次绘制的路径默认为工作路径，若将工作路径转换为选区并填充后，再次绘制的路径就会自动覆盖前面绘制的路径，此时可以对工作路径执行保存操作，以便下次直接调用。

保存路径的方法十分简单，在"路径"面板中单击右上角的扩展按钮 ，在打开的列表中选择"存储路径"选项。弹出"存储路径"对话框，在"名称"文本框中设置新的路径名称后单击"确定"按钮，即可保存路径。此时保存的路径可以在"路径"面板中看到。

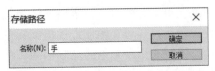

"存储路径"对话框

工作路径

存储后的路径

8.3.5　变换路径

对路径的编辑也可以通过变换路径实现。使用路径选择工具选中一条或者整个路径，然后选择"编辑>变换路径"命令中的菜单选项或者执行"编辑>自由变换路径"命令，即可对一个或整个路径进行变换。

原路径

变换后的路径

8.3.6　复制路径

复制路径有两种形式，一种是在同一个路径层中进行复制，另一种是复制带有相同路径的路径层。下面分别对这两种形式进行介绍。

❶ 在同一层中复制路径

在"路径"面板中选择一个路径，并在图像中选择需要复制的路径，按住Alt键，此时光标变为 形状，拖动路径即可复制得到新的路径。

原"路径"面板

复制后的"路径"面板

原路径

复制后的路径

❷ 复制路径层

复制路径层有两种方法，一种是单击"路径"面板的扩展按钮，在打开的扩展菜单中选择"复制路径"选项，在"复制路径"对话框中输入路径名称后单击"确定"按钮，即可复制出路径层。另一种是选择需要复制的路径层，将其拖动到"创建新路径"按钮上，此时得到的路径层名称默认为当前路径名称的副本，而图像中的路径个数则没有变化。

选择"复制路径"选项

"复制路径"对话框

原"路径"面板

复制后的"路径"面板

原路径

复制后的路径效果

8.3.7 描边路径

描边是在图像或物体边缘添加一层边框，而描边路径指的是沿绘制的或已存在的路径边缘添加线条效果。线条可以通过画笔工具、铅笔工具、橡皮擦工具和图章工具得到。

实战 为图像添加黄色描边笑脸效果

Step 01 打开"夕阳下的剪影.jpg"图像文件，选择工具箱中的钢笔工具，在图像中单击并拖动绘制路径，如下图所示。

绘制路径

Step 02 使用路径选择工具 ，选中所绘制的路径，按住Alt键的同时拖动复制出的新路径。然后按Ctrl+T组合键缩小路径并调整其位置，根据相同的方法复制并缩小路径，如下图所示。

复制路径

Step 03 选择工具箱中的画笔工具 ，在属性栏中设置画笔样式为"柔边圆压力大小"，并调整其大小、硬度，同时设置画笔颜色为#fae007，如下图所示。

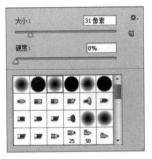

设置画笔选项

Step 04 在"路径"面板中单击 按钮，在打开的列表中选择"描边路径"选项，弹出"描边路径"对话框，设置"工具"为"画笔"，并勾选"模拟压力"复选框，完成后单击"确定"，如下图所示。

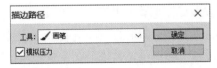

"描边路径"对话框

Step 05 设置完描边路径后，按Ctrl+H组合键隐藏路径，可以在图像中看到黄色描边后的效果，如下图所示。

隐藏路径

8.3.8 填充路径

应用"填充路径"命令可以为路径填充前景色、背景色或其他颜色，同时还可以快速为图像填充图案。

实战 应用"填充路径"功能创建图形

Step 01 打开"正在思考的女孩.jpg"图像文件，选择工具箱中的钢笔工具 ，在图像中单击并拖动绘制路径，如下图所示。

绘制路径

Step 02 在"路径"面板中单击 按钮，在弹出的列表中选择"填充路径"选项，弹出"填充路径"对话框，设置内容为"颜色"，设置颜色为#000000，如下图所示。

填充路径

Step 03 单击"确定"按钮，按Ctrl+H组合键隐藏路径，可以在图像中看到填充后的效果，如下图所示。

查看填充路径的效果

8.4 路径与选区的转换

路径与选区之间的转换可通过快捷键完成，也可以通过"路径"面板中的相关按钮来完成。

8.4.1 从路径建立选区

将路径转换为选区的方法很简单，在图像中绘制选区后，按Ctrl+Enter组合键或单击"路径"面板的"将路径作为选区载入"按钮▒，即可将路径转换为选区。

原路径

转化为选区

8.4.2 从选区建立路径

所有的选区都可以转化为路径，选区换化为路径后，可以执行保存操作，以后使用时可以再次转换为选区。用户还可以精确调整选区中不满意的地方，但是转化后原选区中的羽化效果将会丢失。

实战 从选区转换到路径功能的应用

Step 01 打开"福字.jpg"图像文件，选择工具箱中的快速选择工具▩，将"福"字框选出来，如下图所示。

建立选区

Step 02 在"路径"面板中单击▤按钮，在打开的列表中选择"建立工作路径"选项，在对话框中设置容差为2.0像素，如下图所示。

建立工作路径

Step 03 单击"确定"按钮，选区将转换为路径，如下图所示。

转换为路径的效果

对应的"路径"面积

8.5 使用形状工具绘制路径

使用形状工具可以方便地绘制并调整图形的形状，从而创建出多种规则或不规则的形状或路径。形状工具包括矩形工具、圆角矩形工具、椭圆工具、多边形工具、直线工具以及自定义形状工具等，下面分别对其进行介绍。

8.5.1 矩形工具

使用矩形工具可在图像窗口中绘制任意的正方形或具有固定长宽的矩形形状。在属性栏中设置模式为"形状" 形状 ，即可在图像中拖动绘制矩形形状；设置模式为"路径" 路径 ，绘制的则为矩形路径；设置模式为"像素" 像素 ，即可在图像中绘制以前景色填充的矩形形状。

实战 使用矩形工具为图像添加边框

Step 01 打开"猫头鹰.jpg"图像文件，选择工具箱中的矩形工具，在属性栏中设置模式为"形状"，将描边颜色设置为白色、描边宽度为19.27点、无填充，如下图所示。

打开素材图像

Step 02 然后在图像中绘制一个比素材图片稍大点的矩形，即可为照片设置边框效果，如下图所示。

最终效果图

8.5.2 圆角矩形工具

使用圆角矩形工具可以绘制带有一定圆角弧度的矩形。圆角矩形工具的绘制和使用方法和矩形工具基本相同，不同的是使用圆角矩形工具时，属性栏中会出现"半径"数值框，输入的数值越大，圆角的弧度也越大。

半径为10像素的效果

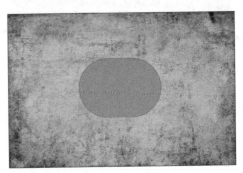

半径为300像素的效果

8.5.3 椭圆工具

使用椭圆工具可以绘制椭圆形状，若按住Shift键的同时拖动绘制，得到的是正圆形状，并且可以设置形状的填充效果。

实战 为图片添加雨滴效果

Step 01 打开"橱窗.jpg"图像文件，选择工具箱中的椭圆工具，如下图所示。

打开图片文件

Step 02 设置前景色为#c5e9e5，在属性栏中设置类型为"像素"、不透明度为31%，如下图所示。

设置椭圆工具的属性

Step 03 设置完椭圆工具的属性后，在图像中单击并拖动鼠标，绘制出椭圆形状，按住Shift键同时拖动绘制正圆的形状，为图像添加雨滴效果，如下图所示。

最终效果图

8.5.4　多边形工具

使用多边形工具可以绘制出多边形和星形形状，用户只需在属性栏中进行相应的设置即可。选择多边形工具◎，即可切换到相应的属性栏。

"多边形工具"属性栏

在多边形工具属性栏中的"边"数值框中输入需要的边数，即可绘制相应的图形。单击属性栏中的✿按钮，在弹出的面板中勾选相应的复选框，即可设置星形和多边形形状。

| 半径： |
| 平滑拐角 |
| 星形 |
| 缩进边依据： |
| 平滑缩进 |

设置多边形选项

- **半径：** 设置星形或多边形的半径大小
- **平滑拐角：** 勾选该复选框，设置多边形或星形的拐角平滑度。

- **星形：** 勾选该复选框，绘制星形并激活下面的选项。
- **缩进边依据：** 设置内陷拐角的角度大小。
- **平滑缩进：** 勾选该复选框，设置内陷拐角为弧度。

使用多边形工具◎绘制多边形时，设置不同的参数可以绘制出不同的图像效果。

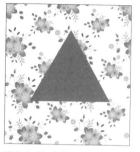

边数为3的效果

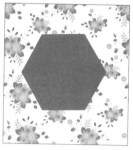

边数为6的效果

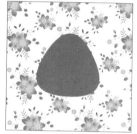

勾选"平滑拐角"复选框的效果　勾选"平滑拐角"复选框的效果

使用多边形工具◎绘制多边形时，通过单击✿按钮，可激活星形的相关设置选项。

边数为5的星形

边数为8的星形

勾选"平滑缩进"复选框的效果

勾选"平滑缩进"复选框的效果

8.5.5 直线工具

使用直线工具可快速绘制出任意角度的直线，在"粗细"数值框中输入数值即可定义直线的宽度。单击属性栏中 ⚙ 按钮，在弹出的面板中勾选相应的复选框可以定义直线的起点和终点，从而使直线的形状更多变。

设置直线选项

- 起点：勾选此复选框，确定绘制直线的起点箭头。
- 终点：勾选此复选框，确定绘制直线的终点箭头。
- 宽度：设置箭头和所绘制直线的比例。
- 长度：设置箭头和直线的距离比例。
- 凹度：设置箭头内陷拐角的大小比例。

在图像上绘制直线

8.5.6 自定义形状工具

Photoshop中自带了很多自定义的形状，使用自定义形状工具 ▨ 可以绘制许多丰富的形状效果。选中自定义形状工具 ▨ 后，单击属性栏中的 ⚙ 按钮，在打开的面板中设置自定义形状选项。

设置自定义形状选项

- 不受约束：选择该单选按钮，可以任意绘制出需要的形状大小。
- 定义的比例：选择该单选按钮，按照默认比例绘制形状。

- 定义的大小：选择该单选按钮，按照默认比例、大小绘制形状。
- 固定大小：选择该单选按钮，固定自定义形状的长宽。
- 从中心：勾选此复选框，在绘制形状时，从中心开始绘制。

实战 在图像上添加小脚丫形状

Step 01 打开"海滩.jpg"图像文件，选择工具箱中的自定义形状工具，打开"拾色器（前景色）"对话框，将前景色设置为# df936f，如下图所示。

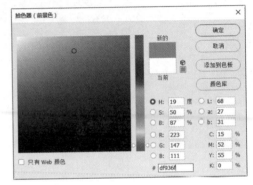

设置前景色

Step 02 选择自定义形状工具，在属性栏中选择左脚形状，如下图所示。

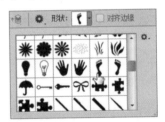

选择自定义形状

Step 03 在图像中单击并拖动绘制形状。然后选择右脚形状，按同样方法进行绘制，如下图所示。

最终效果图

更换产品外壳纹理

学习了Photoshop矢量工具与路径应用的相关知识后，下面以更换产品外壳纹理的操作案例，对所学知识进行巩固。本案例主要使用钢笔工具创建路径并转换为选区，再填充图案，从而制作出替换产品纹理的效果，具体操作方法如下。

Step 01 打开"产品.jpg"素材图片，效果如下图所示。

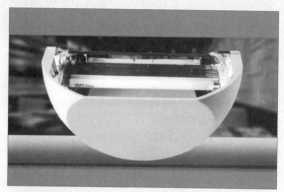

打开素材图像

Step 02 接着打开"背纹.jpg"素材文件，在菜单栏中执行"编辑>定义图案"命令，如下图所示。

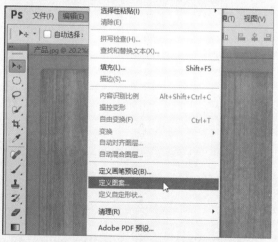

执行"定义图案"命令

Step 03 打开"图案名称"对话框，设置"名称"为"木纹"，单击"确定"按钮，如下图所示。

定义图案名称

Step 04 使用钢笔工具沿着产品外壳绘制路径，按Ctrl+Enter组合键将路径转化成选区，如下图所示。

绘制路径并转换为选区

Step 05 然后执行"选择>存储选区"命令，在打开的"存储选区"对话框中设置新选区的名称，单击"确定"按钮，如下图所示。

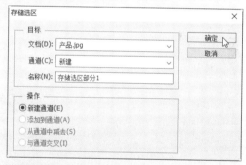

存储第一部分的选区

Step 06 继续使用钢笔工具创建产品白色背景不同颜色部分的选区，然后执行"选择>存储选区"命令将该选区名称设置为"存储选区部分2"，如下图所示。

存储第二部分的选区

Step 07 使用相同的方法分别抠出不同颜色的选区部分，并进行选区的存储，如下图所示。

存储图像中不同颜色部分的选区

Step 08 执行"选择>载入选区"命令，打开"载入选区"对话框，单击"通道"下拉按钮，选择"存储选区部分1"选项，如下图所示。

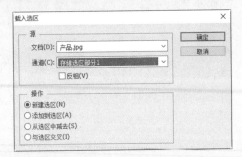

"载入选区"对话框

Step 09 单击"确定"按钮，载入第一部分选区，如下图所示。

载入第一部分选区

Step 10 执行"编辑>填充"命令，打开"填充"对话框，设置"使用"为"图案"、"自定图案"为"木纹"，如下图所示。

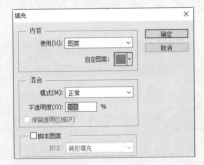

选择填充图案

Step 11 单击"确定"按钮，查看填充效果。同样的方法为其他选区填充图案后，执行"图像>调整>亮度/对比度"命令，设置合适的亮度/对比度参数，单击"确定"按钮，效果如下图所示。

查看设置亮度/对比度后的效果

Step 12 接着根据需要为相关图层添加"投影"图层样式如下图所示。设置混合模式为"正片叠底"、不透明度为75%。

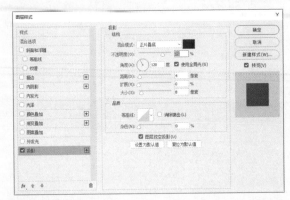

设置"投影"图层样式

Step 13 单击"确定"按钮后，查看最终效果，如下图所示。

查看最终效果

文字是视觉媒体中的重要组成元素，也是信息最主要的传达方式之一，在Photoshop中，文字效果将直接影响作品的视觉传达效果。在图像处理中，文字起着非常重要的说明作用。Photoshop的文字处理功能非常强大，使文字工具可以制作出非常丰富的文字效果。本章主要对文本的输入和选择、文本格式设置以及文本编辑3个方面进行介绍，使读者全面掌握Photoshop的文字编辑技巧。

9.1 文本的输入

文字是另一种形式的艺术语言，在平面设计中除了对内容的表达外，还兼具了设计元素职能。利用文字工具可以在图像文件中输入横排文字、直排文字或段落文字等，也可根据输入的文字创建文字型选区，拓展文字的修饰性功能。

9.1.1 输入横排文字

要输入横排文字，则使用横排文字工具按照传统的输入顺序，从左到右输入水平方向的文字。

首先打开图像文件。

原图像文件

在工具箱中选择横排文字工具 T，在属性栏中设置文字的字体及字号。

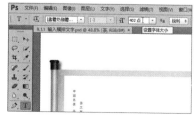

设置文字属性

在图像中需要输入文字的位置单击，直接

输入文字即可。

横排文字的输入效果

9.1.2 输入直排文字

要输入直排文字，则需要使用直排文字工具在图像中输入垂直方向的文字。

打开图像文件。

原图像文件

在工具箱中选择横排文字工具 IT，在属性栏中设置文字的字体及字号。在图像中需要输入文字的位置上单击，直接输入文字即可。

直排文字的输入效果

9.1.3 输入段落文字

段落文字是指以至少一段文字为单位的文字，段落文字的特点是文字较多。在Photoshop中，用户可通过创建文本框的方式来输入文字，以便对文字进行管理和格式设置。

实战 创建所需大小的段落文字 —————●

Step 01 首先打开"美食.jpg"图像文件，效果如下图所示。

打开图像文件

Step 02 选择工具箱中的横排文字工具 T，在属性栏中设置文本的字体和字号，并在图片上按住鼠标左键不放拖出一个矩形文本框，如下图所示。

绘制文本框

Step 03 在文本框插入点后输入文字，当输入的文字到达文本框边缘时则自动换行，若要手动换行可直接按Enter键，如下图所示。

输入段落文字

Step 04 当文字继续添加时，由于绘制的文本框较小，一些输入的文字内容不能完全显示在文本框中，如下图所示。

继续输入文字

Step 05 此时将光标移动到文本框边缘，当光标变为上下箭头形状时拖动文本框，即可调整文本框的大小，如下图所示。

调整文本框大小

Step 06 然后继续输入文字，最终效果如下图所示。

查看输入段落文字并查看效果

9.1.4 输入文字型选区

文字型选区即以文字的边缘为轮廓，形成文字形状的选区。Photoshop提供的蒙版工具可以方便用户创建文字型选区。

文字蒙版工具包括横排文字蒙板工具和直排文字蒙版工具两种，下面主要通过实例来介绍文字蒙版工具的应用。

实战 创建渐变文字

Step 01 首先打开"背影.jpg"图像文件，如下图所示。

打开图像文件

Step 02 选择工具箱中的直排文字蒙版工具 ，在属性栏中分别设置文本的字体和字号，在图像中单击定位文本插入点，此时图形被半透明红色覆盖，呈现蒙版的状态，如下图所示。

定位文本插入点

Step 03 在文本插入点后输入文字，此时文字显示与蒙版编辑状态下相反的颜色，便于用户快速对输入的文字进行查看，如下图所示。

输入文字

Step 04 文字输入完成后，选择移动工具退出蒙板状态，此时可以看到图像中输入的文字自动转换为选区，如下图所示。

创建文字选区

Step 05 在工具箱中选择渐变工具▉，在属性栏中单击渐变颜色条，如下图所示。

选择渐变工具

Step 06 打开"渐变编辑器"对话框，设置渐变颜色，如下图所示。

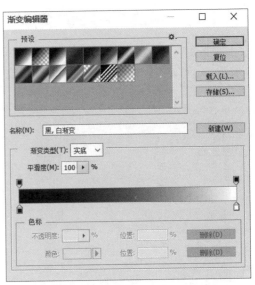

"渐变编辑器"对话框

Step 07 在文字选区中拖动绘制渐变后，按Ctrl+D组合键取消选区，最终效果如下图所示。

查看设置的渐变文字效果

提示：创建点文字

点文字与段落文字是相对应的，一般使用文本工具输入的都可以看作点文字。输入点文字时，每行文字都是独立的，不会自动换行。输入的文字将出现在新的文字图层中。按Enter键，将另起一行；按Esc键，将取消文字输入。

9.2 文本的选择

对文本进行选择是文字编辑操作的基础，文本的选择可分为选择部分文本和选择全部文本两种方式，下面分别对这两种方式进行介绍。

9.2.1 选择部分文本

要选择部分文本，只需要选择相应的文字工具，在需要选择的文本前或后单击并沿文字方向拖动鼠标，即可选择光标经过的文本，此时选中的文本呈反色显示。

定位文本插入点

选择部分文本

9.2.2 选择全部文本

选择全部文本就是将段落文本框中的全部文字选中，使其呈反色显示。要选择全部文本，则选择工具箱中的文字工具后，按住鼠标左键并拖动或按Ctrl+A组合键，执行文字的全选操作。

输入段落文字

选择全部文本

9.3 文本的格式设置

学习了对文本的输入与选择操作后，接下来将介绍文本格式的设置操作，主要包括更改文本的方向、更改文本的字体和大小、设置字体的样式、设置文本的行距、设置文本的缩放、设置文本的颜色、设置文本的效果、设置文本的对齐方式和设置消除锯齿的方法等，本小节将分别对这些文本格式的设置方法进行讲解。

9.3.1 "字符"与"段落"面板

使用文字工具创建各种文字后，除了可以在属性栏中设置文本的字体格式外，还可以使用Photoshop提供的"字符"与"段落"面板进行设置。下面分别对这两个面板的应用进行介绍。

❶认识"字符"面板

在"字符"面板中，用户可以对文字进行相应的编辑或调整，例如设置文字的字体、字号、间距、颜色、显示比例以及显示效果等。

"字符"面板中的功能与文本工具属性栏类似，但功能更全面。执行"窗口>字符"命令，即可显示"字符"面板。

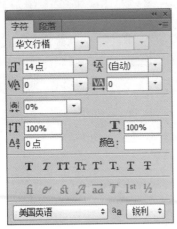

"字符"面板

下面对"字符"面板中各选项的功能进行介绍。

● **字体** 华文行楷 ▾ ：单击该下拉按钮，选择文本的字体样式。
● **字号** 794点 ▾ ：单击该下拉按钮，设置字体的大小。
● **行距** (自动) ▾ ：单击该下拉按钮，设置文本的行距。
● **字距** ▾ ：单击该下拉按钮，设置两个字符间的字距。
● **比例间距** 0% ▾ ：单击该下拉按钮，设置文字字符之间的比例间距，数值越大，字距越小。
● **垂直缩放** 100% ：在数值框中设置相应的缩放值，设置字符的纵向缩放。
● **水平缩放** 100% ：在数值框中设置相应的缩放值，设置字符的横向缩放。
● **基线偏移** 0点 ：用于设置文字在默认高度的基础上，向上或向下偏移的距离。
● **颜色** 颜色： ：单击该按钮，在打开的"拾色器（文本颜色）"对话框中对文字的颜色进行设置。
● **文字效果** T T TT Tr T¹ T₁ T Ŧ：在该按钮组中单击相应的按钮，为文字添加特殊效果。

❷认识"段落"面板

在"段落"面板中，用户可以设置段落的效果格式，例如文本段落的对齐方式、缩进方式以及添加空格的方式等。

执行"窗口>段落"命令，或在"字符"面板中直接单击"段落"标签，即可打开"段落"面板。

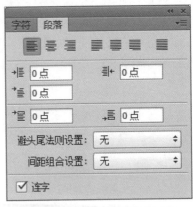

"段落"面板

下面对"段落"面板中各选项的功能进行介绍。

● **对齐方式** ：在该按钮组中，用户可以根据需要设置段落的对齐方式，从左到右依次为左对齐文本、居中对齐文本、右对齐文本、最后一行左对齐、最后一行居中对齐、最后一行右对齐和全部对齐。
● **缩进方式** ：在缩进方式选项区域中，用户可以设置段落为左缩进、右缩进或首行缩进。
● **添加空格** 0点 0点 ：在段前添加空格和段后添加空格数值框中输入相应的点数，可为段落的段前或段后添加空格。
● **避头尾法则设置** 避头尾法则设置：无 ▾ ：单击该下拉按钮，选择文字开头结尾的方法。
● **间距组合设置** 间距组合设置：无 ▾ ：单击该下拉按钮，选择文字内部间距的方法。
● **连字：**该复选框用于设置在换行后是否添加连字字符。
● **扩展按钮** ▾ ≡ ：单击"段落"面板右上角的扩展按钮，在打开的列表中可以对文本段落进行更多设置。

9.3.2　更改文本方向

更改文本方向即将水平排列的文字转换为垂直排列的文字，或将垂直排列的文字转换为水平排列的文字。

打开图像文件，在工具箱中选择横排文字工具 T ，在属性栏中设置文本格式，输入相应的文本。

输入横排文字

输入文本后，在属性栏中单击"切换文本取向"按钮 IT 。

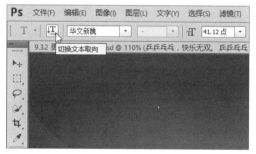

更改文本方向

即可实现文字横排和直排之间的转换。由于更改文本方向后文字在图像中的位置会有所变动，需要使用移动工具对更改后的文字进行位置调整。

更改后的直排文字效果

9.3.3　更改文本的字体字号

在图片上输入文字后，若需要对文本的字体和字号进行调整，可在文本工具属性栏中进行设置，也可以在"字符"面板中进行设置。

实战 创建文本并设置不同的字体字号

Step 01 打开"舞者.jpg"图像文件，在工具箱中选择直排文字工具 IT 后，输入相应的文本并设置文本的格式，如下图所示。

输入直排文字

Step 02 选择需要修改的文字，然后在文字工具属性栏中选择合适的字体样式，并设置文本大小，效果如下图所示。

选择文字并设置字体字号

Step 03 设置完成后查看设置效果，如下图所示。

查看效果

9.3.4 设置字体样式

字体样式是指文本的加粗、斜体等样式。在"字符"面板中，用户可以根据需要选择相应的选项，生成特殊的字体效果。

实战 在"字符"面板中设置字体样式

Step 01 打开"音乐.jpg"图像文件，在工具箱中选择横排文字工具 ，输入相应的文本并设置文本的格式，如下图所示。

输入文本

Step 02 执行"窗口>字符"命令，打开"字符"面板，然后设置文本的字体样式，如下图所示。

"字符"面板

Step 03 设置字体样式后查看效果，如下图所示。

查看设置字体样式后的效果

9.3.5 设置文本行距

文本的行距即文字行与行之间的距离。在"字符"面板中默认的"设置行距"为"自动"，用户可以自定义行距。

实战 增大文本的行距

Step 01 打开"手机.jpg"图像文件，在工具箱中选择横排文字工具 ，输入相应的文本并设置文本的格式，如下图所示。

218

输入文本

Step 02 选择文字图层，执行"窗口>字符"命令，打开"字符"面板，在"设置行距"数值框中输入相应的点数，如下图所示。

设置文本的行距

Step 03 设置完成后，图片上文字之间的行距增大了，如下图所示。

查看增大文本行距后的效果

9.3.6 设置文本缩放

文本的水平缩放代表文字在水平方向上的大小比例，垂直缩放代表文字在垂直方向上的

大小比例。通过设置文本的缩放，可以使文字呈现不同的编排效果。

实战 增大文本的缩放值

Step 01 打开"雪景.jpg"图像文件，在工具箱中选择直排文字工具，输入相应的文本并设置文本格式，如下图所示。

输入文本

Step 02 选择文字图层，打开"字符"面板，在"垂直缩放" IT 和"水平缩放" T 数值框中输入相应的缩放值，如下图所示。

设置文本的缩放值

Step 03 此时，可以看到文字在水平和垂直方向上的距离发生了改变，如下图所示。

查看增大文本缩放后的效果

9.3.7 设置文本颜色

文本的颜色一般默认为前景色，用户可以根据实际需要进行设置。

实战 创建横排文字并设置文本颜色

Step 01 打开"可爱的宠物.jpg"图像文件，选择横排文字工具 ▣，输入相应的文本并设置文本的格式，如下图所示。

输入文本

Step 02 选择文字图层，在"字符"面板中单击颜色色块，如下图所示。

单击颜色色块

Step 03 在打开的"拾色器（文本颜色）"对话框中设置文字颜色为# e76f6f，如下图所示。

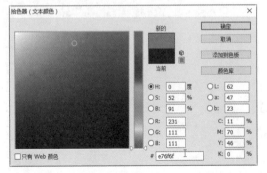

"拾色器（文本颜色）"对话框

Step 04 设置字体颜色后，图片文字的颜色发生了改变，如下图所示。

查看设置文本颜色后的效果

9.3.8 设置文本效果

Photoshop为用户提供了仿粗体、仿斜体、全部大写字母、小型大写字母、上标、下标、下划线和删除线8种文字样式，在"字符"面板中单击相应的按钮，即可为文字添加这些特殊效果。

实战 设置全部大写文本效果

Step 01 打开"牵手的情侣.jpg"图形文件，输入相应的文本并设置文本的格式，如下图所示。

输入文本

Step 02 打开"字符"面板，在文字效果选项区域中单击"全部大写字母"按钮，如下图所示。

单击"全部大写字母"按钮

Step 03 设置完成后，可以看到图片上的文字全部变成大写字母的形式，如下图所示。

查看全部大写字母的文本效果

9.3.9 设置文本对齐方式

在"段落"面板或文字工具属性栏中，单击不同的对齐按钮，即可为文字执行相应的对齐操作。由于文字排列方式不同，对齐方式也不相同。

创建横排文字后，在"段落"面板中可以执行左对齐、居中对齐和右对齐操作。

左对齐文本

居中对齐文本

右对齐文本

创建直排文字后，在"段落"面板中可以执行顶对齐、居中对齐以及底对齐操作。

顶对齐文本

居中对齐文本

底对齐文本

9.3.10 设置消除锯齿的方法

消除锯齿是指通过部分填充边缘像素来产生边缘平滑的文字。这样得到的文字，其边缘就会混合到背景中。

Photoshop提供了5种消除锯齿的方式，选择工具箱中的文字工具，在其属性栏中可以看到设置消除锯齿的相关选项。

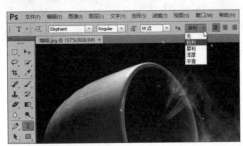

选择消除锯齿的方法

选择不同消除锯齿的选项，其文字效果也不同，具体介绍如下。

● 无：选择该选项时，文字不应用消除锯齿。

选择"无"选项

● 锐利：选择该选项时，文字以最锐利的形式出现。

选择"锐利"选项

● 犀利：选择该选项时，文字显示为较犀利的效果。

选择"犀利"选项

● 浑厚：选择该选项时，文字显示为较粗的效果。

选择"浑厚"选项

● 平滑：选择该选项时，文字显示为较为平滑的效果。

选择"平滑"选项

提示："字符"面板中设置消除锯齿的方法

用户也可单击"字符"面板右下角的设置消除锯齿下拉按钮，在下拉列表中进行选择。

在"字符"面板中设置

9.4 文本的编辑

学习了文本的输入、选择和格式设置后，接下来主要对文本的编辑操作进行讲解。文本的编辑包括文本拼写检查、查找和替换文本、栅格化文字图层、将文字转换为形状、将文本转换为路径、创建变形文字、沿路径绕排文字和创建异形轮廓段落文本等，都是常用的操作，下面分别进行介绍。

9.4.1 文字拼写检查

在检查文档拼写时，Photoshop会对词典中没有的字进行询问。若被询问的文字拼写正确，即可通过将其添加到词典中确认拼写。若被询问的文字拼写错误，可以将其更正。

实战 对文字进行拼写检查

Step 01 打开"叶子.jpg"图像文件，选择横排文字工具 T ，输入相应的文本并设置文本的格式，如下图所示。

输入文本

Step 02 选择文字图层，然后执行"编辑>拼写检查"命令，如下图所示。

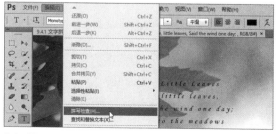

执行"拼写检查"命令

Step 03 在打开的"拼写检查"对话框中自动把不在词典中的文字显示出来，在"建议"列表框中若找不到合适的单词，则直接在"更改为"文本框输入正确的文本，单击"更改"按钮即可，如下图所示。

"拼写检查"对话框

Step 04 在弹出的提示对话框中单击"确定"按钮，即可完成拼写检查操作，如下图所示。

单击"确定"按钮

Step 05 完成拼写检查后，CoNE被替换为Come，纠正了拼写错误，如下图所示。

查看拼写检查后的效果

9.4.2 查找和替换文本

在Photoshop中，使用"查找和替换文本"功能可以快速纠正文本输入错误，并能快速替换相应的文字。

实战 快速查找并替换文本

Step 01 打开"足球.jpg"图像文件，选择横排文字工具 T，输入相应的文本并设置文本的格式，如下图所示。

输入文本

Step 02 选择文字图层，执行"编辑>查找和替换文本"命令，打开"查找和替换文本"对话框，分别在"查找内容"和"更改为"文本框输入相应的文字，如下图所示。

"查找和替换文本"对话框

Step 03 单击"更改全部"按钮时，会弹出询问对话框，单击"确定"按钮，如下图所示。

单击"确定"按钮

Step 04 此时可以看到图像中的goalkeeping 全部替换成Goalkeeping，如下图所示。

查看替换后的效果

9.4.3 栅格化文字图层

文字图层是一种特殊的图层，具有文字的特性，可以对文字的大小、字体等属性进行修改，但无法对文字图层应用各种滤镜。这时用户需要栅格化文字图层，将文字图层转换为普通图层再进行相应的操作。

实战 为文字应用"波纹"滤镜

Step 01 打开"纸片小人.jpg"图像文件，选择横排文字工具 T，输入相应的文本并设置文本的格式，如下图所示。

输入文本

Step 02 选择文字图层，执行"图层>栅格化>文字"命令，如下图所示。

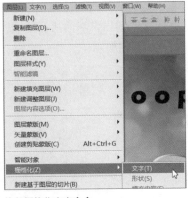

执行栅格化文字命令

Step 03 选中栅格化的文字图层，执行"滤镜>扭曲>波纹"命令，如下图所示。

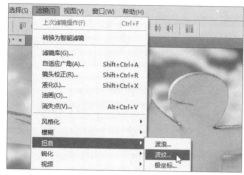
执行"波纹"命令

Step 04 打开"波纹"对话框，设置相关参数后单击"确定"按钮，如下图所示。

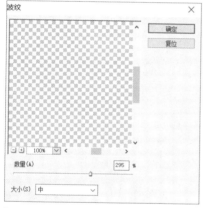
"波纹"对话框

Step 05 为文字应用"波纹"滤镜后，查看最终效果，如下图所示。

查看最终效果

9.4.4 将文字转换为形状

文字不仅能转换为选区，当创建文字型选区时，还能转换为形状，这样可以在很大程度上提高对文字的编辑和调整操作。

实战 将文字转换为形状并复制

Step 01 打开"放气球.jpg"图像文件，输入相应的文本并设置文本的格式，如下图所示。

输入文本

Step 02 选择文字图层，执行"文字>转换为形状"命令，如下图所示。

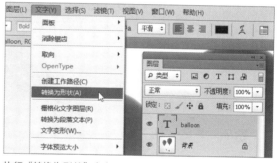
执行"转换为形状"命令

Step 03 转换为形状后，使用路径选择工具 在ballon文字上单击，填充颜色为黄色。然后按住Alt键进行拖动，复制形状，如下图所示。

复制形状

Step 04 复制完后，按Ctrl+H组合键隐藏路径，效果如下图所示。

查看最终效果

9.4.5　将文本转换为路径

文字不仅能在形状间相互转换，还可以转换为路径。用户只需选中文字图层，执行"文字>创建工作路径"命令，然后使用路径选择工具对单个文字路径进行操作。

输入文本

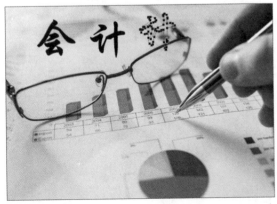

创建工作路径后的效果

9.4.6　创建变形文字

变形文字可以对文字的水平和垂直形状进行调整，使文字的效果更丰富。Photoshop提供了扇形、上弧、下弧、拱形、贝壳以及鱼形等15种文字变形样式，用户可根据需要选择使用。

实战 为文字应用变形效果

Step 01 打开"手掌上托起的星球.jpg"图像文件，在工具箱中选择横排文字工具，输入相应的文本并设置格式，如下图所示。

输入文本

Step 02 选择文字图层，执行"文字>文字变形"命令，在打开的"变形文字"对话框中设置文字变形参数，如下图所示。

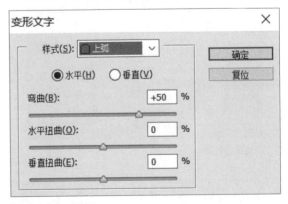

"变形文字"对话框

Step 03 单击"确定"按钮后，调整文字位置，最终效果如下图所示。

查看最终效果

9.4.7　沿路径绕排文字

路径上的文字是一种使用路径作为基线的点文字，沿路径绕排文字的实质就是使文字跟随路径的轮廓形状进行自由排列。

路径可以是开放的，也可以是封闭的，所有的路径都可在上面添加路径文字，越复杂的路径其路径文字越不流畅，有时甚至会重叠。

简单路径

复杂路径

9.4.8　创建异形轮廓段落文本

异形轮廓段落文本是指输入的文本内容以一个不规则路径为轮廓，将文本置入该轮廓中，使段落文字的整体外观有所变化，形成图案文字的效果。

实战 创建兔子形状的文本 ────────

Step 01 打开"粉牡丹.jpg"图像文件，选择工具箱中的自定形状工具，如下图所示。

选择自定形状工具

Step 02 在属性栏中单击"形状"下拉按钮，在打开的下拉面板中选择兔子形状，如下图所示。

选择形状

Step 03 在图像中绘制兔子的形状，如下图所示。

绘制形状

Step 04 在工具箱中选择横排文字工具，将光标定位在所需位置，此时光标上会出现曲线形状，如下图所示。

定位文本输入点

Step 05 输入文字后，会发现文字在路径内显示，如下图所示。

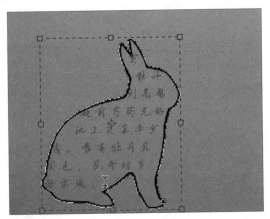

输入文本

Step 06 在"图层"面板中单击"形状1"图层前的"指示图层可见性"图标●，隐藏该图层，即可查看兔子形状的文本效果，如下图所示。

最终效果图

9.4.9 替换所有欠缺字体

当用户打开的文件使用了系统中没有的字体，会弹出一个提示框，提示文件中某些文本图层所包含的字体丢失。

提示所打开的文件字体缺失

在"图层"面板中对应的字体图层上会显示需要更换字体的提示。

"图层"面板中的提示

此时，用户可执行"文字>替换所有缺欠字体"命令，使用系统中安装的字体来替换文档中欠缺的字体。

执行"替换所有缺欠字体"命令

制作沙滩文字效果

本章详细介绍了Photoshop中文字的应用，用户可以利用所学的知识制作出各种美妙奇幻的文字效果。下面以沙滩文字为例介绍具体的操作方法。

Step 01 在Photoshop中按Ctrl+O组合键，打开"海边.jpg"素材图片，效果如下图所示。

打开素材图像

Step 02 选择横排文字工具，在属性栏中选择字体样式为Gabo Drive，然后在画面中输入文字，如下图所示。

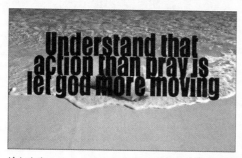

输入文字

Step 03 执行"文字>面板>字符面板"命令，打开"字符"面板，设置文字的大小、字符间距等参数，如下图所示。

打开"字符"面板

Step 04 设置完成后关闭该面板，查看设置后的效果，如下图所示。

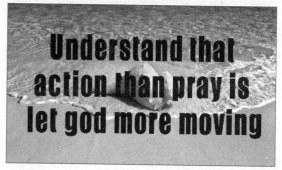

查看效果

Step 05 保持横排文字工具为选中状态，在属性栏中单击"创建文字变形"按钮，如下图所示。

单击"创建文字变形"按钮

Step 06 打开"变形文字"对话框，设置样式为"膨胀"、弯曲值为4%、垂直扭曲值为29%，如下图所示。

设置变形参数

Step 07 设置完成后单击"确定"按钮，可见文字有膨胀的效果，如下图所示。

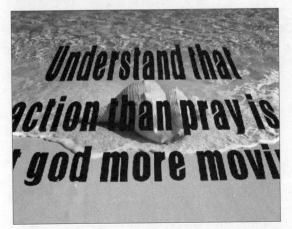

查看膨胀的文字效果

Step 08 在"图层"面板中选中文字图层，然后执行"图层>栅格化>文字"命令，即可栅格化文字，如下图所示。

栅格化文字

Step 09 执行"编辑>变换>扭曲"命令，通过拖曳文字四周的控制点对文字进行相应的扭曲操作，按Enter键确认操作，效果如下图所示。

调整文字的形状

Step 10 按Ctrl+J组合键，复制"文字"图层，命名为"文字2"图层，将"文字2"图层隐藏，如下图所示。

隐藏"文字2"图层

Step 11 选中"文字"图层，选择工具箱中的钢笔工具，沿着背景图像中海螺绘制路径并转换为选区，如下图所示。

创建选区

Step 12 直接按Delete键删除选区内文字，制作出文字平铺在沙滩上的效果，如下图所示。

删除选区内的文字

Step 13 执行"滤镜>扭曲>波纹"命令，打开"波纹"对话框，设置数量为80%、大小为"中"，如下图所示。

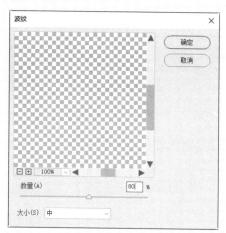

添加"波纹"滤镜

Step 14 设置完成后单击"确定"按钮查看设置效果，如下图所示。

查看添加"波纹"滤镜的效果

Step 15 选中"文字"图层，选择工具箱中的钢笔工具，沿着海水和沙滩边界绘制路径并转换为选区，如下图所示。

创建选区

Step 16 直接按Delete键删除选区内文字，效果如下图所示。

删除选区内文字

Step 17 选择"文字2"图层，单击图层前的"指示图层可见性"图标。选择钢笔工具，沿着海水绘制路径，然后将路径转换为选区，选中除沙滩之外的部分，如下图所示。

创建选区

Step 18 直接按Delete键，删除选区内文字，效果如下图所示。

删除选区内文字

Step 19 选择"文字"图层，单击"图层"面板中的"添加图层蒙版"按钮，为该图层添加图层蒙版，如下图所示。

添加图层蒙版

Step 20 然后选择渐变工具，在属性栏中单击渐变颜色条，打开"渐变编辑器"对话框，选择"黑，白渐变"样式，如下图所示。

设置渐变颜色

Step 21 单击"确定"按钮，由上往下拉出渐变效果，制作出文字在海水中并平铺在沙滩上的效果，如下图所示。

查看渐变效果

Step 22 分别设置"文字"和"文字2"图层的不透明度为67%，如下图所示。

设置图层不透明度

Step 23 至此，沙滩文字制作完成，最终效果如下图所示。

查看最终效果

(10) 图层与图层样式的应用

在Photoshop中，图层具有非常强大的功能，利用它可以独立修改某一图层的图像，而不影响到其他层的图像；图层样式则提供了各种各样的效果，例如发光、斜面、叠加和描边等，利用这些效果，可以迅速改变图层内容的外观。在进行效果处理时，图层及图层样式将是常用的工具，本章将详细讲解Photoshop中图层与图层样式的功能和使用方法。

10.1 创建图层

创建图层是进行图层处理的第一步。在Photoshop中图层分为很多种，包括普通透明图层、文字图层、形状图层和背景图层等。要对图层进行深入的学习，首先应该掌握各类图层的创建方法，下面分别对几种常见图层的创建方法进行详细介绍。

10.1.1 创建普通透明图层

创建普通透明图层，只需单击"图层"面板底部的"创建新图层"按钮 ；执行"图层>新建>图层"命令；单击"图层"面板右上角的 按钮，在打开的列表中选择"新建图层"选项，即可创建一个透明图层。

普通透明图层

> **提示：创建并设置图层属性**
>
> 如果想要创建图层并设置图层属性，如名称、颜色、不透明度和混合模式等，可以执行"图层>新建>图层"命令，或按住Alt键单击创建新图层按钮 ，打开"新建图层"对话框进行设置。
>
> 新建图层后，必须选中该图层并进行相关操作，才是在新图层上作图。

10.1.2 创建文字图层

选择工具箱中的横排文字工具 或直排文字工具 ，在图像中单击定位文本插入点，在其后输入文字，即可创建文字图层。

文字图层

10.1.3 创建形状图层

选择工具箱中矩形工具组中的任意一个工具，在属性栏中设置模式为"形状"，然后在图像中拖动绘制形状，此时即可在"图层"面板中自动生成形状图层。

实战 形状图层的应用

Step 01 在Photoshop中按Ctrl+O组合键，打开"公益广告.jpg"图像文件，如下图所示。

打开图像文件

Step 02 选择工具箱中的自定形状工具，在属性栏中单击"形状"按钮 形状，在打开的面板中选择"雨滴"形状选项，如下图所示。

选择自定形状

Step 03 设置完成后，将前景色设置为#28bcec，然后绘制水滴形状，图层面板也发生了改变，如下图所示。

查看效果

"图层"面板最下面的图层为背景层，一幅图像只能有一个背景图层。创建"背景"图层的方法很简单，只需要执行"图层>新建>背景图层"命令，将图层命名为"背景层"并选择所需颜色，单击"确定"按钮即可。

背景图层

编辑图层操作包括图层的分组、图层的重命名、复制图层、显示和隐藏图层、合并与删除图层和锁定图层等。掌握这些编辑操作可以帮助用户对图层中的图像进行调整，下面分别进行介绍。

10.2.1 分组图层

在Photoshop中利用图层的分组功能管理图层，是非常有效的管理多层文件的方法。将图层分组后，用户可以通过设置图层或组的颜色进行区别，也可以通过合并或盖印图层来减少图层的数量或改变图层的排列顺序。

要对图层进行分组，首先应掌握创建新图层组的方法。单击"图层"面板中的"创建新组" 按钮，即可创建一个空的图层组。此后单击"创建新图层"，所创建的图层将位于该组中。

新建组   在组内新建图层

当图层处于层叠状态时，选择需要移入的图层，将其拖动到图层组图标上，当出现黑色双线时释放鼠标左键，即可将图层移入图层组中。

 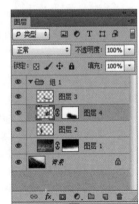

选择图层   移入图层组

在图层组中选择需要移出图层组的图层，将其拖动到图层组外的任意图层上，当出现黑色双线时释放鼠标左键，即可将图层移出图层组，插入到其他图层之间。

选择图层

移出图层组

10.2.2 重命名图层

重命名图层的操作比较简单，在需要重命名的图层名称上双击，图层名称呈灰底显示时，在其中输入新的图层名称，按Enter键即可确认重命名操作。

双击图层名称

重命名图层

用户也可以选中图层后，执行"图层>重命名图层"命令，此时"图层"面板中该图层名称变为可编辑状态，输入新的图层名称即可。

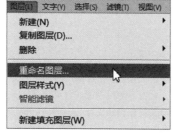
执行"重命名图层"命令

10.2.3 复制图层

复制图层可以避免因操作失误造成的图像效果损失。在"图层"面板中选择需要复制的图层，将其拖动到"创建新图层"按钮上，即可复制图层。此时复制得到的图层以"当前图层的名称+拷贝"的形式进行命名。复制图层后，该图层的图像内容同时也被复制。

选择拖动图层

拖至按钮复制图层

10.2.4 显示和隐藏图层

显示和隐藏图层的操作比较简单，在"图层"面板中单击"指示图层可见性"图标 ，当其变为 时，即可隐藏该图层中的图像。需要显示图像时再次单击该图标，当其变为 状态时即可显示图层。

显示图像

隐藏图像

10.2.5 删除图层

在Photoshop中，对于不需要的图层用户可以将其删除。删除图层有三种方法，一是选择需要删除的图层，将其拖动到"删除图层"按钮 上，释放鼠标左键即可删除该图层。二是执行"图层>删除>图层"命令，在提示对话框中单击"是"按钮，即可删除该图层。最后一种方法是在需要删除的图层上右击，在弹出的快捷菜单中选择"删除图层"命令，在弹出的提示对话框中单击"是"按钮，即可删除图层。

选择拖动图层　　　　　　　　拖至按钮删除图层

10.2.6　合并图层

合并图层就是将两个或两个以上图层中的图像合并到一个图层上。在处理复杂图像时会产生大量图层，此时可根据需要对图层进行合并，以减少图层数量。执行"图层>合并图层"命令，合并后的图层将使用上层图层的名称。

选择两个图层　　　　　　　　合并图层

如果需要将一个图层与它下面所有图层合并，选中该图层，执行"图层>向下合并"命令即可，合并后使用下层图层名称命名。

选择图层　　　　　　　　　　向下合并图层

10.2.7　锁定图层

为了防止对图层的误操作，用户可以对图层进行锁定。Photoshop为用户提供了锁定透明像素、锁定图像像素、锁定位置和锁定全部4种锁定方式，本小节将对这4种方式进行详细介绍。要解锁图层，则选择需要解锁的图层，在"图层"面板中单击相应的锁定按钮即可。

❶ 锁定透明像素▧

在"图层"面板中单击该按钮即可锁定图像中的透明区域，此时不能对图层中的透明区域进行编辑或处理。最明显的表现为如果锁定图像透明区域，则使用渐变工具无法在图像中绘制渐变图像效果。

❷ 锁定图像像素🖌

在"图层"面板中单击该按钮即可锁定图像像素，此时只能移动图像中的像素，但不能对该图像进行编辑处理。最明显的表现为，如果锁定图像像素，则使用画笔工具无法绘制图像。

❸ 锁定位置✛

在"图层"面板中单击该按钮即可锁定图像位置，此时无法使用移动工具对图像进行移动。

❹ 锁定全部🔒

在"图层"面板中单击该按钮即可锁定全部图像，前面三项的按钮图标呈灰色状态，表示前面三项都一同生效了，此时无法对图像进行任何操作。

普通图层　　　　　　　　　　锁定后的图层

> **提示：锁定图层位置与锁定图层全部**
>
> 　　锁定图层位置只锁定图层的位置，只是不能移动图层位置，还可以进行填充、移动选区、设置渐变以及使用画笔工具和仿制图章工具等进行操作。锁定全部之后，不能对图层进行任何操作。

10.2.8 图层的不透明度设置

图层的不透明度直接影响图像的透明效果，用户可以根据需要进行设置，即在"图层"面板的"不透明度"数值框中输入相应的数值。数值的取值范围在0%~100%之间，当值为100%时，图层完全不透明；当值为0%时，图层完全透明。

填充图层是指向图层中填充纯色、渐变和图案，从而创建特殊的图层效果，不影响其下面的图层。用户还可以为图层设置不同的混合模式和不透明度，从而修改图层的颜色或者生成各种图像效果。

实战 图层的填充和不透明度的应用

Step 01 按Ctrl+O组合键，在打开的对话框中选择"罂粟花.jpg"图像文件，单击"打开"按钮，如下图所示。

原图像文件

Step 02 单击"图层"面板下方的"创建新图层"按钮 ，创建一个普通透明图层，并将前景色设置为#ecbf10，如下图所示。

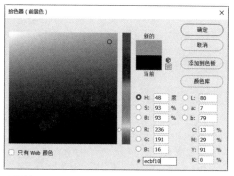

设置前景色

Step 03 执行"编辑>填充"命令，在打开的"填充"对话框中设置"使用"为"前景色"后，单击"确定"按钮，如下图所示。

填充图层

Step 04 将图层的不透明度设置为38%，可以看到图像显示出暖黄色调，如下图所示。

最终效果图

10.3 图层的混合模式

使用图层混合模式可以使该图层按照指定的混合模式同下层图层图像进行混合，从而创建出各种特殊效果。在"图层"面板的"混合模式"下拉列表中包含"正常"、"溶解"、"变暗"、"正片叠底"、"颜色加深"、"线性加深"以及"强光"等27种混合模式供用户选择使用。在本节中，主要对"正常模式"、"变暗模式"、"变亮模式"、"叠加模式"、"差值模式"和"色相模式"这6模式进行效果展示。让读者能够更充分地理解图层混合模式的作用。

10.3.1 "正常"模式

默认情况下图层的混合模式为"正常"，选中该模式，其图层叠加效果为正常状态，没有任何特殊效果。在处理位图图像或索引图像时，"正常"模式也成为阈值。

"背景"图层

"图层1"图层

"正常"模式的效果

10.3.2 "变暗"模式

　　"变暗"模式与"变亮"模式具有相反的混合原理。"变暗"模式将基色或混合色中较暗的颜色进行混合产生结果色，暗于混合色的图像颜色保持不变，亮于混合色的图像颜色被替换。

实战 应用"变暗"模式设置图像合成效果 ─────

Step 01 打开"大海.jpg"图像文件，如下图所示。

原图像文件

Step 02 然后执行"文件>置入嵌入的智能对象"命令，在打开的对话框中选择"鹦鹉"图片，如下图所示。

选择要置入的图片

Step 03 调整鹦鹉图片至合适大小，并将该图层的混合模式设置为"变暗"，如下图所示。

"变暗"模式下的效果

Step 04 设置图层混合模式后，单击"图层"面板右下角的"添加图层蒙版"按钮，如下图所示。

添加图层蒙版

Step 05 选择画笔工具，在矢量蒙版中涂抹，将"鹦鹉"图片的边缘部分擦除，如下图所示。

擦除边界

Step 06 擦除边界后，会发现图片更具有画面感，如下图所示。

最终效果图

10.3.3 "变亮"模式

"变亮"模式将基色或混合色中较亮的颜色作为混合后的结果色，而暗于混合色的像素将被替换，亮于混合色的像素则保持不变。

实战 应用"变亮"模式设置图像效果

Step 01 按Ctrl+O组合键，打开"舞者.jpg"图像文件，如下图所示。

原图像文件

Step 02 执行"文件>置入嵌入的智能对象"命令，在打开的对话框中选择"粒子"图片，如下图所示。

选择要置入的图片

Step 03 置入"粒子"图片后，调整图片至合适大小，并将该图层的混合模式设置为"变亮"，效果如下图所示。

"变亮"模式下的效果

10.3.4 "叠加"模式

应用"叠加"模式可以对颜色进行正片叠底或过滤,具体取决于基色。图案或颜色在现有像素上叠加,同时保留基色的明暗对比,虽不替换基色,但基色与混合色相混以反映原色的亮度或暗度。该模式可以看成"变暗"和"变亮"的组合模式。

实战 应用"叠加"模式设置唯美图像效果 ──●

Step 01 打开"夕阳下的情侣.jpg"图像文件,如下图所示。

打开图片

Step 02 然后置入"心形手势.jpg"图像文件,并调整图片至合适大小,将该图层的混合模式设置为"叠加",如下图所示。

设置图层的混合模式

Step 03 此时图像变得更加唯美,如下图所示。

"叠加"模式下的效果

10.3.5 "差值"模式

"差值"模式用于从基色中减去混合色,或从混合色中减去基色,具体采用哪种混合方式取决于哪一个颜色的亮度值更大。该模式与白色混合将反转基色值,与黑色混合则不产生任何变化。

原图像文件   "差值"模式下的效果

10.3.6 "色相"模式

"色相"模式使用基色的明亮度、饱和度以及混合色的色相创建结果色,也就是说结果的明度和饱和度取决于基色中间位置的颜色,而色相取决于混合色中间位置的颜色。

原图像文件

"色相"模式下的效果

10.4 图层样式的应用

图层样式也叫图层效果，可以快速地更改图层内容的外观，制作出各种各样的特殊效果。图层样式包括投影、外发光、斜面和浮雕等10种，下面分别进行介绍。

10.4.1 添加图层样式

如果要为图层添加样式，则首先选择该图层，然后在"图层"面板中单击"添加图层样式"按钮，在下拉列表中选择一个图层样式选项，打开"图层样式"对话框并进入相应图层样式的参数设置面板。

用户也可以双击需要添加图层样式的图层，打开"图层样式"对话框，在对话框左侧选择需要添加的效果，即可切换到该效果的设置面板。

选择图层样式选项　　　　双击图层

10.4.2 "斜面和浮雕"样式

"斜面和浮雕"图层样式用于增加图像边缘的明暗度，并增加投影来使图像产生不同的立体感。

应用该图层样式可以对图层添加高光与阴影不同组合的效果，相对于其他图层样式来说，"斜面和浮雕"样式更复杂些，"斜面和浮雕"效果所具有的潜能也远远超过其名称标示的范围。

实战 为文字添加"斜面和浮雕"图层样式

Step 01 打开"急速行驶的赛车.jpg"图像文件，选择工具箱中的横排文字工具 T，输入文本，如下图所示。

输入文本

Step 02 双击文字图层，弹出"图层样式"对话框，勾选"斜面和浮雕"复选框，在右侧面板中设置"样式"为"内斜面"，并拖动滑块调整相关参数，完成后单击"确定"按钮，如下图所示。

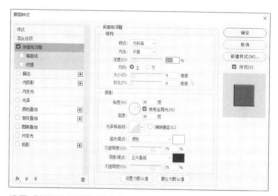

设置"斜面和浮雕"样式参数

Step 03 此时可以看到，在文字边缘添加了向外凸起的浮雕效果，如下图所示。

查看应用"斜面和浮雕"样式的效果

10.4.3 "描边"样式

"描边"图层样式使用一种颜色沿图像边缘执行填充操作，用户可以根据不同的画面需要设置描边大小和颜色。

"描边"图层样式的作用是使用颜色、渐变或图案在当前图层上描画对象的轮廓，对于硬边形状（文字）特别有用。

实战 为人物图像边缘添加彩色描边效果

Step 01 打开"广告.psd"图像文件，效果如下图所示。

打开图像文件

Step 02 在"图层"面板中双击"人物"图层，将打开"图层样式"对话框，如下图所示。

双击"人物"图层

Step 03 勾选左侧的"描边"复选框，设置填充类型为"渐变"、"渐变"为"色谱"，调整参数后单击"确定"按钮，如下图所示。

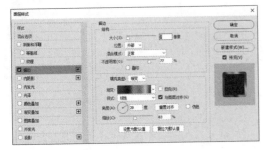

设置"描边"图层样式的参数

Step 04 此时可以看到为广告中的人物边缘添加彩色描边的效果，如下图所示。

查看添加"描边"样式的效果

10.4.4 "内阴影"样式

"内阴影"图层样式是指沿图像边缘向内产生投影效果，与"投影"图层样式产生效果的方向相反。打开"图层样式"对话框后，勾选"内阴影"复选框，即可切换到该选项面板。添加"内投影"样式可以制作出向内凹陷的圆滑效果。

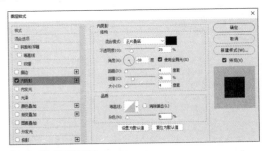

"内阴影"选项面板

原图像文件

添加"内阴影"样式的效果

10.4.5 "内发光"样式

"内发光"图层样式用于设置图层对象的内边缘发光效果，打开"图层样式"对话框后，切换到"内发光"选项面板中，即可对其进行设置。

实战 为图像内边缘添加发光效果

`Step 01` 打开"美味的巧克力.psd"图像文件，效果如下图所示。

打开图像文件

`Step 02` 双击"巧克力"图层，弹出"图层样式"对话框，勾选左侧的"内发光"复选框，调整参数后单击"确定"按钮，如下图所示。

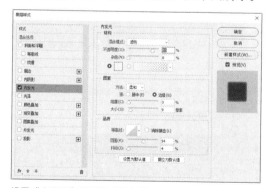

设置"内发光"图层样式的参数

`Step 03` 设置完成后，会发现巧克力内边缘具有发光效果，如下图所示。

查看应用"内发光"样式的效果

10.4.6 "光泽"样式

"光泽"图层样式可在图像上填充明暗度不同的颜色并在颜色边缘部分产生柔化效果，常用于制作光滑的磨光或金属效果。

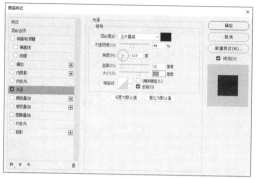

"光泽"选项面板

打开Photoshop软件，置入图像文件，双击所需图层，在打开的"图层样式"对话框中勾选"光泽"复选框，设置参数后单击"确定"按钮，即可看到设置"光泽"样式的前后对比效果。

原图像文件

应用"光泽"样式的效果

10.4.7 "颜色叠加"样式

"颜色叠加"图层样式的应用非常简单，相当于使用一种颜色覆盖在图像表面，为图层着色。为图像添加"颜色叠加"图层样式就如同使用画笔工具沿图像涂抹上一层颜色，不同的是，使用"颜色叠加"图层样式叠加的颜色不会破坏原图像。

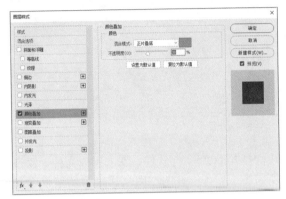

"颜色叠加"选项面板

打开图像文件，在打开的"图层样式"对话框中勾选"颜色叠加"复选框，设置参数后单击"确定"按钮，即可查看与原图像的对比效果。

原图像文件

使用"颜色叠加"样式的效果

10.4.8 "渐变叠加"样式

"渐变叠加"图层样式是使用一种渐变颜色覆盖在图像表面，为当前图层添加一层渐变颜色的"虚拟"层，该图层样式有8个选项，相对于"颜色叠加"来说更加复杂。

实战 为图像应用"渐变叠加"样式 ————●

Step 01 打开"行人.jpg"图像文件，如下图所示。

打开图像文件

Step 02 按Ctrl+J组合键复制"背景"图层，得到"图层1"图层，如下图所示。

复制图层

Step 03 在"图层"面板中双击"图层1"图层，弹出"图层样式"对话框，勾选左侧的"渐变叠加"复选框，单击"渐变"下三角按钮，选择"橙，黄，橙渐变"样式，调整参数后单击"确定"按钮，如下图所示。

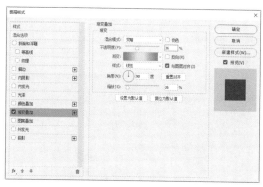

设置"渐变叠加"图层样式的参数

Step 04 设置完成后，会发现图像如同添加了一层虚拟层，如下图所示。

查看应用"渐变叠加"样式的效果

10.4.9 "图案叠加"样式

"图案叠加"图层样式的作用是在当前图层上方虚拟地添加一个图案图层，然后通过设置其混合模式、不透明度、图案和缩放参数来使添加的图案效果更自然。"图案叠加"的参数设置和"斜面和浮雕"中的"纹理"选项的设置方法完全一样。

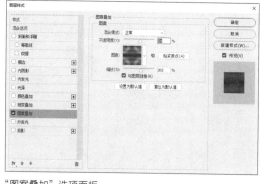

"图案叠加"选项面板

原图像文件

应用"图案叠加"样式的效果

10.4.10 "外发光"样式

"外发光"图层样式用于设置图层对象的外边缘发光效果。打开"图层样式"对话框后，切换到"外发光"选项面板中，即可对其参数进行设置。

实战 为图像应用"外发光"样式

Step 01 打开"天安门.psd"图像文件，效果如下图所示。

打开图像文件

Step 02 双击"天安门"图层，弹出"图层样式"对话框，勾选左侧的"外发光"复选框，调整参数后单击"确定"按钮，如下图所示。

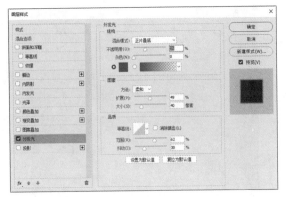

设置"外发光"图层样式的参数

Step 03 设置完成后，会发现天安门外边缘具有发光效果，如下图所示。

查看设置"外发光"样式的效果

10.4.11 "投影"样式

"投影"图层样式可以模拟物体受光后产生的投影效果，主要用于增加图像的层次感。添加"投影"图层样式后，图层的下方会出现一个轮廓和图层内容相同的影子，这个影子有一定的偏移量，默认情况下会向右下角偏移。

实战 为白色手套添加黑色投影效果

Step 01 打开"白色手套.jpg"图像文件，效果如下图所示。

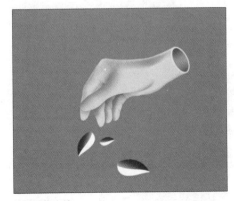

打开图像文件

Step 02 选择工具箱中的快速选择工具，将白色手套框选出来，并按Ctrl+J组合键复制选区，如下图所示。

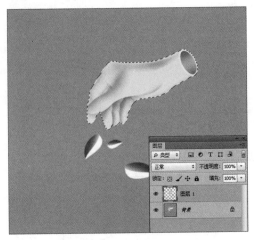

复制选区

Step 03 双击"图层1"图层，弹出"图层样式"对话框，勾选左侧的"投影" 复选框，调整参数后单击"确定"按钮，如下图所示。

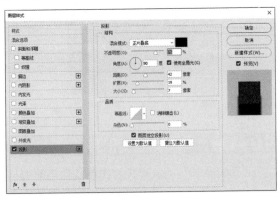

设置"投影"图层样式的参数

Step 04 此时在图像中可以看到，为白色手套添加了黑色的投影效果，如下图所示。

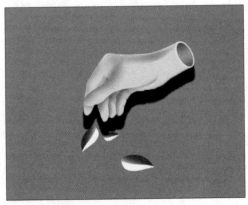

查看应用"投影"样式的效果

制作玉器效果

本章详细地介绍了Photoshop图层和图层样式的具体应用，下面将通过各种图层样式的应用，制作出玉器效果，具体步骤如下。

Step 01 打开"背景.jpg"素材图片，效果如下图所示。

打开背景图片

Step 02 置入"桌子.png"素材，适当调整其大小并移至合适位置，如下图所示。

置入桌子图片

Step 03 单击"图层"面板下方的"创建新图层"按钮，新建图层后选择椭圆工具，按住Shift键绘制圆形，填充颜色为#c8e3d5，如下图所示。

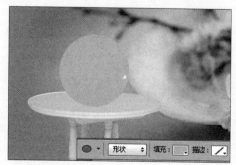

绘制圆形并填充颜色

Step 04 双击"椭圆"图层，打开"图层样式"对话框，勾选"斜面和浮雕"复选框，在右侧区域中设置参数，如下图所示。

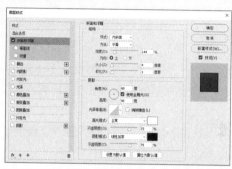

设置"斜面和浮雕"图层样式

Step 05 勾选"内发光"复选框，设置相关参数，如下图所示。

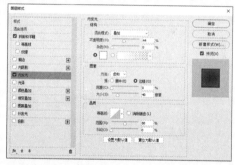

设置"内发光"图层样式

Step 06 设置完成后单击"确定"按钮，效果如下图所示。

查看设置效果

Step 07 单击"图层"面板下方的"新建图层"按钮，创建"云彩"图层，然后执行"滤镜>渲染>云彩"命令，效果如下图所示。

应用"云彩"滤镜

Step 08 复制"云彩"图层两次，分别命名为"云彩2"和"云彩3"，然后选择"云彩"图层，按住Alt键，将光标移动到"椭圆"图层与"云彩"图层之间并单击，为"云彩"图层添加剪贴蒙版，效果如下图所示。

为图层添加剪贴蒙版

Step 09 按照同样的方法，对"云彩2"和"云彩3"图层添加剪贴蒙版，效果如下图所示。

为图层添加剪贴蒙版

Step 10 选择自定形状工具，单击属性栏中"形状"右侧的下拉按钮，在打开的面板中单击右上角设置按钮，在下拉列表中选择"载入形状"选项，如下图所示。

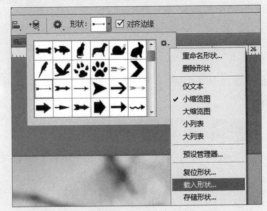

选择"载入形状"选项

Step 11 打开"载入"对话框，选择"花朵形状.csh"素材，单击"载入"按钮，如下图所示。

载入形状

Step 12 将"花朵形状.csh"添加到"形状"列表中，然后根据需要选择所需的花朵形状，如下图所示。

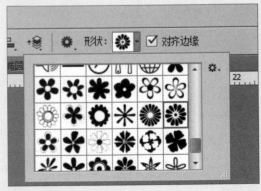

选择花朵形状

Step 13 设置前景颜色为#c8e3d5，在圆形中绘制出花的形状，效果如下图所示。

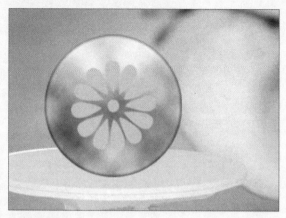

绘制花朵形状

Step 14 双击"花形"图层，打开"图层样式"对话框，勾选"斜面和浮雕"复选框，设置相关参数，如下图所示。

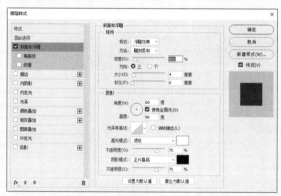

设置"斜面和浮雕"图层样式参数

Step 15 勾选"内阴影"复选框，参数设置如下图所示。

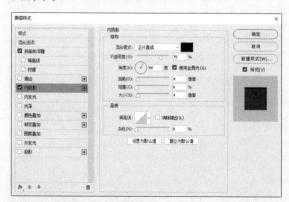

设置"内阴影"图层样式参数

Step 16 勾选"内发光"复选框，参数设置如下图所示。

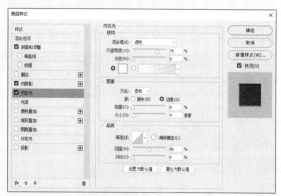

设置"内发光"图层样式参数

Step 17 设置完成后单击"确定"按钮查看设置效果，如下图所示。

查看设置的图层样式效果

Step 18 复制"云彩"图层，移动到"花形"图层上方，选择"云彩5"图层并右击，在快捷菜单中选择"创建剪贴蒙版"命令，创建剪贴蒙版，如下图所示。

查看创建剪贴蒙版的效果

Step 19 按照同样的操作方法，对"云彩6"、"云彩10"图层创建剪贴蒙版，效果如下图所示。

查看创建剪贴蒙版的效果

Step 20 按Ctrl+J组合键复制"椭圆"图层，然后将复制的图层命名为"倒影"，移动到下图所示的位置。

复制图层

Step 21 使用钢笔工具绘制路径，然后选中复制圆的下部分，并转换为选区。执行"选择>修改>羽化"命令，打开"羽化选区"对话框，设置"羽化半径"值为20像素，如下图所示。

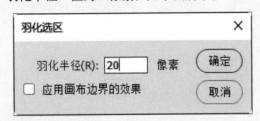

"羽化选区"对话框

Step 22 单击"确定"按钮查看设置后的效果，如下图所示。

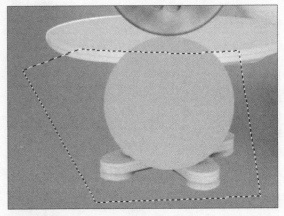

羽化后的选区

Step 23 然后按Delete键，删除选区内的内容，制作出倒影的效果，如下图所示。

删除选区内的内容

Step 24 按Ctrl+D组合键取消选区。至此，本案例制作完，查看最终效果，如下图所示。

查看最终效果

Chapter 11 蒙版与通道的应用

蒙版是合成图像时常用的一项重要功能，使用蒙版处理图像是一种非破坏性的编辑方式。使用通道可以将图像中不同的颜色创建为选区，并对选中的区域进行单独编辑。本章将详细介绍各种蒙版与通道的应用操作，让读者能够轻松地制作出各种美妙奇幻的图像效果。

11.1 蒙版的分类

Photoshop提供了3种蒙版，分别为图层蒙版、剪贴蒙版和矢量蒙版。

- 图层蒙版是通过调整蒙版中的灰度信息来控制图像中的显示区域，一般适应于制作合成图像或者控制填充图案。
- 剪贴蒙版是通过控制一个对象的形状来控制其他图像的显示区域。
- 矢量蒙版则是通过路径和矢量形状来控制图像的显示区域。

11.2 图层蒙版

图层蒙版主要用于合成图像，是一个256级色阶的灰度图像，它蒙在图层上面，起到遮盖图层的作用，其本身并不可见。

11.2.1 创建图层蒙版

创建图层蒙版时，用户可以在"图层"面板中单击"添加图层蒙版"按钮来创建单纯的图层蒙版。

打开图像文件后，新建空白图层，然后单击"图层"面板下方的"添加图层蒙版"按钮，即可在该图层右侧添加蒙版。

单击该按钮

创建图层蒙版

用户也可以在菜单栏中执行"图层>图层蒙版"命令，在子菜单中选择相应的选项，来创建所需的图层蒙版。

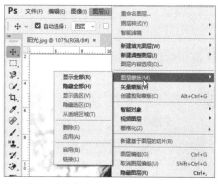
执行"图层蒙版"命令

11.2.2 将选区转换为图层蒙版

在Photoshop CC中，用户可以将选区转换为图层蒙版，以制作出各种美妙奇幻的图像效果。

实战 创建兔子图像选区

Step 01 打开"碟子.jpg"图像文件，双击"背景"图层，在打开的对话框中单击"确定"按钮，将其转换为普通图层，如下图所示。

打开图像文件

Step 02 置入"兔子.jpg"图像文件，缩放至合适大小，并移动位置，如下图所示。

置入图像文件

Step 03 使用套索工具创建兔子选区，然后执行"选择>修改>羽化"命令，在打开的对话框中设置"羽化半径"为5像素，效果如下图所示。

创建并羽化选区

Step 04 然后单击"图层"面板中"添加图层蒙版"按钮，即可为选区创建图层蒙版，效果如下图所示。

查看添加图层蒙版的效果

11.2.3 图层蒙版的应用

图层蒙版常用于合成图像的操作，下面通过实例介绍图层蒙版的具体应用。

实战 应用图层蒙版制作图像合成效果

Step 01 打开"小女孩.jpg"图像文件，效果如下图所示。

打开图像文件

Step 02 置入"松鼠.jpg"素材图片，缩放至合适大小，然后移动到下图所示的位置。

置入图像文件

Step 03 对"图层0"图层创建图层蒙版，并移动到"松鼠"图层上方，如下图所示。

创建图层蒙版

Step 04 使用套索工具抠出松鼠外形，然后执行"选择>修改>羽化"命令，设置"羽化半径"为5像素，效果如下图所示。

羽化选区

Step 05 使用橡皮擦工具，对图层蒙版选区进行擦涂，最终效果如下图所示。

查看最终效果

11.2.4 剪贴图层蒙版

图层蒙版和图层样式一样，都可以执行剪贴操作。剪贴图层蒙版的方法是在"图层"面板中选择已添加图层蒙版的图层，然后选择该图层的蒙版缩览图，按住Alt键的同时将其拖动到另一个图层中，释放鼠标左键即可剪贴图层蒙版。

原图层蒙版

剪贴图层蒙版

> **提示：关于剪贴图层蒙版的图像效果**
>
> 在对相同图层执行剪贴图层蒙版操作时，在图像中所得到的图像效果也会不同。

11.2.5 停用图层蒙版

停用图层蒙版可以帮助用户对比观察图像使用蒙版前后的效果。用户可以按住Shift键的同时单击图层的蒙版缩览图，即可暂时停用图层蒙版。此时图层蒙版的缩略图中会出现一个红色的"×"标记，在图像中使用蒙版遮盖的区域也会同时显示出来。

如果需要重新启动图层蒙版，只需再次在按住Shift键的同时单击图层蒙版缩略图即可。

应用图层蒙版的效果

停用图层蒙版的效果

> **提示：其他停用图层蒙版的方法**
>
> 除了上述介绍的方法外，还可以选中图层蒙版缩略图，单击鼠标右键，在弹出的菜单中选择"停用图层蒙版"命令，也可以停用图层蒙版。

11.2.6 删除图层蒙版

常用的删除图层蒙版的方法有两种，一种是在"图层"面板中右击需要删除的图层蒙版缩览图，在弹出的快捷菜单中选择"删除图层蒙版"命令，即可删除图层蒙版；另一种是选择需要删除的图层蒙版缩览图，并将其拖动到"删除图层"按钮上，释放鼠标左键，在弹出的提示对话框中单击"删除"按钮，也可删除图层蒙版。

原"图层"面板

应用图层蒙版后效果

> **提示：将图层蒙版应用于图像**
>
> 应用图层蒙版时，将图层蒙版应用到图像中，此时的"图层"面板会将该图层蒙版删除。

启用图层蒙版的效果

11.2.8 图层蒙版链接与取消链接

添加图层蒙版后，图层缩览图和图层蒙版缩览图之间有一个"指示图层蒙版链接到图层"图标 🔗。在"图层"面板中单击该图标即可取消图层和图层蒙版之间的链接，此时使用移动工具移动图像，则蒙版不会跟随移动，图像效果也会随之发生相应的变化。

图像效果

原图像对应的"图层"面板

删除图层蒙版的效果

11.2.7 应用图层蒙版

应用图层蒙版是指将图层蒙版中黑色区域对应的图像隐藏，白色区域对应的图像保留，灰色过渡区域对应的图像部分像素删除，以合成为一个图层，其功能类似于合并图层。要应用图层蒙版，则在图层蒙版缩略图上右击，在弹出的快捷菜单中选择"应用图层蒙版"命令即可。

链接状态下移动后的图像效果

移动后的"图层"面板

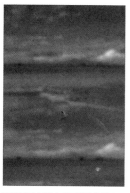

取消链接状态移动图像效果　　取消链接的"图层"面板

11.3 矢量蒙版

矢量蒙板是用路径来控制目标图层的显示与隐藏。封闭区域内对应的目标图层将被显示，封闭区域外对应的目标图层将被隐藏。对于一些复杂交叉的路径，可参照奇偶缠绕规则判断某一区域是否属于被封闭的区域。

11.3.1 创建矢量蒙版

用户可以通过使用形状工具在绘制路径的同时创建，也可以通过路径和按钮的添加来创建矢量蒙版。

❶ 通过形状工具添加矢量蒙版

选择工具箱中的自定形状工具，在属性栏中设置模式为路径并选择一种形状样式，在图像中绘制路径。然后执行"图层>矢量蒙版>当前路径"命令，即可为当前图层创建矢量蒙版。

创建矢量蒙版的效果

使用钢笔工具或形状工具进行路径绘制，然后执行"图层>矢量蒙版>当前路径"命令时，在"图层"面板中可以看到，在添加路径的图像中添加矢量蒙版后，将保留路径覆盖区域的部分图像。

绘制路径

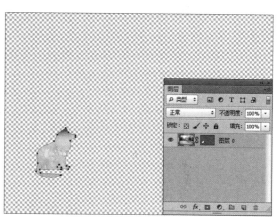

添加的矢量蒙版

❷ 通过按钮添加矢量蒙版

若要通过按钮添加矢量蒙版，则必须是在该图层已经添加图层蒙版的前提下。选择已经添加图层面板的图层，单击"图层"面板底部的"添加矢量蒙版"按钮，即可添加矢量蒙版。

添加的图层蒙版

添加的矢量蒙版

11.3.2 在矢量蒙版中添加形状

用户为图层添加矢量蒙版后，可以根据需要在蒙版中添加形状，并且可以对形状进行调整和应用图层样式。

实战 在图像中添加气泡效果

Step 01 打开"黄花.psd"图像文件，在"图层"面板中选择"图层1"图层，如下图所示。

打开原图像并选择图层

Step 02 使用椭圆工具进行路径绘制。执行"图层>矢量蒙版>当前路径"命令，创建矢量蒙版，如下图所示。

创建矢量蒙版

Step 03 选中添加的矢量蒙版，选择椭圆工具，单击属性栏中"路径操作"按钮，选择"合并形状"选项，在蒙版中绘制椭圆路径，如下图所示。

添加形状

Step 04 选择工具箱中的直接选择工具，在气泡上单击显示锚点，拖动控制手柄调整路径形状，图像显示区域也会发生改变，如下图所示。

调整图像效果

Step 05 在"图层"面板中双击"图层1"图层，在弹出的对话框中勾选"斜面和浮雕"复选框，在右侧面板中设置"样式"为"外斜面"，并拖动滑块调整相关参数，如下图所示。

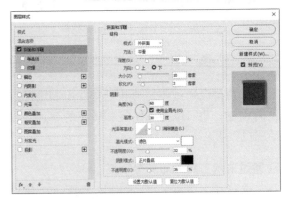

设置"斜面和浮雕"样式参数

Step 06 勾选"内阴影"复选框，设置混合模式为"正片叠底"、不透明度为33%，具体参数如下图所示。

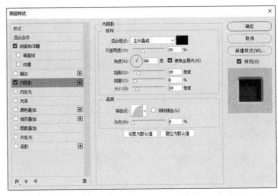

设置"内阴影"参数

Step 07 设置完成后单击"确定"按钮，会发现图像效果发生了改变，如下图所示。

查看效果

11.3.3 矢量蒙版转为图层蒙版

在对矢量蒙版进行编辑时，用户可以将矢量蒙版转换为图层蒙版。首先在矢量蒙版缩览图上右击，在弹出的快捷菜单中选择"栅格化矢量蒙版"命令，即可将矢量蒙版栅格化为图层蒙版。

执行"栅格化矢量蒙版"命令

用户也可以通过在菜单栏中执行"图层>栅格化>矢量蒙版"命令，将矢量蒙版转换为图层蒙版，此时在"图层"面板中可以看到，转换后的蒙版颜色有所变化，矢量蒙版以灰色调显示，而图层蒙版以黑白调显示。

矢量蒙版　　　　　　转换后的图层蒙版

11.3.4 删除矢量蒙版

添加矢量蒙版后用户也可以根据需要将其删除，下面介绍删除图层蒙版的两种方法。

❶ 使用快捷菜单删除矢量蒙版

在"图层"面板中右击需要删除的矢量蒙版缩览图，在弹出的快捷菜单中选择"删除矢量蒙版"命令，即可删除矢量蒙版。

使用快捷菜单删除矢量蒙版

❷ 使用按钮删除矢量蒙版

选择需要删除的矢量蒙版缩览图，并将其拖动到"删除图层"按钮 🗑 上，释放鼠标左键，在弹出的提示对话框中单击"确定"按钮即可删除矢量蒙版。

提示对话框

11.3.5 停用矢量蒙版

停用矢量蒙版与停用图层蒙版的操作方法相同。按住Shift键的同时单击矢量蒙版缩览图，即可暂时停用矢量蒙版。此时矢量蒙版的缩略图中会出现一个红色的"×"标记，而在图像中使用蒙版遮盖的区域也会显示出来。

启用矢量蒙版

停用矢量蒙版

11.4 剪贴蒙版

　　和图层蒙版、矢量蒙版相比，剪贴蒙版较为特殊。剪贴蒙版是基于下方图层的图像形状来决定上面图层的显示区域，即下方图层作为上方图层的剪贴蒙版。剪贴蒙版由两部分组成，一部分是基层，即基础层，用于定义显示图像的范围或形状。另一部分为内容层，用于存放将要表现的图像内容。使用剪贴蒙版可在不影响原图像的情况下，有效地完成剪贴制作。本小节将对剪贴蒙版的创建以及释放操作进行详细介绍，使读者真正理解剪贴蒙版的作用。

11.4.1 创建剪贴蒙版

　　创建剪贴蒙版有两种方法，一种方法是执行"图层>创建剪贴蒙版"命令，或者在"图层"面板的快捷菜单中选择"创建剪贴蒙版"命令，创建一个剪贴蒙版。另一种方法是按住Alt键的同时将光标移至"图层"面板中分隔两组图层的线上，光标会变成一个下拉箭头和正方形，然后单击即可创建剪贴蒙版。

创建剪贴蒙版

剪贴蒙版效果

实战 应用剪贴蒙版将图像贴到手机屏幕上 ——

Step 01 打开"卡通插画.jpg"图像文件，选择工具箱中的快速选择工具，在手机屏幕上创建选区，如下图所示。

创建选区

Step 02 按Ctrl+J组合键复制选区并得到"图层1"图层,置入"卡通企鹅.jpg"图像文件,适当调整图像的大小,按Enter键确认,得到"图层2"图层,如下图所示。

置入素材

Step 03 选中"图层"面板上的"图层2"图层,执行"图层>创建剪贴蒙版"命令,将"卡通企鹅"图像贴入至手机屏幕中,如下图所示。

创建剪贴蒙版

Step 04 此时可以看到,贴入屏幕中的图像并没有放置在中心位置,选择工具箱中的移动工具,将其拖曳到屏幕中心位置,并调整图片大小,如下图所示。

编辑剪贴蒙版

11.4.2 释放剪贴蒙版

创建剪贴蒙版后还可以根据需要释放剪贴蒙版,释放剪贴蒙版后图像效果将回到原始状态。释放剪贴蒙版的方法很简单,选择剪贴蒙版的图层,选择图层前带有↓图标的内容图层,按Ctrl+Alt+G组合键,即可释放剪贴蒙版。

创建的剪贴蒙版

释放后的剪贴蒙版

11.4.3 设置剪贴蒙版的混合模式

剪贴蒙版使用基底图层的混合属性,当基底图层为"正常"模式时,所有的图层会按照各自的混合模式与下面的图层混合。调整基底图层的混合模式时,整个剪贴蒙版中的图层都会使用此模式与下面的图层混合。调整内容图层的混合模式时,仅对内容图层自身产生作用,不会影响其他图层。

改变基底图层混合模式的效果

改变内容图层混合模式的效果

11.5 通道的应用

通道在存储颜色和选择范围方面具有强大的功能。通道是用来存放图像的颜色信息和选区信息的，用户可以通过调整通道中的颜色信息来改变图像色彩，或对通道进行相应的编辑操作以调整图像或选区信息。本章将介绍通道的创建、重命名、复制、删除、通道和选区的相互转化和通道的混合等操作，让用户通过本章的学习，充分掌握通道的功能。

11.5.1 创建Alpha通道

Alpha通道相当于一个8位的灰阶图，它使用256级灰度来记录图像中的透明度信息，可以用于定义透明、不透明和半透明区域。Alpha通道可以通过"通道"面板创建，新创建的通道默认为Alpha X（X为自然数，按照创建顺序依次排列）。Alpha通道主要用于存储选区，将选区存储为"通道"面板中可编辑的灰度蒙版。

创建Alpha通道的方法是：首先在图像中使用相应的选区工具创建需要保存的选区，然后在"通道"面板中单击"创建新通道"按钮，新建Alpha1通道。此时在图像窗口中保持选区，填充选区为白色后取消选区，即在Alpha1通道中保存了选区。保存选区后，可随时重新载入该选区或将该选区载入到其他图像中。

实战 应用Alpha通道保存选区

Step 01 打开"女巫.jpg"图像文件，选择工具箱中的快速选择工具，将女巫的轮廓绘制出来，如下图所示。

创建选区

Step 02 创建选区后，在"通道"面板中单击"创建新通道"按钮，新建Alpha1通道，如下图所示。

新建Alpha1通道

Step 03 将女巫选区填充为白色，然后取消选区，会在Alpha1通道中保存选区，如下图所示。

填充选区为白色并保存Alpha通道

11.5.2　重命名通道

重命名通道的方法与重命名图层相同，只需在通道名称上双击，重新输入新的名称，然后按Enter键确认输入即可。

双击名称

重命名后的通道

11.5.3　复制通道

复制通道的方法与复制图层的方法基本一样，在需要复制的通道上右击，在弹出的快捷菜单中选择"复制通道"命令。弹出"复制通道"对话框，对复制通道的名称、效果进行设置，完成后单击"确定"按钮，即可复制出通道。在默认情况下，复制得到的通道以其原有通道名称加上"拷贝"文本进行命名。

"复制通道"对话框

实战 查看复制通道对图像效果的影响

Step 01 打开"清凉一夏.jpg"图像文件，在"通道"面板中可以看到所有通道，此图像为RGB颜色模式，如下图所示。

打开图像并显示通道

Step 02 选择"蓝"通道并右击，在弹出的快捷菜单中选择"复制通道"命令，会发现此时图像发生了改变，如下图所示。

复制通道后的图像效果

11.5.4　删除通道

删除通道的方法比较简单，选择需要删除的通道后，将其拖曳到"删除当前通道"按钮🗑上，即可删除该通道。值得注意的是，若此时删除的是复制或创建的通道，则图像模式不会发生变化。若删除的通道为图像原有的通道，则图像的颜色模式将发生改变。

原图

原"通道"面板

删除"红"通道效果

删除"红"通道的面板

11.5.5 Alpha通道和选区的相互转化

在Photoshop中，用户可以将通道作为选区载入，以便对图像中相同的颜色取样进行调整。其操作方法是在"通道"面板中选择通道后，单击"将通道作为选区载入"按钮，即可将当前的通道快速转化为选区；也可按住 Ctrl 键同时，直接单击该通道缩览图。

同样，用户也可以将选区快速转换为通道。其方法是在"通道"面板中选择通道，然后在"通道"面板中单击"将选区存储为通道"按钮，即可将选区转换为通道。

载入选区

选择的通道

将选区转换为通道

转换后的"通道"面板

11.5.6 通道的混合

通道选项与"通道"面板中的各个通道一一对应，RGB图像包含红（R）、绿（G）、蓝（B）三个颜色通道，它们混合生成RGB复合通道，复合通道中的图像也就是我们在窗口中看到的彩色图像。

如果隐藏一个通道，就会从复合通道中排除此通道，图像的效果也随之变化。

RGB混合通道

隐藏"绿"通道效果

11.5.7 分离通道

分离通道是将通道中的颜色或选区信息分别存放在不同的独立灰度模式的图像中。分离通道后也可对单个通道中的图像进行操作，常用于无须保留通道的文件格式而保存单个通道信息等情况。

在Photoshop中打开一张RGB颜色模式的图像，在"通道"面板中单击扩展按钮 ，在弹出的列表中选择"分离通道"选项，此时软件自动将图像分离为3个灰度图像。

原图像文件

分离前的"通道"面板

分离出的通道

11.5.8　合并通道

对图像进行分离操作后，还可以根据需要对其执行合并通道的操作。合并通道是指将分离后的通道图像重新组合成一个新图像文件。通道的合并使用非常广泛，它类似于简单的通道计算，能同时对两幅或多幅图像进行分离，然后对单独的通道灰度图像有选区的进行合并。

分离出的通道

"合并通道"选项

"合并通道"对话框

"合并RGB通道"对话框

合并后的图像

合并后"通道"面板

11.5.9　通道的转换

将图层图像粘贴到通道中，可以在操作的素材通道的转换时改变颜色通道中的颜色信息。由于颜色信息与图像的颜色模式相关，因此改变图像颜色模式的同时也就进行了通道的转换操作。改变图像颜色模式的方法是：执行"图像>模式"命令，在弹出的级联菜单中选择需要转化的颜色模式。

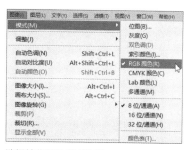

选择转化颜色模式选项

用户还可以执行"文件>自动>条件模式更改"命令，弹出"条件模式更改"对话框，在其中可快速修改图像颜色模式。其中"源模式"选项区域用于设置用以转换的颜色模式，单击"全部"按钮可勾选所有复选框；"目标模式"选项区域用于设置图像最终要转换成的颜色模式。

"条件模式更改"对话框

替换天空颜色

本章详细介绍了Photoshop蒙版和通道的应用，熟练掌握本章所学知识，可以制作出各种偷天换日的效果。本案例将介绍如何为天空制作成蔚蓝的效果，具体操作方法如下。

Step 01 打开"背景.jpg"素材图片，保存文件名为"替换天空颜色.psd"，如下图所示。

打开素材文件

Step 02 打开"通道"面板，蓝色通道黑白分明，选择"蓝"通道并右击，选择"复制通道"命令，复制一份蓝色通道，如下图所示。

复制通道

Step 03 选择"图像>调整>色阶"命令，打开"色阶"对话框，进行相关参数调整，如下图所示。

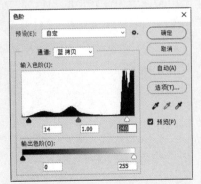

"色阶"对话框

Step 04 选择加深工具，对黑色部分进行加深处理，使得黑白更加分明，如下图所示。

对黑色部分进行加深

Step 05 选择画笔工具，在属性栏中进行画笔参数设置，如下图所示。

设置画笔工具属性栏参数

Step 06 然后在图像上涂抹，把需要保留的地方涂黑，如下图所示。

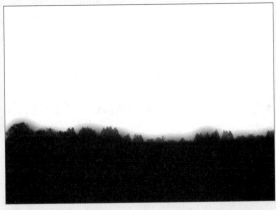

使用画笔工具涂抹图像

Step 07 单击"通道"面板下方的"将通道作为选区载入"按钮 ⟳，如下图所示。

单击"将通道作为选区载入"按钮

Step 08 把通道作为选区载入，按Ctrl+Shift+I组合键进行反选，即可选中使用画笔工具涂抹的区域，效果如下图所示。

反选选区

Step 09 隐藏"蓝拷贝"通道，显示其他通道。切换至"图层"面板，可见选中图像的底部区域，如下图所示。

查看效果

Step 10 选择"编辑>拷贝"命令后，执行"编辑>粘贴"命令，即可为选区创建新的图层，如下图所示。

复制选区

Step 11 置入"天空.jpg"素材文件，适当调整大小和位置后，右击该图层，在快捷菜单中选择"栅格化图层"命令，如下图所示。

置入素材

Step 12 将天空对应的图层移到"图层3"图层的下方，隐藏"图层2"图层，如下图所示。

隐藏图层

Step 13 选中"天空"图层，单击"添加图层蒙版"按钮，如下图所示。

添加图层蒙版

Step 14 选择渐变工具，在属性栏中单击渐变颜色条，打开"渐变编辑器"对话框，选择"黑，白渐变"样式，单击"确定"按钮，如下图所示。

设置渐变颜色

Step 15 在属性栏中单击"线性渐变"按钮，然后在画面中由下往上拉出渐变效果，使天空下半部分透明，如下图所示。

拉出渐变效果

Step 16 单击"图层2"图层前面的"指示图层可见"图标，显示"图层2"图层，让天空和草地自然过渡并融合，"图层"面板如下图所示。

显示"图层2"图层

Step 17 至此，完成替换天空颜色的操作，查看最终效果，如下图所示。

查看最终效果

Part 03

实战应用篇

经过设计入门篇和Photoshop功能展示篇两部分的学习，相信读者对Photoshop的各种功能和应用都能熟练掌握。实战应用篇将以实战案例的形式进一步巩固所学知识。本篇将从Logo设计、网页和界面设计、画册和DM单设计、海报设计、照片后期处理以及图像合成等几个方面介绍相关案例，读者可以通过这些案例的学习，并发挥自己的想象力，设计出更加精美的平面作品。

Chapter 12 Logo标志和徽章设计

本章主要介绍企业Logo标志和徽章的设计操作，将用到各种形状工具、文字工具、钢笔工具以及图层样式等，详细介绍图案Logo标志、文字Logo标志、徽章和公章的设计方法。

12.1 Logo标志设计

Logo不仅能体现企业文化和理念，更是一种艺术的表现，它要求简洁、大方、容易识别。Logo一般以图案或文字的形式体现，下面将以案例形式介绍Logo的设计方法。

12.1.1 马克杯Logo设计

马克杯Logo设计是以图案为主的，首先使用钢笔工具绘制轮廓，然后进行颜色填充，下面将介绍具体的操作方法。

Step 01 打开Photoshop软件，按Ctrl+N组合键，在打开的"新建文档"对话框中设置文档参数，单击"创建"按钮，如下图所示。

创建新文档

Step 02 选择渐变工具，单击属性栏中渐变颜色条，打开"渐变编辑器"对话框，选择"预设"选项区域第一种渐变方式，设置最左侧滑块颜色为#ffffff，如下图所示。

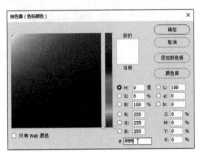

设置渐变左侧滑块颜色

Step 03 根据相同方法设置右侧滑块颜色为#bbb3a1，单击"确定"按钮，返回"渐变编辑器"对话框，如下图所示。

设置渐变颜色

Step 04 单击属性栏中"径向渐变"按钮，新建图层，将光标移至页面中心区域，按住鼠标左键向外拖曳至边缘，释放鼠标左键，完成渐变填充，如下图所示。

新建图层并填充颜色

Step 05 新建图层，使用钢笔工具绘制水岸路径，如下图所示。

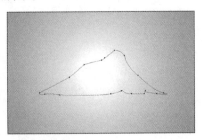

绘制水岸路径

Step 06 单击工具箱中的"设置前景色"按钮，打开"拾色器（前景色）"对话框，如下图所示。

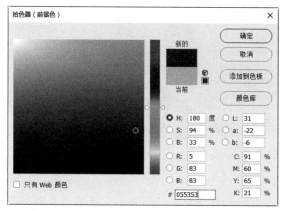

设置前景色

Step 07 按Ctrl+Enter组合键将路径转换为选区，按Alt+Delete组合键填充选区为前景色，然后按Ctrl+D组合键取消选区，如下图所示。

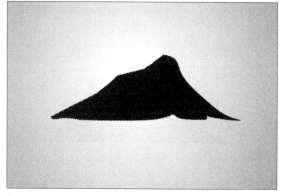

为选区填充颜色

Step 08 新建图层，使用钢笔工具绘制水岸阴影路径，如下图所示。

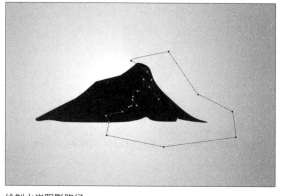

绘制水岸阴影路径

Step 09 打开"渐变编辑器"对话框，设置从深蓝色到白色的渐变，如下图所示。

设置渐变颜色

Step 10 将路径转换为选区，在属性栏中单击"线性渐变"按钮，设置选区从左上位置向右下方向填充渐变，按Ctrl+D组合键取消选区，如下图所示。

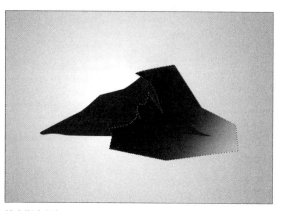

填充渐变颜色

Step 11 选中该图层，执行"图层>创建剪贴蒙版"命令，效果如下图所示。

创建剪贴蒙版

Step 12 新建图层，使用钢笔工具在水岸上方绘制公鸡的下半身图形，如下图所示。

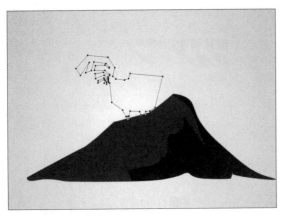

绘制公鸡下半身图形

Step 13 设置前景色为#055353，将路径转换为选区，按Alt+Delete组合键填充前景色，然后取消选区，如下图所示。

填充选区颜色

Step 14 新建图层，使用钢笔工具绘制公鸡的脖子和翅膀路径，如下图所示。

绘制公鸡脖子和翅膀路径

Step 15 将路径转化为选区，并填充颜色为#ff5502，如下图所示。

填充颜色

Step 16 新建图层，使用钢笔工具绘制公鸡头部路径，如下图所示。

绘制公鸡头部路径

Step 17 将路径转换为选区，并填充颜色为#ff0202，效果如下图所示。

填充颜色

Step 18 选择画笔工具，单击属性栏中的"切换画笔面板"按钮，在打开的面板中设置画笔笔触参数，如下图所示。

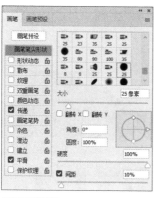

设置画笔笔触

Step 19 设置前景色为#ff0202，在当前图层鸡的头部两侧绘制眼睛，效果如下图所示。

绘制鸡的眼睛部分

Step 20 将画笔大小调小4到8个像素，继续绘制眼睛部分，使用多边形套索工具绘制鸡的嘴巴形状并填充，眼睛和嘴部分颜色均为#ffbb15，如下图所示。

绘制公鸡眼睛和嘴巴部分

Step 21 新建图层，使用多边形套索工具绘制公鸡脖子条纹，并填充颜色为#ff0202，如下图所示 。

绘制公鸡脖子条纹部分

Step 22 在公鸡下半身图层上方新建图层，然后使用多边形套索工具绘制色块，并填充颜色为#043534，按Ctrl+Alt+G组合键创建剪贴蒙版，如下图所示。

绘制色块并创建剪贴蒙版

Step 23 选中所有绘制图形的图层，按Ctrl+G组合键进行编组，并将该组命名为"图标"，如下图所示。

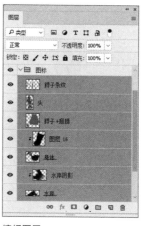

编组图层

Step 24 执行"视图>标尺"命令，调出标尺，拖动参考线至图形的两侧边缘，只需要Y轴即可，如下图所示。

创建参考线

Step 25 新建图层，使用横排文字工具输入HELLO文本，在"字符"面板中设置字体格式，字体颜色为#2b2b2b，如下图所示。

设置文字格式

Step 26 选择文字图层并右击，在快捷菜单中选择"栅格化文字"命令，如下图所示。

栅格化文字

Step 27 选择矩形选框工具选取字母E中间部分并按Delete键删除，然后按Ctrl+D组合键取消选区，如下图所示。

删除部分笔画

Step 28 新建图层，选择矩形选框工具选出字母O中心圆部分，并填充颜色为#ff5502，如下图所示。

绘制矩形并填充颜色

Step 29 选择HELLO文字图层，使用选框工具选择字母O字并删除，效果如下图所示。

删除字母O

Step 30 再次使用矩形选框工具选取L字母的左侧部分，如下图所示。

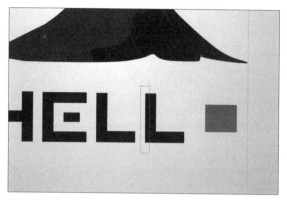

创建选区

Step 31 然后同时按住Ctrl+Shift+鼠标左键，将该选区平移至橘色矩形的右侧并与参考线贴齐，如下图所示。

移动选区

Step 32 新建文字图层，使用横排文字工具输入文字，设置文字的颜色为#2b2b2b，移至矩形的下方，如下图所示。

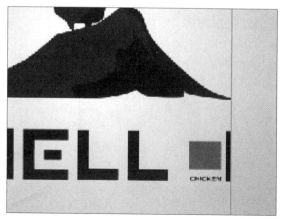

输入横排文字

Step 33 再次新建文字图层，使用竖排文字工具输入文字，设置文字的颜色为#2b2b2b，放在矩形的左侧，如下图所示。

输入竖排文字

Step 34 将文字部分的所有图层选中，按Ctrl+G组合键进行编组，命名为"标题"，如下图所示。

组合标题部分图层

Step 35 按Ctrl+H组合键隐藏参考线，按Ctrl+S组合键保存设计的Logo标志，如下图所示。

Logo设计完成

Step 36 将两个组分别复制一层，然后再按Ctrl+E组合键进行合并，如下图所示。

合并图层

Step 37 按Ctrl+O组合键，在打开的对话框中选择"场景素材.jpg"图像文件，切换至Logo文档中，右击合并的图层，在快捷菜单中选择"复制图层"命令，如下图所示。

选择"复制图层"命令

Step 38 打开"复制图层"对话框，单击"文档"下三角按钮，在列表中选择"场景素材.jpg"选项，单击"确定"按钮，如下图所示。

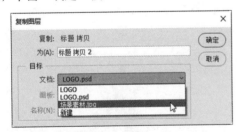

设置复制目标

Step 39 切换至"场景素材"文档，在"图层"面板中可见复制的图层，选中该图层，按Ctrl+T组合键，适当调整标志的大小和位置，最终效果如下图所示。

查看效果

12.1.2　文字Logo设计

文字Logo表达的含义明确，而且易于理解，最重要的是对需要表达的理念起说明作用。文字Logo设计是以文字为主体，下面以PS文字为主体介绍文字Logo设计的方法。

Step 01 按Ctrl+N组合键，在"新建文档"对话框中设置名称为"文字Logo设计"，设置大小为1000×1000像素、分辨率为300像素/英寸，如下图所示。

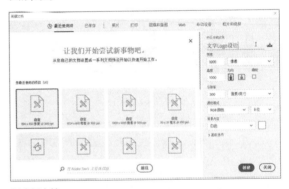

创建新文档

Step 02 选择工具箱中的多边形工具，在属性栏中设置填充颜色为黑色，在画面中绘制一个六边形，如下图所示。

绘制六边形

Step 03 双击形状图层，打开"图层样式"对话框，选择"样式"选项，在右侧区域中选择"日落天空（文字）"样式，如下图所示。

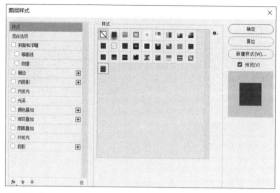

选择样式

Step 04 勾选"斜面和浮雕"复选框，在右侧选项区域中设置大小、角度、高度以及不透明度值，如下图所示。

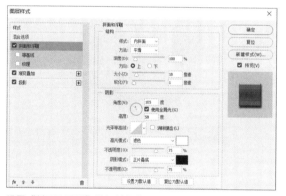

设置"斜面和浮雕"的相关参数

Step 05 勾选"渐变叠加"复选框，在右侧选项区域中设置相关参数，如下图所示。

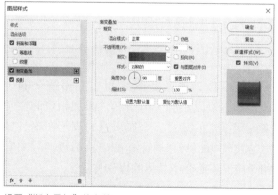

设置"渐变叠加"的参数

Step 06 勾选"投影"复选框，在右侧选项区域中设置相关参数，如下图所示。

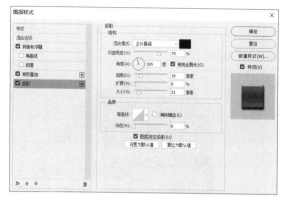

设置"投影"参数

Step 07 设置完图层样式后，单击"确定"按钮，查看为六边形应用图层样式的效果，如下图所示。

查看六边形的效果

Step 08 选择工具箱中的横排文字工具，在六边形上输入PS文本，调整文字的大小和位置，如下图所示。

输入文字

Step 09 按住Ctrl键单击文字图层，将文字转换成选区，并执行"栅格化文字"命令，如下图所示。

将文字转换为选区

Step 10 按Ctrl+J组合键复制文字图层，得到"图层2"图层。将这两个图层分别填充粉色和蓝色，并向上移动蓝色图层，将蓝色文字的图层混合模式改为"线性减淡"，如下图所示。

复制文字填充颜色

Step 11 选择粉色文字图层，打开"图层样式"对话框，勾选"斜面和浮雕"复选框，在右侧选项区域中设置参数，如下图所示。

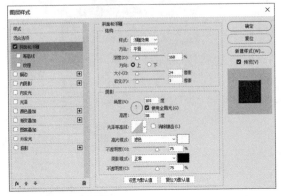

设置"斜面和浮雕"参数

Step 12 勾选"投影"复选框，在右侧选项区域中设置相关参数，如下图所示。

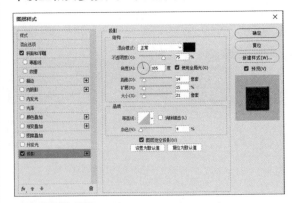

设置"投影"参数

Step 13 单击"确定"按钮，查看文字Logo设计的最终效果，如下图所示。

查看最终效果

12.2 徽章和印章设计

徽章是用于表示身份、职业的标志，通常使用矢量工具进行制作。使用Photoshop制作的印章通常用于电子档案中。

12.2.1 徽章设计

徽章设计通常是图案和文字相结合的设计。本案例以小脚丫为图案，添加相应的文字来说明徽章的意义。金属质感的脚丫图案，显得结实有力，与"勇往直前 永不放弃"文字相呼应。下面介绍具体的操作方法。

Step 01 按Ctrl+N组合键，打开"新建文档"对话框，设置文档名称为"徽章"、大小为1000×1000像素、分辨率为300像素/英寸，单击"创建"按钮，如下图所示。

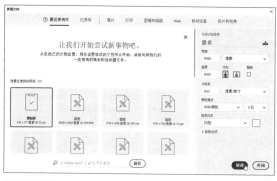

创建新文档

Step 02 单击工具箱中的"设置前景色"按钮，打开"拾色器(前景色)"对话框，设置前景色为#76d0fa，单击"确定"按钮，如下图所示。

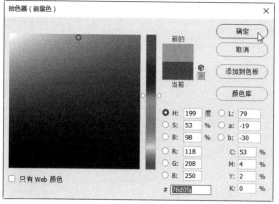

设置前景色

Step 03 选择工具箱中的椭圆工具，在属性栏中设置无填充、描边的颜色为前景色、描边宽度为60像素，按住Shift键绘制一个正圆，如下图所示。

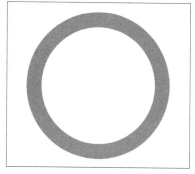

绘制正圆

Step 04 再使用椭圆工具绘制稍小点的同心圆。选择工具箱中的横排文字工具，在属性栏中设置字体格式，在圆上部分输入"勇往直前 永不放弃"路径文字，如下图所示。

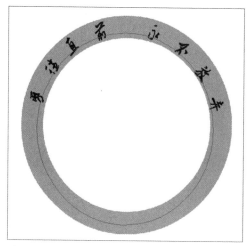

输入中文文字

Step 05 然后在圆的下部分输入March forward bravely Never give up路径文字，设置文字的格式，效果如下图所示。

输入英文文字

Step 06 选择工具箱中的自定义形状工具，在属性栏中设置填充颜色为红色、描边为黑色，单击"形状"下三角按钮，在打开的面板中分别选择"左脚"和"右脚"形状，如下图所示。

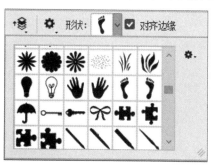

选择自定义形状

Step 07 在圆形中分别绘制左右脚的形状，左脚的形状稍微比右脚大点，并适当调整右脚图形的旋转角度，如下图所示。

绘制图形

Step 08 选择右脚形状图层并双击，打开"图层样式"对话框，勾选"斜面和浮雕"复选框，在右侧选项区域中设置相关参数，如下图所示。

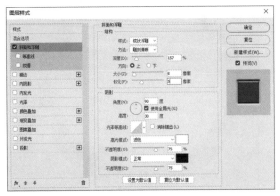

添加"斜面和浮雕"样式

Step 09 勾选"描边"复选框，在右侧选项区域中设置描边大小、不透明度和角度等相关参数，如下图所示。

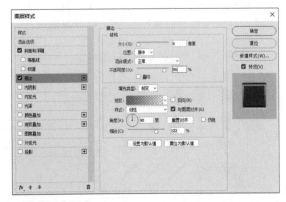

添加"描边"样式

Step 10 勾选"投影"复选框，在右侧选项区域中设置投影的角度、不透明度和距离等相关参数，如下图所示。

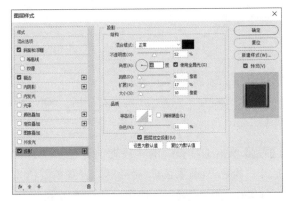

添加"投影"样式

Step 11 勾选"渐变叠加"复选框，在右侧选项区域中设置渐变的不透明度、颜色和样式等相关参数，单击"确定"按钮，如下图所示。

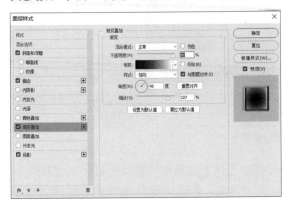

添加"渐变叠加"样式

Step 12 然后将右脚图层样式复制到左脚，查看徽章设计的最终效果，如下图所示。

查看最终效果

12.2.2 印章设计

印章设计相对简单,用户可以以企事业单位的印章为参考,制作一个电子版的印章。本节以合同专用章为例,读者可以根据需要更改名称,下面介绍具体操作方法。

Step 01 按Ctrl+N组合键,打开"新建文档"对话框,设置名称为"印章",设置大小和分辨率,单击"创建"按钮,如下图所示。

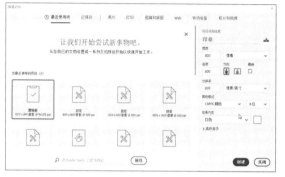

创建新文档

Step 02 执行"图层>新建>图层"命令,在打开的"新建图层"对话框中单击"确定"按钮,新建"图层1"图层,如下图所示。

新建图层

Step 03 选择工具箱中的椭圆工具,在属性栏中设置无填充、红色描边、描边宽度为4像素,按住Shift键绘制正圆,如下图所示。

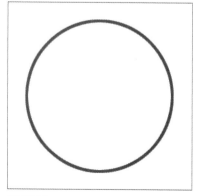

绘制正圆

Step 04 选择工具箱中的多边形工具,绘制与正圆相交的正方形。选中椭圆工具,在正方形中绘制相切的正圆,如下图所示。

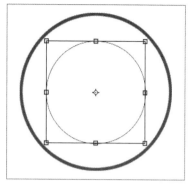

绘制正方形和圆形

Step 05 使用横排文字工具,在属性栏中设置字体格式,沿着小圆创建路径文字。

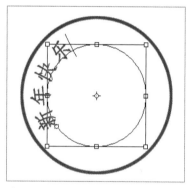

输入文字

Step 06 文字输入完成后,选择多边形工具,在属性栏中设置填充为红色,在画面中单击,打开"创建多边形"对话框,勾选"星形"复选框,设置边数为5,单击"确定"按钮,如下图所示。

设置多边形参数

Step 07 在画面中创建红色五角星，按Ctrl+T组合键对五角星执行缩放、旋转操作，然后移至合适的位置，如下图所示。

绘制五角星

Step 08 在工具箱中选择横排文字工具，在五角星下方输入"合同专用章"文本，根据印章需要调整文字的大小和位置，如下图所示。

输入文字

Step 09 为了方便存储，按住Shift键选中所有图层，按Ctrl+E组合键合并选中的图层，此时，"图层"面板中只包含两个图层，如下图所示。

合并图层

Step 10 为了让印章方便在电子文档中使用，用户可以将其保存为无背景的图片，首先在"图层"面板中隐藏"背景"图层，此时就变成透明底纹，如下图所示。

隐藏"背景"图层

Step 11 执行"文件>导出>存储为Web所用格式"命令，在打开的对话框中单击"存储"按钮，如下图所示。

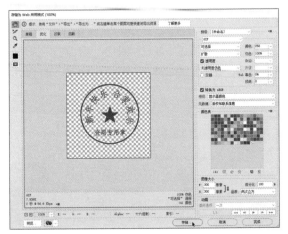

存储印章图像

Step 12 在打开的对话框中选择存储路径，单击"保存"按钮。使用该印章时，直接对其执行复制、粘贴操作，然后调整大小和位置即可，如下图所示。

查看效果

随着科技的不断发展，用户界面设计（即UI设计）现已成为我国信息产业中最为热门的行业之一，其涉及的范围包括商用平面设计、网页设计、移动应用界面设计和部分包装设计等多个方面。本章主要介绍应用Photoshop进行摄影网站的首页设计和手机界面商城主页的设计过程，具体操作如下。

13.1 摄影网站主页设计

在这个网络发达的时代，"互联网+"成为一种新趋势，越来越多的企业开始和互联网挂钩，在网络这个大平台上寻得自己的一席之地。无论是建立自己的网站展示公司，还是借助电商的力量销售产品，网站成为企业和消费者之间相互影响的桥梁，因此网页设计发挥着必不可少的作用。下面以摄影网站主页为例，介绍网页设计的具体操作过程。

Step 01 按Ctrl+N组合键，打开"新建文档"对话框，设置文档名称为"婚纱摄影"、宽度为1920像素、高度为3430像素、分辨率为300像素/英寸，单击"创建"按钮，如下图所示。

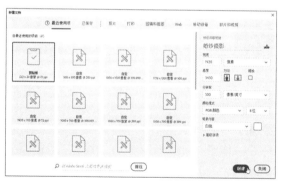

新建文档

Step 02 选择工具箱中的矩形工具，在工作区绘制矩形，设置尺寸为1920×100像素、填充颜色为黑色，并和"背景"图层上对齐、水平居中对齐，效果如下图所示。

绘制矩形

Step 03 选择工具箱中的横排文字工具，在绘制的矩形内输入文字，设置字体为宋体、大小为4.8点、消除锯齿的方法为锐利，设置文字和矩形水平垂直居中对齐，效果如下图所示。

输入文字

Step 04 执行"文件>置入嵌入的智能对象"命令，在打开的对话框中将Logo.png素材文件置入，调整大小，放在黑色矩形中间位置，如下图所示。

置入Logo素材文件

Step 05 使用矩形工具，在工作区中绘制矩形，设置尺寸为1920×700像素、颜色为黑色，并和"背景"图层水平居中对齐，如下图所示。

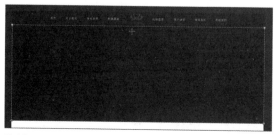

绘制矩形

Step 06 置入banner.jpg素材文件，调整大小和位置，按住Alt键的同时单击"矩形2"和banner图层的中间位置，使banner素材嵌入矩形2中，如下图所示。

置入素材并嵌入在矩形中

Step 07 使用矩形工具，在工作区中绘制矩形3，设置尺寸为1920×780像素、颜色为黑色，并和"背景"图层水平居中对齐，如下图所示。

绘制矩形并填充黑色

Step 08 置入"背景.jpg"素材文件，调整位置和图层不透明度，按住Alt键单击"矩形3"和"背景"图层的中间位置，使背景嵌入矩形3中，如下图所示。

置入素材并嵌入矩形中

Step 09 选择横排文字工具，在属性栏中设置字体格式，输入文字并调整位置，如下图所示。

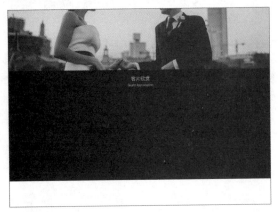

输入文字

Step 10 选择矩形工具，在工作区中绘制矩形，设置矩形尺寸为235×600像素、颜色为白色，然后复制4个矩形并放在合适的位置，这5个矩形和"背景"图层水平居中对齐，如下图所示。

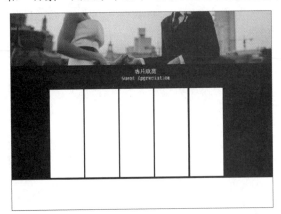

绘制白色矩形并复制

Step 11 置入"写真照.jpg"素材文件，调整位置，将该图层移至矩形4矩形上方，按住Alt键单击"矩形4"和"写真照"图层的中间位置，如下图所示。

置入素材

Step 12 根据同样的方法分别把"闺蜜照.jpg"、"婚纱照.jpg"、"孕妇照.jpg"和"亲子照.jpg"嵌入矩形5、矩形6、矩形7、矩形8内，效果如下图所示。

置入其他素材

Step 13 使用横排文字工具，输入文字，设置字体样式、大小，并调整位置，如下图所示。

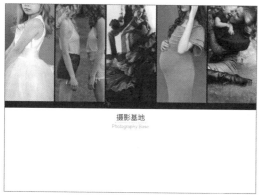

输入文字

Step 14 使用矩形工具，在工作区中绘制矩形9，设置尺寸为1920×750像素、颜色为黑色，并和"背景"图层水平居中对齐，如下图所示。

绘制矩形

Step 15 置入"摄影基地.jpg"素材文件，调整大小和位置，按住Alt键单击"矩形9"和新拖入的照片图层的中间位置，使"摄影基地"图像嵌入矩形中，如下图所示。

置入素材并嵌入矩形内

Step 16 使用矩形工具，在工作区中绘制矩形10，设置尺寸为270×80像素、颜色为黑色，设置不透明度为70%，调整位置，如下图所示。

绘制矩形

Step 17 使用横排文字工具，在矩形内输入文字，设置字体样式和大小，如下图所示。

在矩形内输入文字

Step 18 多次复制矩形10和文字，调整矩形和文字位置，然后修改文字内容，效果如下图所示。

复制并修改文字

Step 19 使用工具箱中的矩形工具，在工作区中绘制矩形11，设置尺寸为1920×530像素、颜色为黑色，并和"背景"图层水平居中对齐，如下图所示。

绘制矩形

Step 20 选择横排文字工具，在属性栏中设置字体格式，然后在绘制的矩形中输入文字，适当调整至合适的位置，如下图所示。

输入文字

Step 21 使用矩形工具，在工作区中绘制矩形12，设置尺寸为50×60像素，填充颜色为白色，如下图所示。

绘制矩形并填充白色

Step 22 使用横排文字工具，在矩形内和右侧输入文字，设置字体样式、大小和颜色，并调整位置，如下图所示。

输入文字

Step 23 复制5次矩形和输入的文字，将复制内容移至合适的位置，然后根据实际需要修改相关的文字信息，如下图所示。

复制矩形的文字

Step 24 按照同样的操作输入"联系我们"模块的内容，然后置入"二维码.jpg"和"地图.jpg"素材文件，调整位置，最终效果如下图所示。

查看最终效果

13.2 手机界面设计

现如今，手机已经普及到大部分人，人们也习惯使用手机浏览网页或进行手机购物等。下面将介绍手机界面商城主页的设计方法，具体操作方法如下。

Step 01 打开Photoshop软件，按Ctrl+N组合键，打开"新建文档"对话框，设置文档名称为"手机界面"，设置文档大小和分辨率后，单击"创建"按钮，如下图所示。

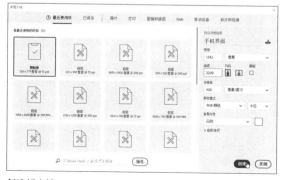

创建新文档

Step 02 首先制作手机顶层图标，使用矩形工具在顶部绘制一个矩形，设置前景色为黑色，按Alt+Delete组合键填充矩形，将该图层命名为"顶部背景"，如下图所示。

绘制矩形并填充黑色

Step 03 打开"拾色器（前景色）"对话框，设置颜色为#6f6d6c，选中"背景"图层，按Alt+Delete组合键填充颜色，如下图所示。

填充"背景"图层

Step 04 然后使用椭圆工具在空白处绘制一个正圆，填充颜色为白色，适当调整圆形的大小，效果如下图所示。

绘制正圆

Step 05 接着将绘制的正圆复制3次，再调整所有圆的大小和位置，将其移到黑色背景上，然后将所有圆图层合并为"顶部1"组，如下图所示。

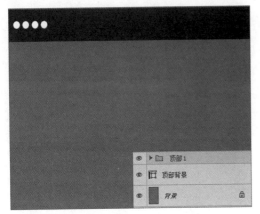
复制圆形并调整位置

Step 06 使用横排文字工具在4个正圆右侧输入"中国移动"文本，设置字体颜色为白色，调整至合适的大小，如下图所示。

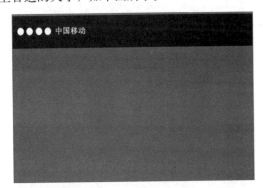
输入文字

Step 07 再绘制一个正圆，设置圆为无填充、描边为白色，并适当调整描边的宽度，如下图所示。

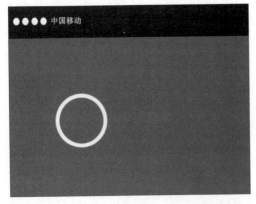
绘制圆

Step 08 使用路径选择工具，调整圆的路径。然后使用直接选择工具在圆路径上拖曳锚点，调整圆的形状，如下图所示。

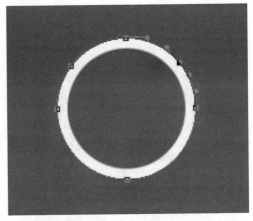
调整圆的形状

Step 09 使用直接选择工具框选底下的3个锚点，按Delete键删除多余部分，效果如下图所示。

删除多余线条

Step 10 接着复制该图形并调整位置与大小，效果如下图所示。

复制图形

Step 11 再次使用椭圆工具绘制一个正圆，放在两个图案的下方，调整大小和位置，制作出手机信号符号，如下图所示。

绘制圆形

Step 12 选中该标志的所有图层合并成"顶部图标2"组，右击该组并选择"转换为智能对象"命令，统一调整顶部图标2的大小并调整好位置，如下图所示。

合并成组

Step 13 使用圆角矩形工具绘制一个圆角矩形，填充颜色为绿色、描边颜色为白色，如下图所示。

绘制圆角矩形并填充颜色

Step 14 使用矩形工具再绘制一个矩形，填充颜色为白色并调整位置和大小，如下图所示。

绘制矩形并填充白色

Step 15 选择移动工具，在"图层"面板中选中圆角矩形图层与矩形图层，在属性栏中设置对齐方式为垂直居中对齐，然后将这两个图层合并，设置组名称为"顶部图标3"，如下图所示。

设置对齐方式

Step 16 然后在顶部背景中间输入时间文本，效果如下图所示。

输入时间文本

Step 17 这样手机界面顶部的元素就设计完成了，选中所有的顶部素材图层，将其组合并命名为"顶部"，如下图所示。

组合图层

Step 18 接着设计手机界面的第二部分，首先使用圆角矩形工具绘制一个圆角矩形，填充颜色为白色，如下图所示。

绘制圆角矩形

Step 19 选择绘制的圆角矩形图层，打开"图层样式"对话框，勾选"渐变叠加"复选框，设置渐变颜色，如下图所示。

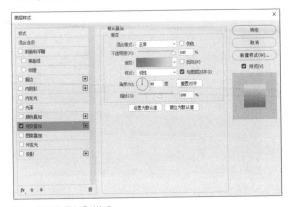

添加"渐变叠加"样式

Step 20 接着勾选"斜面和浮雕"复选框，在右侧设置样式、方法、深度等相关参数，单击"确定"按钮，如下图所示。

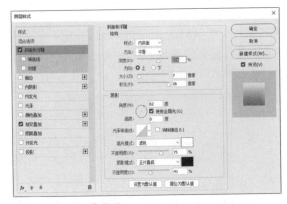

添加"斜面和浮雕"样式

Step 21 设置完成后查看效果，可见圆角矩形应用了设置的图层样式，效果如下图所示。

查看设置图层样式的效果

Step 22 选中该图层按Ctrl+J组合键复制图层，分别调整各矩形的大小，然后放在右侧并水平对齐，如下图所示。

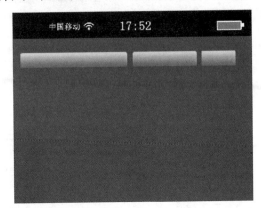

复制圆角矩形

Step 23 将3个圆角矩形所在的图层组合并命名为"搜索框"，如下图所示。

组合图层

Step 24 使用横排文本工具在搜索框下面输入文字，设置文字的大小和样式，如下图所示。

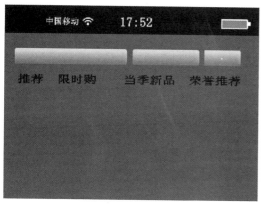

输入文字

Step 25 然后置入"轮播图片.jpg"素材图片，调整其大小和位置，如下图所示。

置入素材图片

Step 26 接着制作分类图标，首先绘制一个正圆，填充颜色为粉红色，如下图所示。

绘制圆形并填充颜色

Step 27 选中该正圆所在的图层，按Ctrl+J组合键复制图层，然后按Ctrl+T组合键，进入自由变换模式，按Shift+Alt组合键沿着中心缩小到合适的位置，如下图所示。

复制圆并调整大小

Step 28 然后将两个正圆图层合并，再使用路径选择工具框选图案，在属性栏中单击"路径操作"下拉按钮，选择"排除重叠形状"选项，然后将该图层命名为"椭圆"，效果如下图所示。

根据两个圆形创建新图形

Step 29 在"椭圆"图层上新建一个图层，选择画笔工具，然后随机选择不同的颜色，在属性栏中设置笔刷的大小，如下图所示。

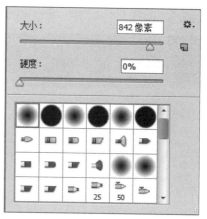

设置画笔大小

Step 30 在画面中绘制多彩的图形样式，如下图所示。

绘制彩色

Step 31 新建图层并命名为"彩色图层"，与"椭圆"图层建立剪贴蒙版，得到的效果如下图所示。

创建剪贴蒙版

Step 32 复制一个"彩色图层"图层，命名为"彩色图层2"，拖至所有图层下面并隐藏备用，接着将"彩色图层"和"椭圆"图层组合，命名为"图标1"，调整大小和位置，如下图所示。

复制并组合图层

Step 33 打开"图层样式"对话框，为"图标1"图层组添加"斜面与浮雕"图层样式，具体参数设置如下图所示。

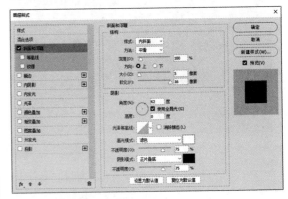

添加"斜面和浮雕"样式

Step 34 然后再添加"投影"图层样式，具体参数设置如下图所示。

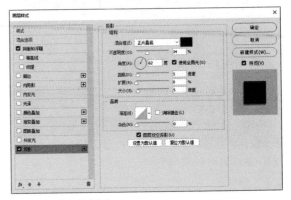

添加"投影"图层样式

Step 35 单击"确定"按钮，可见"图标1"图形应用设置的图层样式，效果如下图所示。

查看效果

Step 36 将"图标1"复制7次备用，分别命名为图标2、图标3、图标4、图标5、图标6、图标7和图标8，调整所有图标图层的位置，最后将所有的图标组合并命名为"中间图标"，如下图所示。

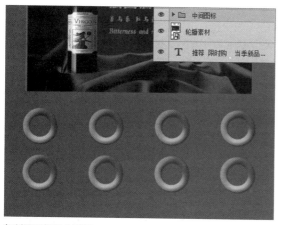

复制图形并组合图层

Step 37 接着在页面空白处输入文字，设置文字字体为黑体、颜色为黑色，调整文字的间距，使文字的形状尽量接近正方形，如下图所示。

输入文字

Step 38 右击文字图层，执行"栅格化文字"命令，将该图层转换为普通图层。为文字图层添加"光泽"图层样式，设置颜色为灰色，参数设置如下图所示。

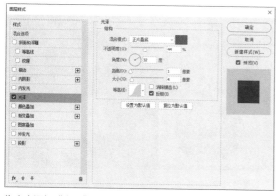

为文字添加"光泽"样式

Step 39 接着设置文字图层的"斜面和浮雕"图层样式，参数设置如下图所示。

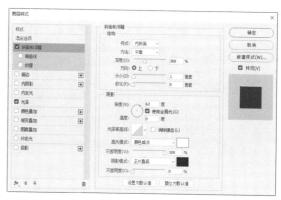

添加"斜面和浮雕"样式

Step 40 单击"确定"按钮，可见文字应用设置的图层样式，效果如下图所示。

查看文字效果

Step 41 接着打开隐藏的"彩色图层"并拖动到文字图层的上面，复制一个"彩色图层"，然后把"彩色图层1"与文字图层建立剪贴蒙版，效果如下图所示。

创建剪贴蒙版

Step 42 接着将文字图层与"彩色图层1"组合，命名为"文字1"。为"文字1"组的图层添加"投影"图层样式，参数设置如下图所示。

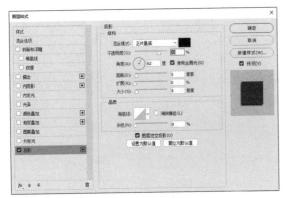

添加"投影"样式

Step 43 将"文字1"组统一调整大小和位置，效果如下图所示。

调整文字大小和位置

Step 44 按照相同的方法，制作圆环中其余文字并分别修改文字信息，如下图所示。

设置其他文字

Step 45 接着在下方输入主页另一个功能区的文字，设置文字的格式和大小，效果如下图所示。

输入文字

Step 46 在文字下方合适的位置绘制一条直线，设置颜色为黑色，如下图所示。

绘制直线

Step 47 置入准备好的素材图片，分别调整大小，并放在直线下方，设置水平对齐，效果如下图所示。

置入素材图片

Step 48 接着在界面底部使用矩形工具绘制一个矩形，填充颜色为黑色，命名为"底部背景"，如下图所示。

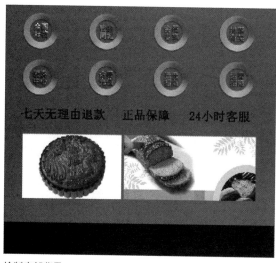

绘制底部背景

Step 49 接着绘制底部图标，为了绘图方便，先隐藏"背景"和"底部背景"两个图层外的所有图层，然后使用钢笔工具绘制被咬掉的苹果图形，并填充为白色，如下图所示。

绘制苹果图形

Step 50 选择苹果所在图层，打开"图层样式"对话框，勾选"内阴影"复选框，设置相关参数，如下图所示。

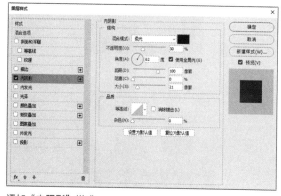

添加"内阴影"样式

Step 51 勾选"内发光"复选框，在右侧选项区域中设置相关参数，如下图所示。

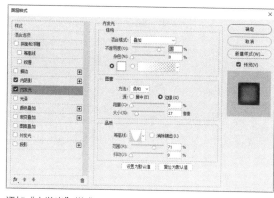

添加"内发光"样式

Step 52 然后再添加"斜面和浮雕"图层样式，参数设置如下图所示。

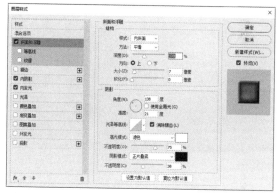

添加"斜面和浮雕"样式

Step 53 添加"光泽"图层样式，在右侧选项区域中设置相关参数，如下图所示。

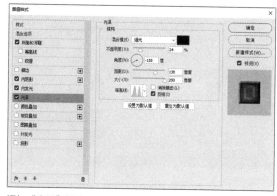

添加"光泽"样式

Step 54 添加"外发光"图层样式，参数设置如下图所示。

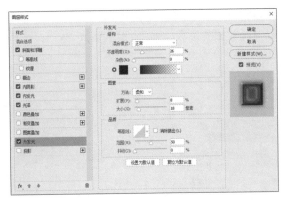

添加"外发光"样式

Step 55 单击"确定"按钮，可见苹果图形应用了设置的图层样式，效果如下图所示。

查看效果

Step 56 然后打开隐藏的"彩色图层"图层，复制该图层，并将复制的图层移至苹果图层的上方，建立剪贴蒙版，效果如下图所示。

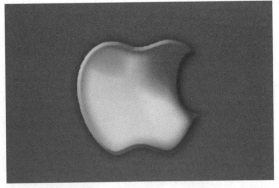

为苹果图形应用色彩

Step 57 然后将苹果图形的所有素材组合并命名为"苹果1"，接着统一调整"苹果1"图层组中图层的大小和位置，将"苹果1"图层组图形复制4个，然后设置其大小、间距和位置，如下图所示。

复制苹果图形

Step 58 选择渐变工具，打开"渐变编辑器"对话框，设置从#8dfd9f至#ffffff的渐变颜色，如下图所示。

设置渐变颜色

Step 59 至此，手机购物商城界面制作完成，最终效果如下图所示。

查看最终效果

Chapter 14 画册和DM单设计

随着自主创业趋势的兴起，大大小小的企业已经不计其数。很多企业或商家通过制作画册对外宣传企业文化或产品的特点，通过DM单直接投递到目标用户手中介绍各种销售活动。本章将通过画册和DM单两个案例的制作，向读者介绍具体的设计方法。

14.1 画册设计

画册作为企业公关交往中的广告媒体，可以从企业自身的性质、文化、理念等多个方面展示企业精神、传播企业文化。

14.1.1 封面和封底设计

本案例将制作一本12页的画册，整体来说难度不是很大，比较考验读者的视觉表达，包括对文案的排版和色彩的搭配。首先介绍画册封面和封底的设计过程，具体操作如下。

Step 01 首先需要准备一些商务概念的图片，如办公楼建筑、签字、书桌等。

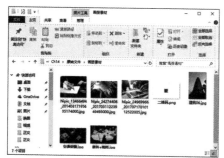

准备素材

Step 02 打开Photoshop软件，执行"文件>新建"命令，在打开的"新建文档"对话框中设置文档参数，创建一个空白文档，如下图所示。

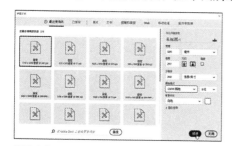

新建文档

Step 03 按Ctrl+R组合键调出参考标尺，在竖排标尺上单击并拖出一条参考线，在页面中间处释放鼠标左键，如下图所示。

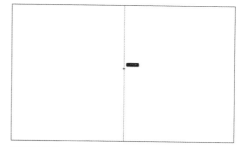

创建参考线

Step 04 接下来设计画册封面，首先新建空白图层，使用矩形选框工具绘制一个矩形，并填充灰色，如下图所示。

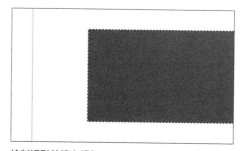

绘制矩形并填充颜色

Step 05 新建图层，使用横排文字工具输入标题文本，设置字体为微软雅黑、字号为33、颜色为#ab2224，如下图所示。

输入标题文字

Step 06 新建3个文本图层，在标题下方输入相关文字内容，分别设置文字的字体，文字的大小逐一减小，效果如下图所示。

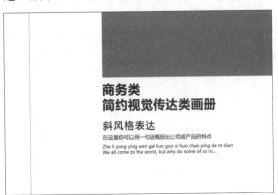

输入其他文字

Step 07 使用矩形选框工具绘制矩形选区，设置填充颜色为#5a5858，按Ctrl+D组合键取消选区，如下图所示。

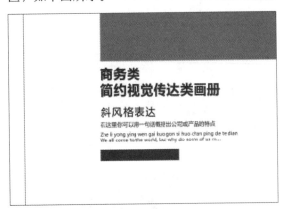

绘制选区并填充颜色

Step 08 新建文字图层，使用横排文字工具在矩形上输入文字，设置文字的大小和位置，设置颜色为白色，效果如下图所示。

在矩形上输入文字

Step 09 在大的灰色矩形所在图层上方新建图层，然后置入一张素材图片，并进行栅格化图层操作，如下图所示。

置入素材图片

Step 10 将图片拖至灰色矩形上并覆盖，按Ctrl+Alt+G组合键创建剪贴蒙版，即可将素材图片嵌入矩形中，如下图所示。

创建剪贴蒙版

Step 11 选中所有图层并进行编组，命名为"封面"，如下图所示。

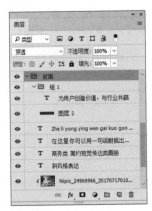

编组图层

Step 12 接着制作封底部分，新建空白图层，使用矩形选框工具选中参考线以左的区域，填充颜色为#ab2324，效果如下图所示。

绘制矩形并填充红色

Step 13 新建空白图层，选择画笔工具，在"画笔"面板中设置参数，如下图所示。

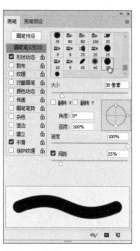

设置画笔参数

Step 14 选择椭圆工具，在属性栏中设置工具模式为"路径"，绘制一个正圆路径，右击该路径，选择"描边路径"命令，在打开的对话框中设置相关参数，如下图所示。

绘制正圆路径

Step 15 新建两个文字图层，输入标签文字，设置文字的格式，效果如下图所示。

输入文字

Step 16 将以上制作圆形和文字图层进行编组，命名"标签组"，选中该组，按Ctrl+J组合键复制3份，修改每个图层的文字，效果如下图所示。

编组并复制图层

Step 17 新建文字图层，使用横排文字工具在工作界面直接拉出一个范围较大的文本框，并输入地址文本，如下图所示。

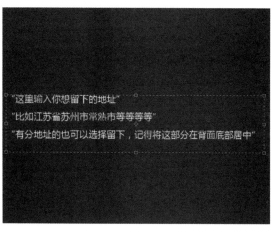

输入段落文字

Step 18 新建空白图层，使用选框工具根据下图操作制作出一个坐标图案，并放置在地址文字之前，如下图所示。

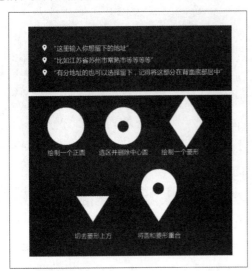

绘制坐标图案

Step 19 然后再输入电话号码等文本，并在号码之前加上信息类图标，如下图所示。

输入文字并添加图标

Step 20 然后将"二维码.png"素材文件置入文档中，放在文字的左侧，适当调整其大小，效果如下图所示。

置入二维码素材

Step 21 将绘制封底的所有图层进行编组，并命名为"底面"，按Ctrl+S组合键保存文档，文件名"01-封面封底"，如下图所示。

编组图层

Step 22 至此，画册的封面底面制作完成，效果如下图所示。

查看封面封底的效果

14.1.2 画册目录设计

目录是整本画册所介绍内容的索引，本部分设置也比较简单，具体操作步骤如下。

Step 01 打开"新建文档"对话框，设置文档参数，单击"创建"按钮，如下图所示。

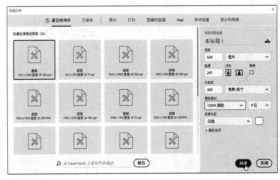

新建文档

Step 02 创建竖直的参考线后，新建空白图层并填充为灰色，如下图所示。

新建图层并填充颜色

Step 03 按Ctrl + T组合键进入自由变换模式，右击并在快捷菜单中选择"斜切"命令，然后调整右上角控制点，如下图所示。

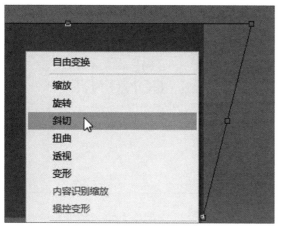

自由变换

Step 04 将图形往左边平移，只露出右边部分在工作界面中，如下图所示。

平移图形

Step 05 置入一张素材图片，调整大小和位置，然后执行栅格化操作。接着执行"图层>创建剪贴蒙版"命令，效果如下图所示。

创建剪贴蒙版

Step 06 新建图层，选择画笔工具，打开"画笔"面板，设置画笔属性，如下图所示。

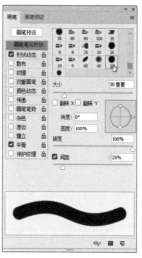

设置画笔属性

Step 07 在图片边缘绘制一条斜线，填充颜色为#727172，如下图所示。

绘制斜线

Step 08 将以上所有图层编组并命名为"背景组",如下图所示。

编组图层

Step 09 新建图层,使用矩形选框工具在界面右上角绘制图形,填充颜色为#ab2424。新建文字图层并输入文字,设置填充颜色为黑色,如下图所示。

输入文字

Step 10 将矩形和文字图层进行编组,按Ctrl+J组合键,复制图层,放置在工作区的左上角,调整文字的位置,角标签就制作完成了,效果如下图所示。

复制文字

Step 11 新建空白图层,使用矩形选框工具绘制方形选区,填充颜色为#5a5858,新建两个文字图层,依次输入PAGE和01/02文本,如下图所示。

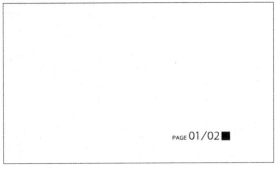

输入页码文本

Step 12 将与页码相关的图层编组,命名为"页码"。新建空白图层,选择横排文字工具输入文字,设置颜色为#ab2424,如下图所示。

输入文字

Step 13 新建文字图层,使用横排文字工具在标题下方拖曳出较大文本框,然后输入与目录相关的内容,并设置文字的格式,如下图所示。

输入目录内容

Step 14 新建图层，使用横排文字工具输入目录的页码，设置页码的字体格式，移至内容右边并对齐，如下图所示。

输入目录中的页码

Step 15 新建图层，使用矩形工具绘制小正方形，并复制放到合适位置，制作图标，如下图所示。

CONTENTS

❖ 关于我们

企业简介/Company profile

地理位置/Geographical posit

制作图标

Step 16 然后复制两份放在小标题左侧，并将所有未编组图层编组，命名为"目录"。至此，目录制作完成，按Ctrl+S组合键保存文档，文件命名为"02-目录"，效果如下图所示。

查看制作的目录效果

14.1.3 画册第3、4页设计

画册的第3、4页主要介绍企业的相关信息，如企业的产品或服务，具体设计方法如下。

Step 01 打开"新建文档"对话框，设置文档参数，单击"创建"按钮，如下图所示。

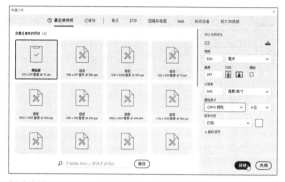

新建文档

Step 02 创建中间竖直的参考线，打开"02-目录"文档，右击"背景组"中填充灰色的图层，选择"复制图层"命令，在打开的对话框中设置文档为03.psd，单击"确定"按钮，如下图所示。

跨文档复制图层

Step 03 切换至03.psd文档，按Ctrl+J组合键复制一份灰色图层，将前景色设置为黑色，按Alt+Del-elete组合键快速填充黑色，如下图所示。

填充黑色

Step 04 将黑色图层再往左平移只留出类似三角形的部分，按住Ctrl键的同时单击该图层，载入选区，如下图所示。

平移图形

Step 05 保持选区不变，选择灰色图层，按住Alt键单击"添加矢量蒙版"按钮。将前景色设置为#ab2424，选择黑色图层，按Alt+Delete组合键填充红色，并往左移动1mm，效果如下所示。

填充颜色

Step 06 选择画笔工具，设置画笔属性，分别在平行四边形的右下角和右上角绘制一条斜线，颜色分别为#ffffff和#727172，如下图所示。

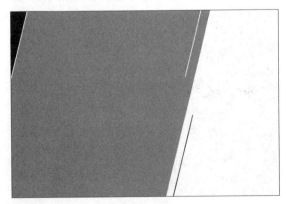

绘制斜线

Step 07 选中图层界面中位置偏下的灰色图层，置入一张素材图片并创建剪贴蒙版，调整位置和大小，效果如下图所示。

置入素材图片

Step 08 选中所有图层，按Ctrl+E组合键执行编组操作，命名为"背景组"，如下图所示。

图层编组

Step 09 打开"02-目录.psd"文档，选择"角标签"和"页码"图层组，将其复制到03.psd文档中，效果如下图所示。

跨文档复制图层

Step 10 选中左上角标签的两个文字图层，在菜单栏中执行"窗口>字符"命令，打开"字符"面板，设置字体颜色为白色，如下图所示。

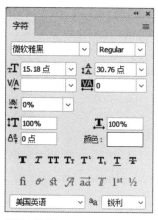

设置字体颜色

Step 11 选中标签中的矩形图层，按住Ctrl键同时单击图层，调出矩形选区并填充白色。然后将页码里01/02更改为03/04，如下图所示。

设置矩形颜色

Step 12 新建空白图层，使用横排文字工具在右侧输入标题，设置文字颜色为#ab2424，效果如下图所示。

输入标题文本

Step 13 新建空白图层，选择椭圆选框工具绘制小的正圆，填充颜色为#3f3b3a。新建文本图层，使用横排文字工具在正圆右侧输入文字，颜色相同，如下图所示。

绘制圆并输入文字

Step 14 新建文本图层，使用横排文字工具拖曳出较大文本框，输入企业的相关内容，颜色为#3f3b3a，如下图所示。

输入段落文本

Step 15 选中内容文字，执行"窗口>段落"命令，在打开的"段落"面板中单击"最后一行左对齐"按钮，如下图所示。

设置段落文本

Step 16 至此，画册第3和4页制作完成，效果如下图所示。

查看画册第3、4页效果

14.1.4 画册其他页面设计

除此之外画册还包括第5、6和7、8页，主要介绍课程、相关的问题以及人员/环境等相关内容，具体设计方法如下。

Step 01 打开03.psd文档，按Ctrl+Shift+S组合键将文档另存为04.psd，删除标题、内容、创建剪贴蒙版的图片以及左边红色图层，删除后效果如下图所示。

复制文档并删除内容

Step 02 调整左上角的标签颜色，设置矩形填充颜色为#ab2424、文字颜色为#221815，效果如下所示。

设置填充颜色

Step 03 将右下角的页码03/04改成05/06，方框图标移至数字左边，PAGE移至数字右边，并将页码组往左平移，如下图所示。

修改页码

Step 04 选择灰色图层，使用移动工具将该图层向左平移，效果如下图所示。

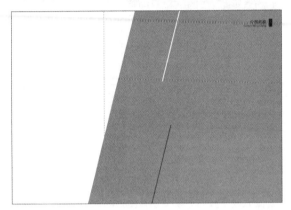

平移灰色图层

Step 05 选择两个斜线图层，按Ctrl+E组合键合并图层，按Ctr+T组合键后右击，在快捷菜单中选择"旋转180度"命令，向左平移至中间位置，效果如下图所示。

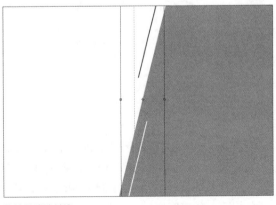

旋转并移动斜线

Step 06 选择灰色图层，置入"交通俯瞰.jpg"素材图片，调整至合适大小和位置，然后将该素材图层与灰色图层创建剪贴蒙版，如下图所示。

置入素材并创建剪贴蒙版

Step 07 接着将右上角的矩形和文字的颜色修改为白色，如下图所示。

修改文字和矩形填充颜色

Step 08 新建文字图层，输入文字，设置文字，颜色为#ab2424，如下图所示。

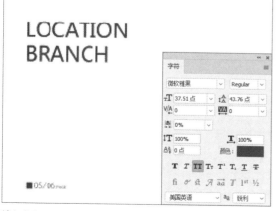

输入文字

Step 09 新建文字图层，输入"地理位置"文本，设置文字的颜色为#3e3a39，如下图所示。

输入该区域的标题

Step 10 新建文字图层，在标题下方输入与企业地址相关的内容，设置文字颜色为#3e3a39，如下图所示。

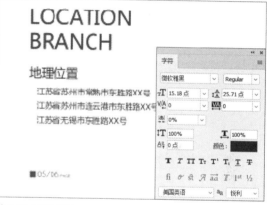

输入地址相关信息

Step 11 使用矩形选框工具绘制方形图标，填充颜色为黑色，放在每行地址的左侧，为地理位置相关的图层进行编组，命名为"地址"，如下图所示。

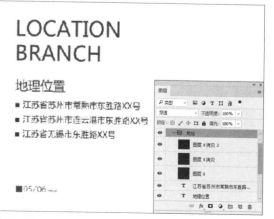

绘制图标

Step 12 新建图层，使用矩形选框工具在左侧绘制一个矩形，填充颜色为#403c3b，然后按Ctrl+D组合键取消选区，如下图所示。

创建矩形选区并填充颜色

Step 13 双击该图层，弹出"图层样式"对话框，勾选"投影"复选框，在右侧选项区域中设置相关参数，如下图所示。

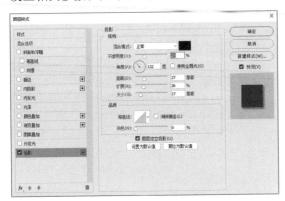

设置"投影"参数

Step 14 新建文本图层，使用横排文字工具在矩形中输入文字，再次新建文本图层，使用横排文字工具在矩形下方绘制文本框，然后输入相关文字内容，如下图所示。

输入文字

Step 15 然后对矩形和上步的文字图层进行编组，并按Ctrl+J组合键复制两份，在工作页面上分别上移，然后修改相关文字内容，如下图所示。

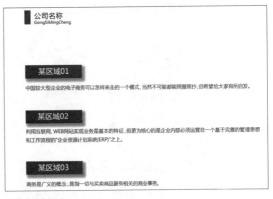

编组复制图层

Step 16 将未编组图层按照顺序和分类进行编组。至此，画册第5、6页制作完成，效果如下图所示。

画册第5、6页的效果

Step 17 按Ctrl+Shift+S组合键将04.psd文档另存为05.psd，删除标题、内容、创建剪贴蒙版的图片，如下图所示。

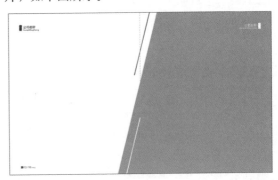

另存文档

Step 18 置入素材图片，适当调整图片的大小和位置，将素材图层与灰色的图层创建剪贴蒙版，然后对该页的页码进行修改，效果如下图所示。

置入素材并修改页码

Step 19 新建文本图层，使用横排文字工具输入文字，设置字体颜色为#ab2424，按Ctrl+T组合键进行自由变换操作，将中心点拖至右上角并进行旋转，如下图所示。

输入文字并进行自由变换

Step 20 复制文本图层，修改文字内容，按照相同的方法对文字进行旋转，适当调整位置，效果如下图所示。

继续输入文字

Step 21 新建文本图层并输入课程内容，分别设置标题与内容文字的格式，效果如下图所示。

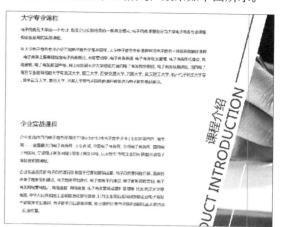

输入课程的相关信息

Step 22 对以上内容所在的图层进行编组，命名为"课程"。新建两个图层，使用椭圆选框工具和矩形选框工具在画册的右侧分别绘制一个正圆和方形，填充颜色为#ab2824，如下图所示。

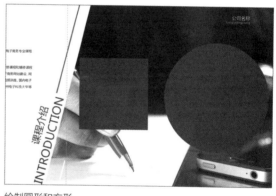

绘制圆形和方形

Step 23 使方形图层和圆形图层重合，按住Ctrl键同时单击圆形图层建立选区，按Ctrl+Shift+I组合键进行反向，如下图所示。

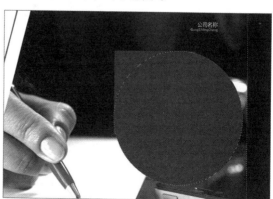

重合两个形状

Step 24 使用橡皮擦工具在方形图层上擦除多余部分，按Ctrl+D组合键取消选区，将两个图层进行合并，效果如下图所示。

合并图层

Step 25 新建图层，使用横排文字工具输入文字，设置文字的字体和字号并填充白色，如下图所示。

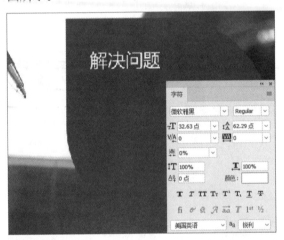

输入标题文字

Step 26 使用横排文字工具在标题下方输入小标题，并设置文字格式，如下图所示。

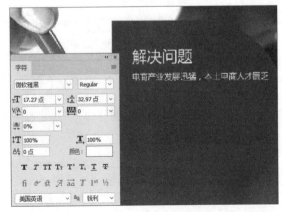

输入小标题

Step 27 在小标题下方输入内容文字，效果如下图所示。

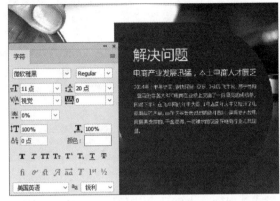

输入内容文本

Step 28 至此，画册第7、8页制作完成，效果如下图所示。

查看画册第7、8页的效果

Step 29 将05.psd文档另存为06.psd，删除多余部分，平移灰色图层，如下图所示。

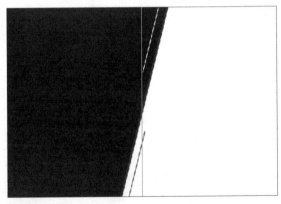

另存文档并删除多余部分

Step 30 置入"建筑06.jpg"素材图片，调整图片的大小和位置，在素材图层和灰色图层之间创建剪贴蒙版，修改页码同时将其平移至右侧，调整页码的顺序，如下图所示。

置入素材图片

Step 31 新建图层，使用矩形选框工具绘制一个图形，填充颜色为灰色，按Ctrl+T组合键自由变换后右击，在快捷菜单中选择"斜切"命令，如下图所示。

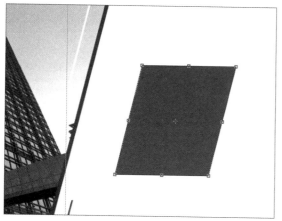

绘制矩形并进行变换

Step 32 将该图层复制3份，按Ctrl+T组合键，对复制的图形进行自由变换，并放在不同的位置，如下图所示。

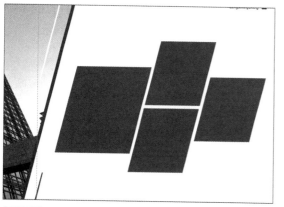

复制图形

Step 33 置入4份素材图片，通过创建剪贴蒙版的方法将4个灰色图层盖上图片，并进行编组，效果如下图所示。

置入并嵌入素材

Step 34 新建文字图层，在页面的右下角输入标题，文字的参数设置如下图所示。

输入标题文本

Step 35 新建文字图层，使用横排文字工具绘制文本框并输入文字内容，与标题右对齐，效果如下图所示。

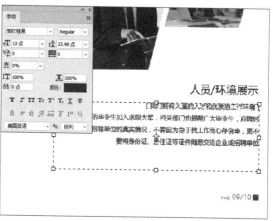

输入内容信息

Step 36 至此，画册第7、8页制作完成，效果如下图所示。

查看画册第7、8页的效果

Step 37 整本画册制作完成后，查看画册12p缩略图，效果如下图所示。

查看整本画册的效果

14.2 DM单页设计

DM是区别于报纸、电视、广播、互联网等传统广告刊载媒体的新型广告发布载体。传统广告刊载媒体贩卖的是内容，然后再把发行量二次贩卖给广告主，而DM则是贩卖给直达目标消费者的广告通道。

14.2.1 DM单页封面封底设计

下面以某寿司店的两折页DM单为例，介绍印刷品设计过程中的一些注意事项，比如颜色模式的设置、出血的预留、字体大小设置等。下面首先介绍DM单封底和封面的具体设计方法。

Step 01 打开Photoshop软件，按Ctrl+N组合键，打开"新建文档"对话框，设置文档名称为"两折页DM单"，设置大小和分辨率，如下图所示。

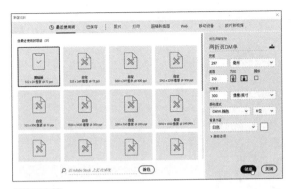

创建新文档

Step 02 按Ctrl+R组合键调出标尺，拖曳出参考线，作为出血辅助线，如下图所示。

创建参考线

> **提示：出血线设置**
>
> 出血（实际为"初削"）指印刷时为保留画面有效内容预留出的方便裁切的部分。血位的标准尺寸为3mm，为避免边上切掉3mm后会把文字或重要的图片也切了，所以要把那些文字和重要的图片略靠里边6mm。

Step 03 执行"编辑>首选项>单位与标尺"命令，打开"首选项"对话框，设置标尺的单位为毫米，单击"确定"按钮，如下图所示。

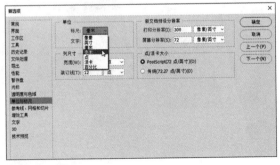

设置标尺的单位

Step 04 新建图层，执行"编辑>填充"命令，打开"填充"对话框，设置"内容"为"颜色"，打开"拾色器（填充颜色）"对话框，设置填充颜色为#f0e4d3，依次单击"确定"按钮，如下图所示。

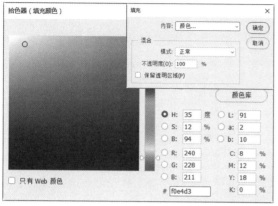

设置填充颜色

Step 05 接下来制作店铺Logo，新建图层，使用文字工具输入"寿"字，并设置字体格式，效果如下图所示。

输入并设置文字格式

Step 06 新建图层，使用文字工具输入"司"字，设置文字的格式，然后将其移到"寿"字的左下角，如下图所示。

输入文字

Step 07 新建图层，选择椭圆工具，按住Shift键绘制正圆，如下图所示。

绘制正圆

Step 08 新建图层，选择圆角矩形工具，绘制圆角矩形，设置无描边、填充颜色为#c5775c，效果如下图所示。

绘制圆角矩形并填充颜色

Step 09 使用竖排文字工具在圆角矩形上方输入文字"清河の"，设置文字的格式和颜色，效果如下图所示。

输入文字

Step 10 新建图层，选择钢笔工具绘制寿司形状，并复制图层，适当调整复制形状的位置，效果如下图所示。

绘制寿司形状

Step 11 下面制作封皮封底，因为是一张A4对折，所以制作时在中间创建一条辅助线。新建图层，使用钢笔工具绘制山川形状，效果如下图所示。

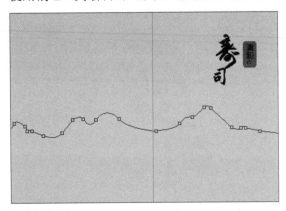
绘制山川形状

Step 12 按Ctrl+Enter组合键将路径转化为选区，效果如下图所示。

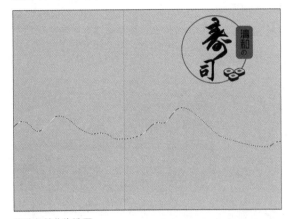
将路径转化为选区

Step 13 选择渐变工具，单击属性栏中渐变颜色条，打开"渐变编辑器"对话框，设置从#efdcc7到#ffffff的颜色渐变，如下图所示。

设置渐变颜色

Step 14 按住Shift键拖曳渐变条，根据需要的效果可以多次尝试，按Ctrl+D组合键取消选区，效果如下图所示。

填充渐变颜色

Step 15 按照相同的方法，用钢笔工具绘制多层山峰、树木、飞鸟和亭等图形，并填充不同的颜色，效果如下图所示。

装饰画面

Step 16 新建图层，置入"木板.png"素材文件，调整位置和大小，复制一份放在画面的另一侧，进一步打造寿司店的形象，如下图所示。

置入素材文件

Step 17 新建图层，在左侧封底部分使用横排文字工具输入订餐电话、时间等信息，然后再置入"二维码.png"素材，调整其大小并放在文字的上方，如下图所示。

输入文字并置入素材

Step 18 至此，DM单的封面封底就制作完成了，最终效果如下图所示。

查看封面封底的效果

14.2.2　DM单页内容页设计

DM单主要向浏览者传递商家的促销信息以及各商品的价格等。本案例以文字为主，以图片为辅，图文并茂地展示内容。下面介绍内容页的具体设计方法。

Step 01 新建图层，打开"拾色器（前景色）"对话框，设置前景色为#f2e6d2，如下图所示。

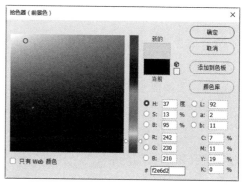
设置前景色

Step 02 按Alt+Delete组合键为该图层填充前景色，如下图所示。

填充图层

Step 03 置入"木板.png"素材，适当调整其大小，然后复制并放置在画面的四周，如下图所示。

置入素材图片

Step 04 复制封面绘制的店铺Logo，使用横排文字工具在Logo下方输入文字，然后设置文字大小和颜色，如下图所示。

输入文字

Step 05 选择矩形工具，在属性栏中设置描边为无填充，在画面的左右两侧绘制矩形，对折页内容左右两边进行划分，如下图所示。

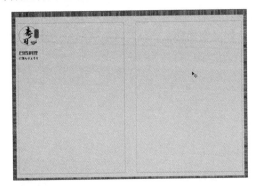

绘制矩形

Step 06 置入3张寿司图片素材，调整各素材的大小，放在Logo的右侧，效果如下图所示。

置入素材图片

Step 07 新建图层，选择横排文字工具输入寿司品种和价格，如下图所示。

输入寿司品种和价格

Step 08 新建图层，选择横排文字工具，绘制虚线，分隔寿司种类，并设置颜色，如下图所示。

绘制虚线

Step 09 然后使用横排文字工具输入寿司的名称和价格，字体设置要一致，注意每一种类寿司需要新建图层，输入完成后设置文字左侧对齐，价格对齐，如下图所示。

输入寿司的名称和价格

Step 10 按照同样的方法，为右侧置入素材，并输入寿司种类和价格，加入虚线分隔，适当优化排版，如下图所示。

设置右侧折页的内容

Step 11 选择圆角矩形工具，绘制半径为35的圆角矩形，并填充颜色，如下图所示。

绘制圆角矩形

Step 12 使用直排文字工具在圆角矩形上添加文字，设置文字的格式，作为划分寿司的种类标示，如下图所示。

输入文字

Step 13 至此，内容页面大体制作完成，为了丰富背景并与封面呼应，所以复制封面的背景到内容页，调整大小与透明度，如下图所示。

复制封面背景

Step 14 至此，DM单的内容页制作完成，效果如下图所示。

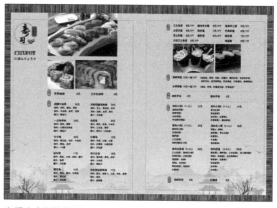

查看内容页的效果

Step 15 为了方便读者理解两折页的含义，在这里制作一个实际打印出来的两折页展示图，最终效果如下图所示。

查看最终效果图

Chapter 15 海报设计

海报是一种信息传递的艺术，是一种大众化的宣传工具。海报设计是基于计算机平面设计技术的应用基础上，伴随广告行业发展所形成的一个新职业。海报设计是应用图像、文字、版面和色彩等广告元素，结合广告媒体的特征，通过Photoshop等设计软件实现传达信息和设计意图的过程。

15.1 公益海报设计

我们在电视、网络和各种公共场所，通常会发现很多关于戒烟的公益广告或海报。本案例将使用钢笔工具、模糊滤镜、图层调整等功能，制作一幅关于戒烟的公益海报，具体设计方法如下。

Step 01 打开Photoshop软件，按Ctrl+N组合键，打开"新建文档"对话框，将新文档命名为"公益海报"，设置文档的大小和分辨率，单击"创建"按钮，如下图所示。

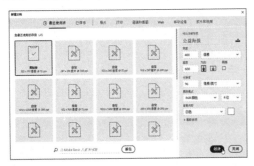

新建文档

Step 02 打开"拾色器（前景色）"对话框，设置前景色为浅蓝色，色值为C25、M11、Y7、K0，如下图所示。

设置前景色

Step 03 按Ctrl+Shift+N组合键，打开"新建图层"对话框，单击"确定"按钮，接着按Alt+Delete组合键为图层填充前景色，如下图所示。

新建图层并填充颜色

Step 04 置入"蓝天.jpg"素材，调整素材的大小，并放在最上面，将该图层命名为"蓝天"，如下图所示。

置入蓝天素材

Step 05 选中"蓝天"图层，单击"图层"面板中的"添加图层蒙版"按钮，选择画笔工具，设置前景色为黑色，涂抹蓝天素材下方1/4的区域，效果如下图所示。

添加图层蒙版

Step 06 按Ctrl+J组合键，复制"蓝天"图层并右击，执行"创建剪贴蒙版"命令，接着执行"滤镜>模糊>高斯模糊"命令，在打开的对话框中设置半径值为1像素，如下图所示。

添加高斯模糊滤镜

Step 07 可见蓝天变得模糊了，效果如下图所示。

查看添加滤镜后的效果

Step 08 单击"图层"面板中的"创建新的填充或调整图层"按钮，在列表中选择"亮度/对比度"选项，在打开的"属性"面板中设置"亮度"和"对比度"值分别为42和-1，如下图所示。

设置亮度/对比度的参数

Step 09 按照同样的方法，设置素材图片的色相/饱和度，设置"色相"和"饱和度"的值分别为-7和14，如下图所示。

设置色相/饱和度的参数

Step 10 设置完成后，可见图片比原素材要明亮且更饱满，效果如下图所示。

查看效果

Step 11 置入"城市.jpg"素材，调整素材图片的大小，将其放在"蓝天"素材下方3/4处，将图层命名为"城市"，如下图所示。

置入素材图片

Step 12 选中"城市"图层，单击"图层"面板中的"添加图层蒙版"按钮，选择画笔工具，涂抹掉除建筑以外的区域，设置图层不透明度为90%，效果如下图所示。

添加图层蒙版

Step 13 选中"城市"图层，单击"创建新的填充或调整图层"按钮，在列表中选择"亮度/对比度"选项，在打开的"属性"面板中调整"亮度"和"对比度"值分别为30和0，如下图所示。

设置亮度和对比度的参数

Step 14 导入"草坪.jpg"素材，调整大小和位置，在"图层"面板中更改图层的混合模式为"变暗"，效果如下图所示。

置入素材图片

Step 15 选中"草坪"图层，单击"图层"面板中的"添加图层蒙版"按钮，选择画笔工具，涂抹掉草坪下方1/5的区域，效果如下图所示。

添加图层蒙版

Step 16 打开"拾色器（前景色）"对话框，设置前景色为浅黄色，色值为C14、M16、Y36、K0，如下图所示。

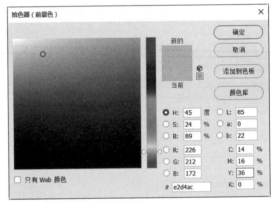

设置前景色

Step 17 新建"渐变"图层，选中渐变工具，在公益海报文档中从下往上拖曳80px，创建一个透明渐变，效果如下图所示。

创建渐变效果

Step 18 导入"烟卷.jpg"素材，将图层命名为
"烟卷01"，适当调整素材图片的大小和位置，
如下图所示。

置入素材图片

Step 19 选中烟卷素材图层，单击"图层"面板
中的"添加图层蒙版"按钮 ，将前景色设为黑
色，选择钢笔工具 ，勾选烟卷图像之外的部
分，按Ctrl+Enter组合键，将其转化为选区，按
Alt+Delete组合键填充黑色，效果如下图所示。

添加图层蒙版

Step 20 打开"拾色器（前景色）"对话框，设
置前景色为红色，色值为C42、M94、Y100、
K8后，新建"红色"图层。按Alt+Delete组合键
填充前景色，将图层的混合模式改成"柔光"，
如下图所示。

新建图层并填充颜色

Step 21 选中"红色"图层，单击"图层"面板
中的"添加图层蒙版"按钮，设置前景色为黑
色，选择画笔工具，涂抹烟卷中间白色的部
分，为"红色"和烟卷图层创建剪贴蒙版，效
果如下图所示。

查看效果

Step 22 导入"烟囱.jpg"素材，将图层命名为
"烟囱"，放置在"烟卷01"图层的下方，制作
香烟冒烟的效果，如下图所示。

置入素材并调整位置

Step 23 选中"烟囱"图层，添加图层蒙版，设
置前景色为黑色，选择画笔工具，涂抹掉烟以
外的区域，效果如下图所示。

添加图层蒙版

Step 24 打开"拾色器（前景色）"对话框，将前景色改为烟卷色，色值为C28、M41、Y82、K0，新建 "阴影"图层，拖放在烟卷图层下方，选择画笔工具，在烟卷的底部绘制出阴影形状，如下图所示。

绘制阴影

Step 25 按住Ctrl键的同时选中烟卷、烟囱、阴影图层并右键，选择"复制图层"命令，选中复制得到的图层，向左移动80px，按Ctrl+T组合键，缩小图像，按Enter键确认操作，效果如下图所示。

复制图层

Step 26 设置前景色为黑色，选择横排文字工具，在属性栏中设置字体为"微软雅黑"、字号为41px、样式为Bold，将属性设置为"犀利"，新建字体图层01，输入文字STOP，新建字体图层02，输入文字OUR LIFE，如下图所示。

输入文字

Step 27 新建字体图层03，在属性栏中将字体样式改为Regular，输入文字BURNING并摆放在上步骤文字中间，如下图所示。

输入文字

Step 28 设置前景色为红色，色值为C28、M41、Y82、K0，新建图层，选择矩形选框工具，绘制一个矩形选框，按Alt+Delete组合键填充前景色，按Ctrl+D组合键取消选区，如下图所示。

绘制矩形

Step 29 按Ctrl+T组合键选中红色矩形，顺时针旋转45度，按下Enter键确认操作。复制红色矩形图层，按Ctrl+T组合键选中红色矩形并右击，执行"水平翻转"命令，如下图所示。

调整矩形并复制

Step 30 设置前景色为黑色，新建图层，设置图层不透明度为20%，选择渐变工具，在文档的四个边角处由外向里拉20px长的透明渐变，效果如下图所示。

添加渐变效果

Step 31 单击"图层"面板中的"创建新的填充或调整图层"按钮，在列表中选择"色相/饱和度"选项，在打开的"属性"面板中调整"色相"和"饱和度"值分别为0和−37，如下图所示。

设置色相和饱和度参数

Step 32 至此，戒烟公益海报制作完成，查看最终效果，如下图所示。

查看公益海报的效果

15.2 2018新年海报设计

每逢佳节，各商场的促销海报漫天都是，让人应接不暇。本案例以喜庆的红色为主色调，设计新年有礼的促销海报，具体设计步骤如下。

15.2.1 设计图案部分

该新年海报以红色和黄色为基色，搭配具有中国元素的剪纸元素，更具有年味。下面介绍图案部分的设计方法。

Step 01 打开Photoshop软件，按Ctrl+N组合键，打开"新建文档"对话框，新建宽度为3500、高度为5300像素的文档，如下图所示。

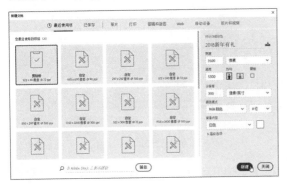

创建新文档

Step 02 使用椭圆工具在页面上部绘制一个正圆，填充黄色，适当调整其大小，并与背景水平居中对齐，如下图所示。

绘制正圆并填充黄色

Step 03 选中该图层，执行"图层>图层样式>内阴影"命令，打开"图层样式"对话框，设置"内阴影"的参数，如下图所示。

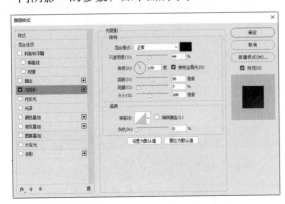

添加"内阴影"样式

Step 04 按Ctrl+J组合键复制图层，按Ctrl+T组合键缩小复制的圆，与背景对齐并填充红色，为红色圆添加"内阴影"图层样式，效果如下图所示。

复制圆并填充红色

Step 05 置入"剪纸.png"素材，适当调整大小并放置在圆上方，如下图所示。

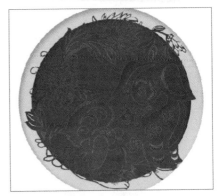

置入素材文件

Step 06 按住Alt键单击"剪纸"图层和红色圆形图层中间，创建剪贴蒙版，然后设置"剪纸"图层的不透明度为70%，效果如下图所示。

创建剪贴蒙版

Step 07 使用圆角矩形工具绘制一个高度为180像素、宽度1000像素的圆角矩形，并填充白色，然后放在左上角，如下图所示。

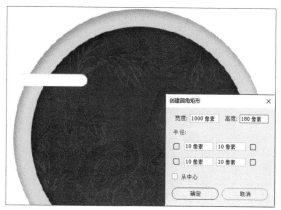

绘制圆角矩形

Step 08 选中圆角矩形所在图层，打开"图层样式"对话框，添加"内阴影"图层样式并设置相关参数，如下图所示。

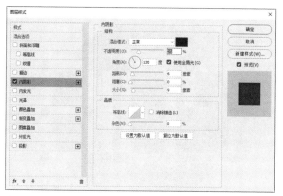

为圆角矩形添加内阴影

Step 09 使用椭圆工具在圆角矩形的右侧创建一个大小为180像素的圆，填充颜色为较深一点的红色，如下图所示。

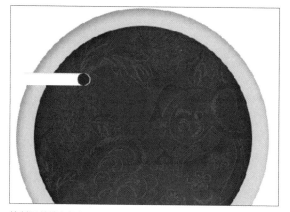

绘制圆并填充红色

Step 10 选中该图层，打开"图层样式"对话框，添加"内阴影"样式，在右侧选项区域中设置相关参数，如下图所示。

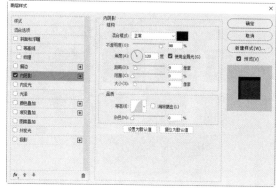

添加"内阴影"样式

Step 11 继续在"图层样式"对话框中设置"内发光"图层样式，单击"确定"按钮，如下图所示。

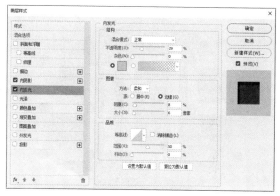

添加"内发光"样式

Step 12 对圆角矩形和圆形所在图层进行编组，然后按Ctrl+J组合键复制4份，并将图形调整为数字2的形状，效果如下图所示。

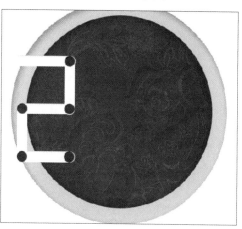

复制图层并调整形状

Step 13 将"组2"复制3份，并等距依次向右排开，效果如下图所示。

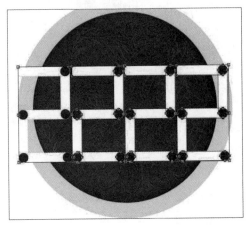

复制组

Step 14 对每个组进行解组编辑，并适当添加或删除形状，调整为2018数字，适当调整各形状之间的距离，效果如下图所示。

重排图形

Step 15 将组合的2018图形进行编组，并复制一份，隐藏复制的图形，选中另一组并按 Ctrl+E组合键合并图层，如下图所示。

合并图层

Step 16 选中合并的图层，执行"图层>图层蒙版>显示全部"命令，为合并的图层添加图层蒙版，如下图所示。

添加图层蒙版

Step 17 按住Ctrl键，单击黄色圆图层的缩略图，得到选区，按Ctrl+Shift+I组合键进行反选，并填充黑色，按Ctrl+D组合键取消选区，如下图所示。

创建选区

Step 18 为合并的图层添加"内阴影"图层样式，参数设置如下图所示。

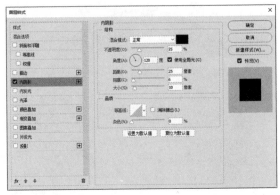

添加"内阴影"样式

Step 19 接着添加"投影"图层样式，设置相关参数，单击"确定"按钮，如下图所示。

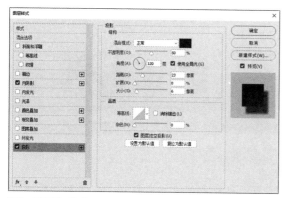

添加"投影"样式

Step 20 图层样式添加完成后，查看设置数字2018的效果，如下图所示。

查看效果

Step 21 置入"祥云.png"素材文件，调整其大小和位置，效果如下图所示。

置入素材文件

Step 22 接着为祥云图案添加"投影"图层样式，参数设置如下图所示。

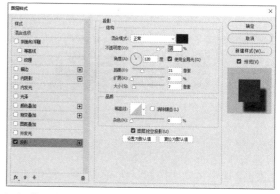

添加"投影"样式

Step 23 单击"确定"按钮，该海报的图案部分设计完成，效果如下图所示。

查看图案效果

15.2.2 设计文字部分

　　文字在海报中起着很重要的作用，可以让浏览者了解该海报的促销信息，而且完美的文字设计可以提升海报的整体视觉效果。

　　在本案例中为了让浏览者更清晰地查看信息，文字的设计相对工整。下面介绍新年海文字的设计方法。

Step 01 使用横排文本工具在图案下方输入"新年有礼"文字，按Ctrl+T组合键调整其大小，设置字体为"汉仪菱心体简"、颜色为红色，如下图所示。

输入文字

Step 02 选中该文字图层，执行"文字>转化为形状"命令，使用钢笔工具调整文字的笔画，单击属性栏中"路径操作"下三角按钮，在列表中选择"合并形状组件"选项，设置水平居中对齐，效果如下图所示。

修改文字

Step 03 为"新年有礼"文字图层添加"渐变叠加"图层样式，各项参数设置如下图所示。

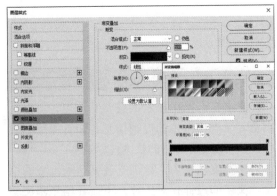

添加"渐变叠加"样式

Step 04 选择圆角矩形工具，在属性栏中设置描边为红色、宽度为30像素、半径为10像素，在文字下方绘制一个圆角矩形，设置水平居中对齐，如下图所示。

绘制圆角矩形

Step 05 使用横排文字工具在圆角矩形中输入文字，设置字体、字号、颜色，并居中对齐，按Ctrl+G组合键编组，如下图所示。

输入文字

Step 06 选择文字图层，打开"图层样式"对话框，添加"渐变叠加"图层样式，设置相关参数，单击"确定"按钮，如下图所示。

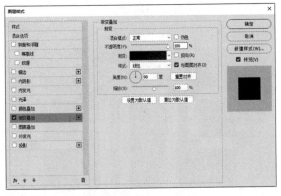

添加"渐变叠加"样式

Step 07 使用文本工具在下方输入促销活动相关文字信息，并设置字体和颜色，然后调整为居中对齐，如下图所示。

输入活动文字信息

Step 08 置入"商标.png"素材文件，调整其大小并放置在底部合适的位置，调整为水平居中对齐，效果如下图所示。

置入素材文件

Step 09 至此，2018新年有礼海报制作完成，整体效果如下图所示。

查看最终效果

15.3 外星之旅海报设计

随着航天事业的发展，各种技术的完善，总有一天可以实现普通人的飞天梦。下面以外星之旅为主题设计海报。

15.3.1 海报背景设计

背景图片可以吸引浏览者的眼球，背景的设计应当与海报的主题相对应，下面介绍海报背景部分的设计方法。

Step 01 执行"文件>新建"命令，在弹出的"新建文档"对话框中设置各项参数，创建新文档，如下图所示。

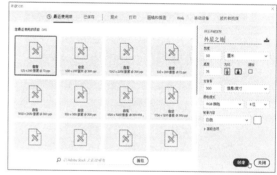

新建文档

Step 02 选择渐变工具，打开"渐变编辑器"对话框，设置渐变色值为C100、M100、Y70、K62到C100、M99、Y60、K31的渐变，如下图所示。

设置渐变颜色

Step 03 在"背景"图层中拖曳出渐变效果，如下图所示。

填充图层

Step 04 置入"地球.jpg"素材文件，将地球图像的宽度拉大一些，地球朝下方移动至有一部分移到画布之外，按Enter键确认，如下图所示。

置入素材文件

Step 05 栅格化"地球"图层，使用魔棒工具选中白色底纹，按Delete键删除，按Ctrl+D组合键取消选区，效果如下图所示。

删除白色背景

Step 06 新建图层并命名为"蓝色光晕"，打开"拾色器（前景色）"对话框，设置色值为C100、M100、Y55、K4。选择画笔工具，设置柔角30画笔，调整硬度为0、大小为400像素，在地球的上方绘制颜色，显示出蓝色的光晕，如下图所示。

绘制光晕效果

Step 07 更改"蓝色光晕"图层的混合模式为"颜色减淡"，效果如下图所示。

设置图层混合模式

Step 08 置入"云层.png"素材图片，调整其位置和大小，设置该图层的不透明度为70%，效果如下图所示。

置入素材图片

Step 09 选中"云层"图层，单击"添加图层蒙版"按钮，然后打开"渐变编辑器"对话框，在"预设"选项区域中选择"黑，白渐变"选项，单击"确定"按钮，然后在"云层"图层中由上而下拖曳出渐变效果，如下图所示。

填充图层

Step 10 置入"太阳.jpg"素材图片，将其放大充满画面，如下图所示。

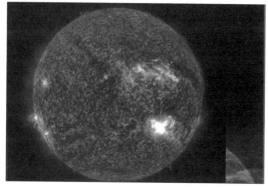

置入素材图片

Step 11 按下键盘上的Q键，进入快速蒙版状态，选择柔边画笔，在太阳图层上擦出需要的部分，被擦中的部分会变成红色，效果如下图所示。

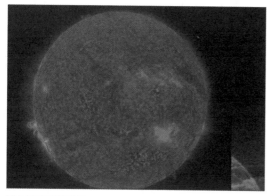

进入快速蒙版状态

Step 12 擦拭完成后按下Q键，退出快速蒙版。然后按Shift+F6组合键，打开"羽化选区"对话框，设置羽化半径为50像素，按下Delete键执行删除操作，按Ctrl+D组合键，取消选择，效果如下图所示。

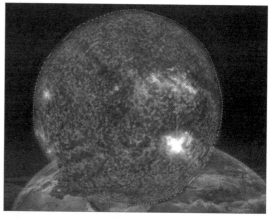

删除多余部分

Step 13 将太阳图层移至画面的左边，移出画布的一半范围，如下图所示。

移动太阳图层

Step 14 为太阳图层添加图层蒙版，选择渐变工具，打开"渐变编辑器"对话框，选择"黑，白渐变"选项，在太阳图层上拖曳出渐变效果，如下图所示。

添加图层蒙版

Step 15 置入"星云.jpg"素材图片，调整大小并放在地球图片上方，如下左图所示。

置入素材图片

Step 16 为"星云"图层添加图层蒙版,在"渐变编辑器"对话框中选择"黑、白渐变"选项,在该图层拖曳出渐变效果,如下图所示。

添加图层蒙版

Step 17 打开"宇航员.psd"图像文件并置入到当前画布中,放在画布的正下方。至此,外星之旅海报的背景制作完成,效果如下图所示。

查看背景效果

15.3.2 海报文字设计

在本案例中文字还是比较突出的,"外星之旅"文字像被打散的陨石,与周围的陨石和卫星相呼应。下面介绍文字设计的具体方法。

Step 01 选择横排文字工具,输入文字,设置字号为190点、字体为方正黑体简体、颜色为白色,右击文字图层,在快捷菜单中选择"转换为形状"命令,如下图所示。

输入文字并转换为形状

Step 02 选择钢笔工具和转换点工具,对文字形状进行锚点的添加和拖动,使某些文字变形,效果如下图所示。

变形文字

Step 03 选中文字图层,打开"图层样式"对话框,勾选"斜面和浮雕"复选框,设置阴影模式为"正片叠底"、颜色为C71、M76、Y100、K57、不透明度为75%,再设置结构样式为"内斜面"、方法为"雕刻清晰",效果如下图所示。

添加"斜面和浮雕"图层样式

Step 04 置入"金属.jpg"素材文件，调整图片的大小，摆放在文字的上方，如下图所示。

置入素材文件

Step 05 按Alt键单击文字图层和金属图层中间，创建剪贴蒙版，使图片嵌入在文字中，效果如下图所示。

创建剪贴蒙版

Step 06 新建图层并命名为"黄色"，选择画笔工具，设置柔角30，打开"拾色器（前景色）"对话框，设置色值为C12、M0、Y83、K0，按照文字的轮廓进行描绘，效果如下图所示。

绘制文字

Step 07 按住Alt键单击"黄色"图层和英文图层中间，创建剪贴蒙版，把"黄色"图层的混合模式设置为"线性加深"，效果如下图所示。

设置图层混合模式

Step 08 新建图层，命名为"光束"，使用画笔工具绘制一个点，颜色为C7、M7、Y87、K0，如下图所示。

绘制点

Step 09 按Ctrl+T组合键，执行自由变换操作，拖曳控制点调整光点的形状，如下图所示。

调节光点的形状

Step 10 根据字的轮廓，把光束放在英文文字旁边阴影处，并把"光束"图层的混合模式改为"变亮"，查看设置An文字效果，如下图所示。

移动光束修饰文字

Step 11 根据相同的方法，复制光束，为每个字母都添加光束效果，使文字更立体，如下图所示。

查看设置光束的效果

Step 12 选择横排文字工具，在英文下方输入文字，设置字号为92点、字体样式为汉仪方叠体简，效果如下图所示。

输入文字

Step 13 为该文字添加"投影"图层样式，具体的参数设置如下图所示。

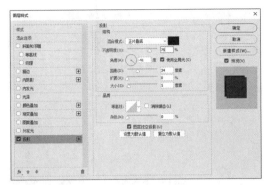

添加"投影"样式

Step 14 设置图层样式后单击"确定"按钮，文字效果如下图所示。

查看设置图层样式后的效果

Step 15 置入"银拉丝.jpg"素材文件，调整大小并放在文字上方，如下图所示。

置入素材文件

Step 16 为文字图层和"银拉丝"图层创建剪贴蒙版，效果如下图所示。

创建剪贴蒙版

Step 17 为文字图层创建蒙版，打开"渐变编辑器"对话框，选择"透明条纹渐变"选项，把最左侧色标的颜色改为黑色，如下图所示。

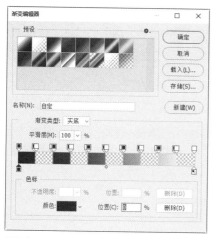

设置渐变颜色

Step 18 设置完成后，单击"确定"按钮，在文字上拖曳，效果如下图所示。

填充渐变颜色

Step 19 选中"外星之旅"文字图层和"银拉丝"图层，按Ctrl+T组合键，执行自由变换操作，将其拉大一些，如下图所示。

放大文字

Step 20 依次将"飞船.psd"、"陨石.jpg"素材置入到当前画布中，并把陨石图片多复制一些放在不同的位置，如下图所示。

置入其他素材文件

Step 21 按住Ctrl键，选中全部陨石图层，按Ctrl+E组合键合并图层，更改合并后陨石图层的混合模式为"变亮"，效果如下图所示。

合并图层

Step 22 选中全部图层，按Ctrl＋Alt＋Shift＋E组合键，盖印图层，盖印图层在所有图层的上方，更改图层混合模式为"颜色减淡"。至此，外星之旅海报制作完成，如下图所示。

查看外星之旅海报的最终效果

Chapter 16 照片后期处理

使用数码相机拍摄照片后，要想达到更加完美的效果，须对照片进行处理。Photoshop是最常用的照片处理软件，通过该软件可以祛除人物面部斑点、磨皮以及瘦身等操作，还可以对照片进行调色，制作出更具有质感的图像效果。

16.1 人物祛斑

人的面部或多或少都存在一些瑕疵，在拍摄近照时，都会在照片上展现出来。下面以祛除脸部斑痕为例，介绍具体操作方法。

Step 01 打开Photoshop软件，按Ctrl+O组合键，在打开的对话框中选择"有斑的女孩.jpg"素材，单击"打开"按钮，如下图所示。

打开素材图像

Step 02 打开"通道"面板，复制"蓝"通道，得到"蓝 拷贝"通道，并激活复制的通道，如下图所示。

复制"蓝"通道

Step 03 执行"滤镜>其他>高反差保留"命令，打开"高反差保留"对话框，设置半径为9像素，单击"确定"按钮，如下图所示。

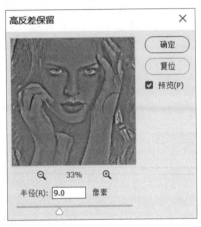

设置高反差保留的半径

Step 04 选择画笔工具，设置前景色为#9f9f9f，均匀涂抹眼睛和嘴巴部分，至直完全覆盖，效果如下图所示。

涂抹眼睛和嘴巴

Step 05 执行"图像>计算"命令，打开"计算"对话框，设置混合模式为"强光"，其他参数保持不变，单击"确定"按钮，如下图所示。

设置计算参数

Step 06 重复两次执行"图像>计算"命令，然后会得到Alpha3通道，如下图所示。

重复执行计算操作

Step 07 按住Ctrl键单击Alpha3通道，以Alpha3作选区，按Ctrl+Shift+I组合键反选选区，如下图所示。

将通道载入选区

Step 08 打开"图层"面板，执行"图像>调整>曲线"命令，打开"曲线"对话框，在曲线中点垂直向上拉半格，如下图所示。

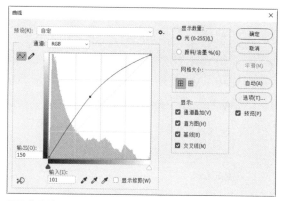

设置曲线的参数

Step 09 设置完成后，单击"确定"按钮，按Ctrl+D组合键取消选区，查看人物皮肤的变化，脸部的斑明显变少，皮肤很细嫩，如下图所示。

查看设置后的效果

Step 10 按Ctrl+Shift+Alt+E组合键合并可见图层，得到新图层，复制"背景"图层两次，得到"背景 拷贝"和"背景 拷贝2"图层，并移到最上面，如下图所示。

复制图层

Step 11 选中"背景 拷贝"图层，执行"滤镜>模糊>表面模糊"命令，打开"表面模糊"对话框，设置半径为20像素、阈值为25色阶，并将图层的不透明度改为65%，如下图所示。

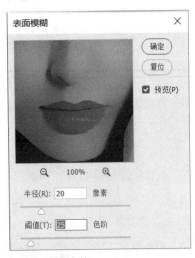

设置表面模糊参数

Step 12 选择"背景 拷贝2"图层，执行"图像>应用图像"命令，在打开的对话框中将通道设置为"红"，单击"确定"按钮，如下图所示。

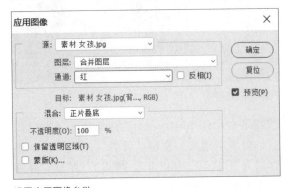

设置应用图像参数

Step 13 执行"滤镜>其他>高反差保留"命令，在打开的对话框设置半径为0.6像素，单击"确定"按钮，如下图所示。

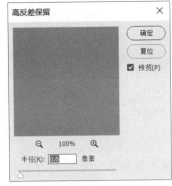

设置高反差保留参数

Step 14 将"背景 拷贝2"图层的混合模式改为"线性光"，效果如下图所示。

设置图层混合模式

Step 15 将"图层1"、"背景 拷贝"和"背景 拷贝2"合并为"组1"，设置图层组的混合模式为"穿透"，并添加白色蒙版，如下图所示。

合并图层

Step 16 选择画笔工具，设置不透明度为80%、流量为100%、前景色为黑色、背景色为白色，在皮肤上涂抹，质感皮肤出现，而斑点消失，效果如下图所示。

涂抹皮肤

Step 17 按Ctrl+Shift+Alt+E组合键合并所有图层，得到新图层，选择修复画笔工具，慢慢修复图像中留下的斑点，效果如下图所示。

修复斑点

Step 18 执行"滤镜>锐化>智能锐化"命令，在打开的对话框设置相关参数，如下图所示。

设置"智能锐化"参数

Step 19 执行"滤镜>其他>自定"命令，打开"自定"对话框，设置相关参数，单击"确定"按钮，如下图所示。

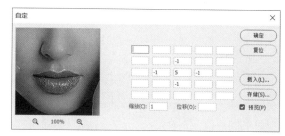

设置"自定"参数

Step 20 执行"编辑>渐隐"命令，打开"渐隐"对话框，设置不透明度为15%，单击"确定"按钮，如下图所示。

设置"渐隐"参数

Step 21 操作完成后，查看人物皮肤的效果，如下图所示。

查看效果

Step 22 使用污点修复工具和锐化工具，在皮肤和眼睛上涂抹。至此，本案例制作完成，最终效果如下图所示。

查看最终效果

16.2 人像磨皮

　　人像磨皮是照片后期处理必会技能之一。磨皮是将皮肤模糊掉，从而去除皮肤上的斑点、痘以及皱痕等瑕疵，让皮肤更加细腻、光滑。下面介绍磨皮的具体操作方法。

Step 01 按Ctrl+O组合键，打开"磨皮素材.jpg"素材图像，如下图所示。

打开素材图像

Step 02 选择污点修复画笔工具，在属性栏中设置合适的大小，选择类型为"内容识别"，然后将人物皮肤上明显的瑕疵修掉，效果如下图所示。

修复明显的瑕疵

Step 03 连续复制两次背景图层，将"背景 拷贝"图层命名为"低频"，第二个复制的图层命名为"高频"，如下图所示。

复制图层

Step 04 隐藏"高频"图层，选中"低频"图层，执行"滤镜>模糊>高斯模糊"命令，打开"高斯模糊"对话框，设置半径为1像素，单击"确定"按钮，如下图所示。

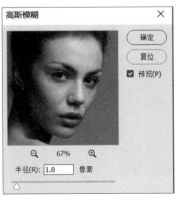

设置高斯模糊半径值

Step 05 在该图层上添加黑色蒙版，设置前景色为白色，使用画笔工具擦出人脸上的模糊效果，如下图所示。

添加蒙版并涂抹脸部

Step 06 修饰完"低频"图层后，显示"高频"图层，执行"滤镜>其他>高反差保留"命令，打开"高反差保留"对话框，设置半径为4像素，单击"确定"按钮，如下图所示。

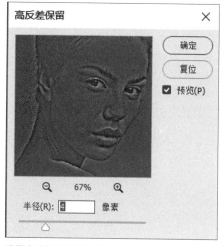

设置高反差保留半径值

Step 07 将"高频"图层的混合模式改为"线性光"，效果如下图所示。

设置图层混合模式

Step 08 按Ctrl+Shift+Alt+E组合键盖印图层，得到新图层，在新图层中，执行"滤镜>Camera Raw"命令，在打开的对话框中设置相关参数，如下图所示。

设置Camera Raw滤镜参数

Step 09 在调好的图片上添加白色蒙版，用黑色画笔把眼睛多余的蓝色擦掉，如下图所示。

添加图层蒙版

Step 10 按Ctrl+Shift+Alt+E组合键盖印图层得到新图层，在新图层中执行"图像>调整>可选颜色"命令，打开"可选颜色"对话框，设置相关参数，如下图所示。

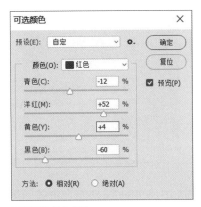

设置可选颜色参数

Step 11 在工具箱中选择减淡工具，在属性栏中设置曝光度为28%、范围为"高光"，然后在人物眼睛部分涂抹，如下图所示。

涂抹眼睛部分

Step 12 在工具箱中选择快速选择工具，选出嘴唇部分，并调整选区参数，如下图所示。

创建选区

Step 13 按Ctrl+J组合键复制选区，执行"图像>调整>色相/饱和度"命令，打开"色相/饱和度"对话框，设置相关参数，如下图所示。

设置色相饱和度的参数

Step 14 新建图层，设置图层混合模式为"正片叠底"，为眼睛添加眼影，如下图所示。

添加眼影　　　　　　　　　　对应的"图层"面板

Step 15 新建图层，选择工具箱中的画笔工具，并调整画笔参数，如下图所示。

设置画笔参数

Step 16 使用画笔工具绘制缺少的眉毛。至此，为人物磨皮完成，最终效果如下图所示。

查看磨皮后的效果

16.3 人像瘦身

人像瘦身是对人物的形体进行修饰，在进行人像瘦身操作时，不是仅仅将人物修身就可以的，还要注重人物的形体美，即线条美。下面介绍具体操作方法。

Step 01 按Ctrl+O组合键，打开"丰满女人.jpg"素材照片，如下图所示。

打开素材图片

Step 02 按Ctrl+J组合键复制"背景"图层得到"图层1"图层，并命名为"液化"，如下图所示。

复制图层

Step 03 在工具箱中选择椭圆选框工具，选中人物的脸部，如下图所示。

绘制圆形选区

Step 04 执行"滤镜>液化"命令，在打开的对话框中选择脸部工具，参数设置如下图所示。

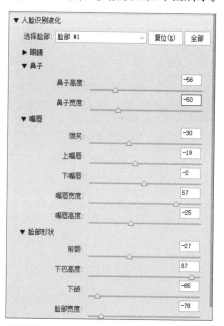

设置脸部工具的参数

Step 05 继续执行"滤镜>液化"命令，选择向前变形工具，对下巴进行修饰，如下图所示。

修饰人物的下巴

Step 06 调整身体过程中，按住Ctrl++/-组合键放大/缩小图片观察细节，按住空格键，并单击鼠标左键移动画面，如下图所示。

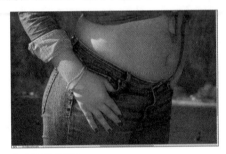

放大并移动图片

Step 07 执行"滤镜>液化"命令，选择解冻蒙版工具，先把胳膊和手冻结，如下图所示。

解冻胳膊和手

Step 08 选择"液化"对话框中的向前变形工具，调整画笔大小，向内拖动人物大腿、腰部和臀部，效果如下图所示。

调整腰、腿和臀部效果

Step 09 然后对人物的胳膊、手和腋下部分进行变形，效果如下图所示。

对胳膊、手和腋下进行变形

Step 10 选择褶皱工具，调整画笔大小，对人物胸部进行调整，效果如下图所示。

调整胸部效果

Step 11 选择向前变形工具，对头发部分进行调整，效果如下图所示。

调整头发部分

Step 12 最后，对人物的脖子和眼睛部分进行调整，效果如下图所示。

查看瘦身的效果

16.4 制作具有质感的照片

本节通过为人物的皮肤添加质感，来体现阳刚之气，从而展示出照片的层次感制作出具有立体感的图像效果，具体操作方法如下。

Step 01 按Ctrl+O组合键打开"商业男士.jpg"素材照片，如下图所示。

打开素材图片

Step 02 执行"图像>调整>曲线"命令，打开"曲线"对话框，对图像进行调整，如下图所示。

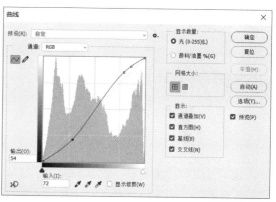

设置曲线参数

Step 03 执行"图像>调整>可选颜色"命令，打开"可选颜色"对话框，设置颜色为"红色"，选中"绝对"单选按钮，如下图所示。

设置红色参数

Step 04 再设置颜色为"黄色"，设置相关参数，单击"确定"按钮，如下图所示。

设置黄色参数

Step 05 设置完成后，可见人物的皮肤质感加强，皮肤增加古铜色会更有男人味，效果如下图所示。

查看效果

Step 06 进一步刻画皮肤细节，执行"图像>调整>色彩平衡"命令，打开"色彩平衡"对话框，选择"阴影"单选按钮，设置色阶参数，如下图所示。

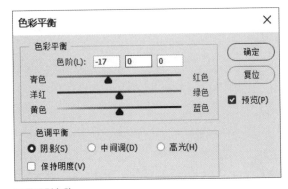

设置阴影参数

Step 07 选择"中间调"单选按钮，设置色阶参数，如下图所示。

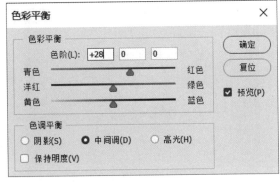

设置中间调参数

Step 08 选择"高光"单选按钮，设置色阶参数，如下图所示。

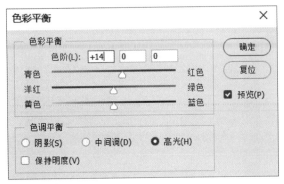

设置高光参数

Step 09 按Ctrl+J组合键复制图层，对复制的图层执行"图像>调整>色相/饱和度"命令，打开"色相/饱和度"对话框，将饱和度降至最低，如下图所示。

设置色相/饱和度参数

Step 10 然后将该图层的混合模式改为"柔光"，效果如下图所示。

设置图层混合模式

Step 11 调整后背景被提亮，为了突出主体人物，背景需要进行适当压暗。继续执行"图像>调整>色相/饱和度"命令，选择工具箱中的吸管工具，单击"背景"图层，锁定颜色范围，适当降低饱和度的数值，如下图所示。

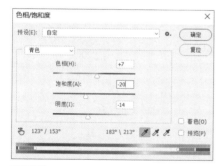

吸取颜色

Step 12 选择工具箱中的快速选择工具，大致选出头发部分，然后调整边缘，让选区更精准，如下图所示。

设置选区参数

Step 13 然后执行"图像>调整>曲线"命令，打开"曲线"对话框，调整曲线参数，直至头发出现高光，具体参数设置如下图所示。

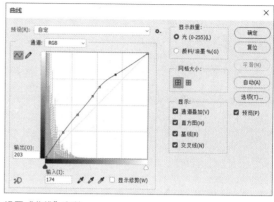

设置"曲线"参数

Step 14 至此，本案例制作完成，最终效果如下图所示。

查看最终效果

16.5 对照片进行调色

使用数码相机拍摄时，经常因为各种光线问题拍不到想要的效果，此时，我们可以使用Photoshop的图像处理功能进行调色。本案例将偏灰的海边婚纱照调整颜色，制作出蓝色的效果，具体操作步骤如下。

Step 01 按Ctrl+O组合键，打开"海边婚纱照.png"素材照片，按Ctrl+J组合键复制图层，如下图所示。

打开素材图像

Step 02 执行"滤镜>Camera Raw滤镜"命令，在打开的对话框中切换至"基本"选项卡，设置相关参数，如下图所示。

调整"基本"参数

Step 03 切换至"色调曲线"选项卡，调整高光、亮调、暗调和阴影参数，如下图所示。

调整"色调曲线"参数

Step 04 切换至"HLS/灰度"选项卡，调整明亮度、饱和度的相关参数，如下图所示。

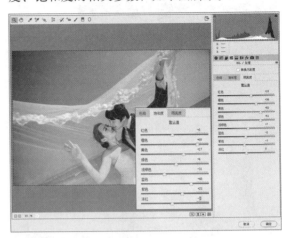

调整明亮度等参数

Step 05 切换至"色调分离"选项卡，设置高光和阴影相关参数，如下图所示。

调整"色调分离"参数

Step 06 切换至"镜头矫正"选项卡，调整参数如下图所示。

调整"镜头矫正"参数

Step 07 切换至"相机校准"选项卡，调整参数后单击"确定"按钮，如下图所示。

调整"相机校准"参数

Step 08 执行"图像>调整>可选颜色"命令，在打开的对话框中对"绿色"进行调整，如下图所示。

设置绿色参数

Step 09 设置颜色为"白色"，再设置各颜色的参数，如下图所示。

设置白色参数

Step 10 设置颜色为"中性色"，再设置各颜色的参数，如下图所示。

设置中性色参数

Step 11 执行"图像>调整>色相/饱和度"命令，在打开的对话框中设置"绿色"的相关参数，如下图所示。

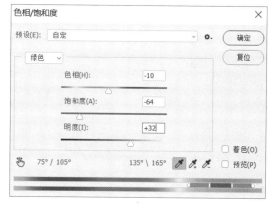

调整绿色参数

Step 12 选择"红色"，再调整饱和度和明度数值，单击"确定"按钮，如下图所示。

调整红色参数

Step 13 选择工具箱中的快速选择工具，对婚纱进行框选，并执行"图像>调整>色相/饱和度"命令，打开"色相/饱和度"对话框，设置各参数的数值，单击"确定"按钮，如下图所示。

设置色相/饱和度参数

Step 14 执行"图像>调整>照片滤镜"命令，使用青色滤镜，设置浓度为25%，单击"确定"按钮，如下图所示。

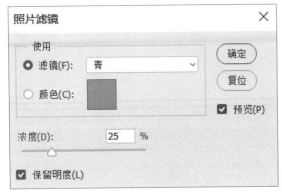

设置青色滤镜

Step 15 选择工具箱中的快速选择工具，对人物的皮肤部分进行框选，如下图所示。

选择人物皮肤部分

Step 16 然后执行"图像>调整>色彩平衡"命令，打开"色彩平衡"对话框，选择"中间调"单选按钮，在"色阶"的3个数值框中分别输入相关数值，如下图所示。

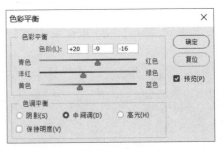

调整中间调参数

Step 17 选择"阴影"单选按钮，在"色阶"数值框中输入数值，如下图所示。

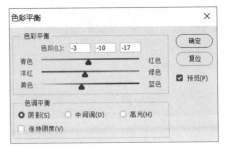

调整阴影参数

Step 18 选择"高光"单选按钮，在"色阶"数值框中输入数值，如下图所示。

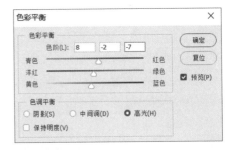

调整高光参数

Step 19 至此，完成为婚纱照调色操作，可见图片整体是蓝色的，与大海颜色相呼应，效果如下图所示。

查看调色后的效果

Chapter 17 图像合成

在Photoshop中可以将多张毫无关系的图片合成为一张图像，从而制作出具有不同特殊视觉效果和风格的图像。合成图像在平面设计中经常用到，本章将介绍几个图像合成的操作实例，用户可以学习设计方法，然后根据自己的创意进行设计，制作出各种美妙的图像效果。

17.1 远离网络

在当今时代，人们越来越离不开网络了，但对于未成年人来说，他们不能判断信息真假，因此网络对于他们来说是把"双刃剑"。下面以远离网络为主题介绍合成图像的方法。

Step 01 打开Photoshop软件，按Ctrl+N组合键，打开"新建文档"对话框，设置文档名称为"远离网络"、背景颜色为黑色，如下图所示。

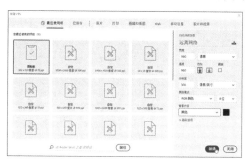

新建文档

Step 02 然后执行"文件>打开"命令，在打开的对话框中选择"小人物素材.jpg"素材文件，单击"打开"按钮，如下图所示。

打开素材图像

Step 03 使用磁性套索工具选择背景之外的图像，然后按Ctrl+Shift+I组合键进行反选，即可选中背景部分，如下图所示。

创建选区

Step 04 按Delete键删除背景部分，按Ctrl+D组合键取消选区，保留小人物图片并保存为"小人物.psd"文件，删除背景后的效果如下图所示。

删除背景

Step 05 打开"小人物.psd"文件后，执行"选择>全部"命令，然后再执行"编辑>拷贝"命令，如下图所示。

拷贝图像

Step 06 切换至"远离网络"文档页面中，执行"编辑>粘贴"命令，按Ctrl+T组合键调整图像的大小和位置，如下图所示。

粘贴图像

Step 07 打开"手.psd"文件，执行"选择>全选"命令后，执行"编辑>拷贝"命令，如下图所示。

拷贝文件

Step 08 按照同样的方法将复制的图像移至"远离网络"文档中，调整大小和位置，如下图所示。

粘贴图像

Step 09 使用钢笔工具抠出手提电脑的阴影区域，在菜单栏中执行"选择>修改>羽化"命令，打开"羽化选区"对话框，设置"羽化半径"值为5像素，单击"确定"按钮，如下图所示。

创建选区并设置羽化值

Step 10 使用油漆桶工具将阴影选区填充为黑色，再把阴影所在的"图层4"移到"图层3"图层的下方，如下图所示。

填充选区颜色

Step 11 打开"光源.psd"文件，全选后执行"编辑>拷贝"命令，如下图所示。

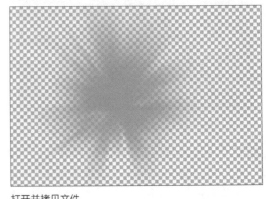

打开并拷贝文件

Step 12 将其粘贴至"远离网络"文档页面中，调整光源的大小和位置，设置该图层的混合模式为"柔光"，效果如下图所示。

设置图层混合模式

Step 13 复制"图层5"图层，并命名为"图层6"，然后移至"图层3"下方，效果如下图所示。

复制并移动图层

Step 14 执行"图像>调整>替换颜色"命令，参数设置如下图所示。

设置替换颜色参数

Step 15 单击"确定"按钮，可见"图层6"图层的光源效果比较明显，如下图所示。

查看设置替换颜色后的效果

Step 16 复制"图层5"图层，可见人物手的颜色增强，效果如下图所示。

复制图层

Step 17 使用横排文字工具在光源上方输入"远离网络"文字，设置文字的大小、字体和颜色，如下图所示。

输入文字

Step 18 双击文字图层，打开"图层样式"对话框，勾选"斜面和浮雕"复选框并设置相关参数，然后设置"等高线"的参数，如下图所示。

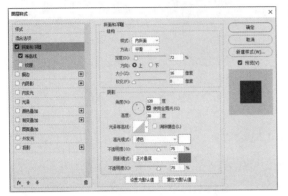

添加"斜面和浮雕"图层样式

Step 19 勾选"光泽"复选框，在右侧面板中设置相关参数，如下图所示。

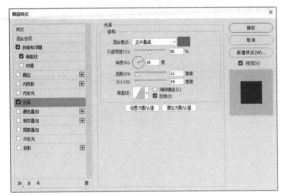

设置"光泽"参数

Step 20 勾选"投影"复选框，在右侧面板中设置相关参数，单击"确定"按钮，如下图所示。

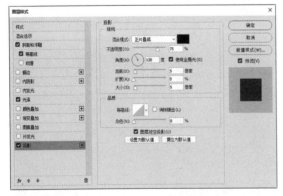

添加"投影"样式

Step 21 设置完成后，可见文字应用了设置的图层样式，效果如下图所示。

查看应用图层样式的效果

Step 22 打开"文字背景.jpg"素材文件，执行"选择>全选"命令，接着执行"编辑>拷贝"命令，如下图所示。

打开素材文件

Step 23 切换至"远离网络"文档中，执行"编辑>粘贴"命令，得到"图层7"图层，将素材图片调整至合适大小，放在文字上方，然后创建剪贴蒙版，效果如下图所示。

查看创建剪贴蒙版的效果

Step 24 在"图层5 拷贝"上方创建图层，命名为"图层8"，设置前景色为深黄色，选择画笔工具，设置为柔角29，在文字下方绘制圆，如下图所示。

绘制圆点

Step 25 然后按Ctrl+T组合键，将圆点拖曳为细长的形状，如下图所示。

调整圆点的形状

Step 26 至此，远离网络的图像合成制作完成，效果如下图所示。

查看最终效果

17.2 小女孩画老虎

本案例是一个小女孩近距离为老虎画像的场景，主要体现人类与动物和平友善地相处，并提倡保护动物的理念。下面介绍该案例的具体操作方法。

Step 01 执行"文件>打开"命令，在打开的对话框中选择"树木.jpg"素材图片，并保存为"小孩和老虎.psd"文档，如下图所示。

打开素材图片

Step 02 打开"小孩.jpg"素材图片，使用钢笔工具绘制路径并转换为选区，然后执行"选择>存储选区"命令，存储创建的选区，效果如下图所示。

创建选区

Step 03 执行"选择>反选"命令，按Delete键抠出人物，保存为"小孩.psd"，效果如下图所示。

抠取人物

Step 04 打开"老虎.jpg"素材文件，复制该图层并添加图层蒙版，使用快速选择工具，选中背景，如下图所示。

选中图像背景

Step 05 设置前景色为黑色，按Alt+Delete组合键为选区填充颜色，如下图所示。

填充选区

Step 06 按Ctrl+Shift+I组合键进行反选，在快速选择工具的属性栏中单击"选择并遮住"按钮，在打开的"属性"面板中设置边缘检测的半径为7像素，设置全局调整的"对比度"为44%，单击"确定"按钮，如下图所示。

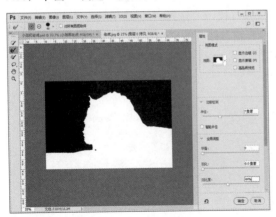

设置相关参数

Step 07 隐藏"图层0"图层，即可抠取老虎图像，然后执行"编辑>拷贝"命令，如下图所示。

复制老虎图像

Step 08 切换至"小孩和老虎.psd"文档中，执行"编辑>粘贴"命令，调整图像的大小，并放在画面的右下角，效果如下图所示。

粘贴图像

Step 09 置入"木头.png"素材，将其旋转90度，调整其大小，移至画面左下角，与老虎图像中的木头接合在一起，效果如下图所示。

置入素材图像

Step 10 打开"小孩.psd"文档，执行"选择>全部"命令，按Ctrl+C组合键进行拷贝，切换至"小孩和老虎.psd"文档，并执行"编辑>粘贴"命令，调整人物的大小和位置，如下图所示。

粘贴人物图像

Step 11 选择钢笔工具，在人物左腿位置绘制路径，并转换为选区，效果如下图所示。

创建选区

Step 12 然后按下Delete键，将选区删除，按Ctrl+D组合键取消选区，制作出小女孩坐在木头上的效果，如下图所示。

删除选区

Step 13 新建"图层4"图层，使用钢笔工具勾出虚线部分，执行"选择>修改>羽化"命令，打开"羽化选区"对话框，设置羽化半径为5像素，单击"确定"按钮，如下图所示。

创建选区并设置羽化参数

Step 14 设置前景色为黑色，选择油漆桶工具，对选区填充前景色，作为阴影，将"图层4"移至"图层3"下方，效果如下图所示。

制作阴影效果

Step 15 置入"画板.psd"素材文件，执行"编辑>变换>水平翻转"命令，调整画板素材的大小并移至合适的位置，如下图所示。

置入素材图像

Step 16 使用钢笔工具选中画板右侧支架的下半部分，将路径转换为选区，按Delete键删除，制作出画板骑在木头上的效果，如下图所示。

创建选区并删除

Step 17 复制"图层0"图层，并命名为"图层6"，然后将图像缩小并移至画板上，如下图所示。

复制图层

Step 18 执行"编辑>变换>扭曲"命令，拖曳图像四角的控制点调整到画板上，按Enter键确认，效果如下图所示。

调整图像

Step 19 复制"图层1"图层，命名为"图层7"，然后移至画板上，效果如下图所示。

复制老虎图层

Step 20 执行"编辑>变换>扭曲"命令，把"图层7"对应的图像调整到画板上。至此，该案例制作完成，效果如下图所示。

查看最终效果

17.3 雄鹰

不管使用Photoshop多久，总会有一些制作效果是你没有见过的，因为创意是无止境的。本案例是雄鹰与人物的合成效果，主要使用画笔工具、变形工具、高斯模糊、动感模糊、蒙板、剪贴蒙板等功能，下面介绍具体操作方法。

Step 01 打开Photoshop软件，按Ctrl+N组合键，在"新建文档"对话框中创建名为"雄鹰"的新文档，如下图所示。

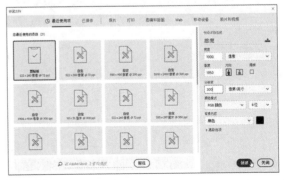

新建文档

Step 02 执行"文件>置入嵌入的智能对象"命令，在打开的对话框中置入"人群.jpg"图像文件，适当调整素材的大小，然后放在画面的下方，并栅格化图层，效果如下图所示。

置入素材图像

Step 03 选中"图层2"图层，单击"添加图层蒙版"按钮，选择渐变工具，在属性栏中单击渐变颜色条，打开"渐变编辑器"对话框，选择"预设"选项区域中的"黑，白渐变"选项，如下图所示。

设置渐变颜色

Step 04 在画面中自上而下拖曳，为蒙版填充渐变颜色，效果如下图所示。

查看添加蒙版的效果

Step 05 执行"文件>置入嵌入的智能对象"命令，置入"雄鹰.jpg"素材文件，对该图层进行栅格化操作，如下图所示。

置入素材图像

Step 06 使用魔棒工具，对雄鹰背景素材进行选择，直至选出全部背景，如下图所示。

选择背景选区

Step 07 然后按Delete键把雄鹰背景部分删除，效果如下图所示。

删除背景

Step 08 置入"小孩.jpg"素材文件，对"图层4"执行栅格化操作，效果如下图所示。

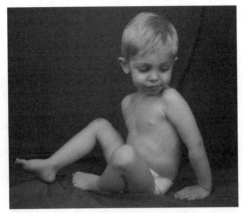

置入素材图像

Step 09 使用快速选择工具对小孩背景进行选择，按Delete键删除背景部分，效果如下图所示。

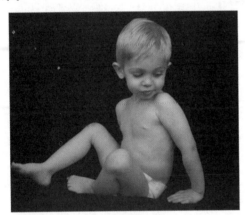

删除背景部分

Step 10 移动"图层4"到"图层3"下方，并适当调整小孩大小和旋转角度，将其放在雄鹰上方的位置，效果如下图所示。

调整图像的大小和位置

Step 11 置入"阳光.jpg"素材文件，对"图层5"进行栅格化操作，效果如下图所示。

置入素材图片

Step 12 为"图层5"添加图层蒙版，设置前景色为黑色，使用画笔工具在图像的下方涂抹，适当调整位置，使其与人群图像融合，如下图所示。

添加图层蒙版并涂抹

Step 13 选择"图层5"图层，单击工具箱中"以快速蒙版模式编辑"按钮，设置前景色为红色，使用画笔工具进行涂抹，效果如下图所示。

使用画笔工具进行涂抹

Step 14 单击"以标准模式编辑"按钮，然后按Delete键删除，按Ctrl+D组合键取消选区，效果如下图所示。

删除选中部分

Step 15 复制"图层3"，命名为"图层6"，设置复制图层的混合模式为"滤色"，效果如下图所示。

设置图层混合模式

Step 16 复制"图层3"，命名为"图层7"，对雄鹰进行垂直翻转，双击"图层7"打开"图层样式"对话框，勾选"颜色叠加"复选框，在右侧选项区域中设置相关参数，如下图所示。

添加"颜色叠加"样式

Step 17 勾选"投影"复选框，在右侧设置相关参数，单击"确定"按钮，如下图所示。

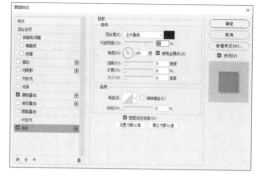

添加"投影"样式

Step 18 调整"图层7"中图像的大小和位置，设置图层不透明度为24%，制作雄鹰的倒影，效果如下图所示。

查看制作的倒影效果

Step 19 复制"图层4"并命名为"图层9"，使用套索工具绘制出小孩背部选区，添加"内发光"和"颜色叠加"图层样式，执行"选择>反选"命令，按Delete键删除，效果如下图所示。

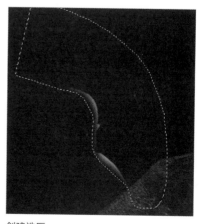

创建选区

Step 20 选中"图层4"图层,单击"快速蒙版模式编辑"按钮,并使用画笔工具进行涂抹,效果如下图所示。

使用画笔工具涂抹

Step 21 退出快速蒙版模式编辑,执行"选择>反选"命令,效果如下图所示。

创建选区

Step 22 执行"图像>调整>亮度/对比度"命令,打开"亮度/对比度"对话框,设置相关参数,单击"确定"按钮,对小孩背光部分亮度和对比度进行调整,参数设置如下图所示。

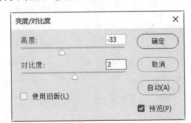

设置亮度和对比度参数

Step 23 新建"图层10"图层,置入"星空.jpg"素材文件,并执行"图层>栅格化>图层"命令,效果如下图所示。

置入素材图片

Step 24 为"图层10"添加图层蒙版,隐藏图片下部分,然后将该图层移至"图层2"上方,效果如下图所示。

添加图层蒙版

Step 25 使用多边形套索工具在星空顶部绘制选区,设置羽化半径为50像素,按Delete键删除,查看最终效果,如下图所示。

查看最终效果